ABITUR 2016

Original-Prüfungsaufgaben mit Lösungen

Biologie LK

Gymnasium · Gesamtschule
Nordrhein-Westfalen
2010–2015

STARK

9. ergänzte Auflage
www.stark-verlag.de

Inhalt

Autoren:

Rolf Brixius: Lösungen der Jahrgänge 2010–2015; Übungsaufgabe 3
Mustafa Jannan: Übungsaufgaben 1 und 2

Vorwort

Liebe Schülerinnen und Schüler,

das vorliegende Buch bietet Ihnen die Möglichkeit, sich optimal auf die **zentral gestellte, schriftliche Abiturprüfung 2016 in Nordrhein-Westfalen** im Leistungskurs Biologie vorzubereiten.

Im Abschnitt „**Hinweise und Tipps zum Zentralabitur**" bieten wir Ihnen dazu zunächst einen Überblick über:

- den **Ablauf** und die **Anforderungen** des Zentralabiturs in NRW. Dies wird Ihnen helfen, die formalen Rahmenbedingungen für das Zentralabitur kennenzulernen. Erläuterungen zu den Prüfungsanforderungen, zum Umgang mit den sogenannten Operatoren und zu den festgesetzten thematischen Schwerpunkten lassen Sie die Prüfungssituation besser einschätzen.
- die erfolgreiche Bearbeitung der Arbeitsaufträge und Materialien in den Prüfungsaufgaben. Die „**Tipps zum Umgang mit Prüfungsaufgaben**" zeigen Ihnen konkret, wie Sie erfolgreich an die Aufgaben der schriftlichen Abiturprüfung herangehen können.

Dieses Buch enthält neben drei Übungsaufgaben im Stil der **Leistungskurs-Abiturklausuren**, wie sie inhaltlich und vom zeitlichen Ausmaß her im Abitur 2016 auf Sie zukommen können, alle Original-Leistungskurs-Prüfungsaufgaben des Zentralabiturs ab 2010. Zu allen Aufgaben bieten wir Ihnen **ausführliche, kommentierte Lösungsvorschläge mit Tipps und Hinweisen zur Lösungsstrategie**.

Das Autorenteam und der Verlag wünschen Ihnen für die Prüfungsvorbereitung und Ihre schriftliche Abiturprüfung viel Erfolg!

Stichwortverzeichnis

Hinweise und Tipps zum Zentralabitur

1 Die Anforderungen des Zentralabiturs im Fach Biologie

1.1 Die Rahmenbedingungen des Zentralabiturs

In Nordrhein-Westfalen findet die Abiturprüfung in Form des Zentralabiturs statt. Alle Schülerinnen und Schüler mit Leistungskurs Biologie schreiben ihre Abiturklausur jeweils an demselben Tag. Landesweit erhalten die Schüler dieselben Prüfungsaufgaben zur Auswahl. Von den Ihnen vorgelegten drei Aufgaben müssen Sie zwei bearbeiten. Die Bearbeitungszeit beträgt für die Leistungskursklausur 255 Minuten. Hinzu kommen jeweils 30 Minuten, in denen Sie sich für die beiden von Ihnen zu bearbeitenden Aufgaben entscheiden müssen. Je schneller Sie sich darüber im Klaren sind, welche zwei Aufgaben Sie bearbeiten wollen, desto mehr Zeit haben sie zusätzlich für deren Bearbeitung!
Hilfsmittel, die Sie während der Abiturprüfung verwenden können, sind – wenn erforderlich – ein wissenschaftlicher Taschenrechner und stets ein deutsches Wörterbuch („Duden").

1.2 Die verbindlichen Unterrichtsinhalte im Fach Biologie für das Abitur 2016

Als Grundlage für die Aufgaben der Abiturprüfung dienen zum einen die „Richtlinien und Lehrpläne für die Sekundarstufe II – Gymnasium/Gesamtschule in Nordrhein-Westfalen – Biologie" von 1999 und zum anderen die schulministeriellen „Vorgaben zu den unterrichtlichen Voraussetzungen für die schriftlichen Prüfungen im Abitur in der gymnasialen Oberstufe im Jahr 2016" im Fach Biologie.
Die Vorgaben des Schulministeriums legen die verbindlichen Unterrichtsinhalte im Fach Biologie für das Abitur 2016 fest. Sie stellen damit die inhaltlichen Schwerpunkte dar und bilden die Grundlage, die Sie für eine erfolgreiche Bearbeitung der Klausuraufgaben unbedingt beherrschen müssen.
Für jedes der vier Unterrichtshalbjahre aus der Qualifikationsphase (Jahrgangsstufen 11 und 12) werden detaillierte Vorgaben gemacht. Eine Besonderheit ergibt sich für das Themenhalbjahr „Ökologische Verflechtungen und nachhaltige Nutzung". Hier kann die Lehrerin bzw. der Lehrer einen selbst gewählten Schwerpunkt legen – entweder auf das aquatische (I) oder das terrestrische System (II). Wird das „Ökologie-Halbjahr" in den Prüfungsaufgaben des Zentralabiturs berücksichtigt, so muss die Sie unterrichtende Lehrerin bzw. der Sie unterrichtende Lehrer aus zwei Aufgabenvorschlägen denjenigen zur Bearbeitung auswählen, der dem in Ihrem Kurs gewählten unterrichtlichen Schwerpunkt entspricht.

Die folgende **Auflistung der Unterrichtsinhalte für das Abitur 2016** ist mehrfach gegliedert. Nach der Überschrift der Themenhalbjahre **(fett)** folgt in der zweiten Unterteilung eine Benennung der Themenfelder, die im Lehrplan als obligatorisch (verbindlich) vorgesehen sind. Diese werden in einer dritten Gliederungsebene durch Schwerpunktsetzungen deutlich gemacht und präzisiert. Die hier gewählte Reihenfolge der verbindlichen Unterrichtsinhalte stellt lediglich eine Auflistung der vier Themenhalbjahre dar. Die unterrichtliche Abfolge kann sich von Schule zu Schule ändern, je nachdem, für welche Sequenz sich die jeweilige Biologie-Fachkonferenz entschieden hat.

Verbindliche Unterrichtsinhalte	**Beispiele**
A Genetische und entwicklungsbiologische Grundlagen von Lebensprozessen	
– Molekulare Grundlagen der Vererbung und Entwicklungssteuerung	Übungsaufgabe 3
• Replikation, Proteinbiosynthese bei Pro- und Eukaryoten, Mutagene und Mutationen	11 Aufgabe 2
• Regulation der Genaktivität am Beispiel der Prokaryoten (Operonmodell)	
– Aspekte der Zytogenetik mit humanbiologischem Bezug	
• Meiose, Crossing over, Rekombination	14 Aufgabe 2
• Stammbaumanalyse und Erbgänge	Übungsaufgabe 3
• Humangenetische Beratung	
– Angewandte Genetik	Übungsaufgabe 3
• Werkzeuge und Verfahrensschritte der Gentechnik (PCR und genetischer Fingerabdruck)	14 Aufgabe 2
• Methoden der Bakteriengenetik: Herstellung und Isolation von genetisch veränderten Bakterien	14 Aufgabe 2
B Ökologische Verflechtungen und nachhaltige Nutzung	
– Umweltfaktoren, ökologische Nische – Untersuchungen in einem Lebensraum	Übungsaufgabe 2 11 Aufgabe 3
• Aquatisches System – Stehende Gewässer und Aspekte des Fließgewässers: Zonierung, Eutrophie und Oligotrophie, Methoden der Bestandsaufnahme, Gewässergüte und Selbstreinigung, Anwenden des Saprobienindex, Erfassen physikalischer und chemischer Faktoren (Licht, Temperatur, pH-Wert)	10 Aufgabe 3 (Vorschlag 1)
• Terrestrisches System – Wald oder naturnaher Park: Schichtung und Aufbau, Einfluss von Standortfaktoren und Bewirtschaftung, Erstellen von Vegetationsaufnahmen, Charakterisierung von Waldgesellschaften, Standortbeurteilung mit Zeigerwerten, Erfassen physikalischer und chemischer Faktoren (Licht, Temperatur, pH-Wert)	10 Aufgabe 3 (Vorschlag 2)

– Einfache Beziehungen zwischen Organismengruppen und abiotischen Habitatfaktoren • Anpassungen an Temperatur und Feuchtigkeit bei Tieren und Pflanzen • Toleranzbereiche, physiologisches und ökologisches Optimum	12 Aufgabe 3
– Wechselbeziehungen, Populationsdynamik • Beziehungen zwischen Populationen: LOTKA-VOLTERRA-Regeln, Konkurrenz, Koexistenz	11 Aufgabe 3 14 Aufgabe 3 15 Aufgabe 3
– Verflechtungen in Lebensgemeinschaften • Biomasseproduktion, Trophieebenen, Energiefluss • Biogeochemischer Kreislauf am Beispiel des Stickstoffkreislaufs	 14 Aufgabe 3 10 Aufgabe 3 (Vorschlag 2) 13 Aufgabe 3
– Nachhaltige Nutzung und Erhaltung von Ökosystemen • nachhaltige Bewirtschaftung (chemische Schädlingsbekämpfung, biologischer Pflanzenschutz)	 14 Aufgabe 3
C Evolution der Vielfalt des Lebens in Struktur und Verhalten – Grundlagen evolutiver Veränderung • Genotypische Variabilität von Populationen (keine Modellberechnungen)	
– Verhalten, Fitness und Anpassung • Fortpflanzungsstrategien (einschließlich Partnerwahl und Paarungssysteme)	Übungsaufgabe 2 11 Aufgabe 1
– Art und Artbildung	Übungsaufgabe 2
– Evolutionshinweise und Evolutionstheorie • Rezente und paläontologische Hinweise (Homologie der Wirbeltiergliedmaßen) • Systematik und phylogenetischer Stammbaum (Grundlegende Zusammenhänge innerhalb des Wirbeltierstammbaumes, vertiefend: phylogenetische Stellung der Primaten) • Vergleich und Beurteilung der Ergebnisse unterschiedlicher Analysemethoden; bei der Analyse bzw. Erstellung eines Stammbaumes sind Übereinstimmungen in der DNA-Sequenz und Aminosäure-Sequenz von Proteinen einzubeziehen • Datierungsmethoden • Synthetische Evolutionstheorie	 12 Aufgabe 1 14 Aufgabe 1 15 Aufgabe 1 15 Aufgabe 2
– Transspezifische Evolution der Primaten • Einordnung von fossilen und rezenten Hinweisen zur Evolution des Menschen	

D Steuerungs- und Regulationsmechanismen im Organismus	
– Molekulare und zytologische Grundlagen mit den Schwerpunkten	Übungsaufgabe 1
• Bau und Funktion des Neurons	12 Aufgabe 2
• Erregungsentstehung, Erregungsleitung, Synapsenvorgänge einschließlich molekularer Grundlagen	15 Aufgabe 2
• Synaptische Verschaltung und Verrechnung	

Die in der Tabelle genannten **Fachbegriffe** sollten Sie **als Oberbegriffe** zu bestimmten Themenkomplexen verstehen. So sind z. B. bei der genannten „Stammbaumanalyse“ die Mendel'schen Regeln, autosomale oder gonosomale, dominante oder rezessive Vererbung sowie deren zytologische Grundlagen, d. h. der Vorgang der Meiose (einschließlich Kopplung und Entkopplung von Genen) von Bedeutung. „Mutagene und Mutationen“ umfasst hierbei auch die Kenntnis der unterschiedlichen Mutationstypen in der Molekulargenetik.
Das bedeutet, dass auch Inhalte der Jahrgangsstufen 10 sowie der gesamten Sekundarstufe I den Abituraufgaben zugrunde gelegt werden, insofern sie für das Verständnis der Themen des Oberstufenunterrichtes von Bedeutung sind. Dies gilt z. B. für die oben bereits genannten Mendel'schen Regeln, den Aufbau und die Struktur von Proteinen oder die Feinstruktur der Zelle. Ebenso sollten Ihnen organische Moleküle vom Grundaufbau her bekannt sein, sodass sie von Ihnen über die funktionellen Gruppen einer Stoffgruppe (z. B. Aminosäure, Kohlenhydrate) zugeordnet werden können.

1.3 Die Prüfungsaufgaben – Struktur und Anforderungen

Aus den zuvor aufgelisteten Inhalten setzen sich die einzelnen Prüfungsaufgaben zusammen. Die Aufgabenstellungen bestehen aus mehreren Teilaufgaben, deren Schwierigkeitsgrad sich von Frage zu Frage steigert. Jede Aufgabe besteht dabei aus vier bis fünf Teilaufgaben.
Bei der schriftlichen Abiturprüfung müssen Sie damit rechnen, dass die Ihnen zur Bearbeitung vorgelegten Aufgaben **themenbereichs- und kurshalbjahrübergreifend** sind. Eine Aufgabe aus dem Themenbereich der Evolution benötigt für die erfolgreiche Bearbeitung dann z. B. zusätzlich Kenntnisse aus den Bereichen Ökologie oder Genetik. Sie müssen darauf vorbereitet sein, dass auch innerhalb einer Aufgabe verschiedene Themenbereiche angesprochen werden können. Hier kann es sich als fatal erweisen, wenn Sie „auf Lücke“ lernen. In diesem Fall können Sie u. U. eine oder mehrere der Prüfungsaufgaben – aufgrund des fehlenden Hintergrundwissens aus einem weiteren Kurshalbjahr – nicht bearbeiten oder lösen!

Anforderungsbereiche

Sämtliche Prüfungsaufgaben stützen sich auf die, für alle Bundesländer vorgeschriebenen „Einheitlichen Prüfungsanforderungen in der Abiturprüfung Biologie“ (EPA). Danach enthalten alle Prüfungsaufgaben Teilaufgaben aus drei verschiedenen Anforderungsbereichen:

- **AFB I (Reproduktion):** Sie müssen Ihr gelerntes Wissen wiedergeben können, also z. B. die Zeichnung einer Nervenzelle beschriften.
- **AFB II (Reorganisation/Transfer):** Hierbei geht es um die Anwendung Ihrer Kenntnisse, Sie müssen Ihr Wissen also neu geordnet anwenden können. Es kann z. B. von Ihnen verlangt werden, einen Vergleich in Form einer Tabelle anzufertigen (Reorganisation) oder das im Unterricht Gelernte auf unbekanntes Material sinnvoll anwenden zu können (Transfer).
- **AFB III (Problemlösendes Denken):** Schließlich müssen Sie auch in größeren Zusammenhängen argumentieren können. Hier sollen Sie z. B. Probleme lösen, Hypothesen aufstellen, einen Lösungsweg oder einen Versuch planen und Entscheidungen bewerten und begründen können.

Der **Schwerpunkt aller Prüfungsaufgaben** liegt dabei immer auf dem **AFB II**, in diesem Bereich können Sie auch die meisten Bewertungspunkte erreichen.

Operatoren

Damit sicher gestellt ist, dass alle Schülerinnen und Schüler unter vergleichbaren Voraussetzungen lernen und geprüft werden, wurden sogenannte **Operatoren** für die Aufgaben ausgewählt. Es sind Arbeitsanweisungen, die eine definierte Bedeutung haben und die Sie auf das in der Aufgabe angebotene fachspezifische Material (Texte, Abbildungen, Schemata, grafische Darstellungen, Tabellen etc.) anwenden müssen. Die Handlungsanweisungen signalisieren Ihnen, was *genau* Sie mit den angebotenen Materialien machen sollen.

Während z. B. beim „Nennen" biologische Sachverhalte, Phänomene und Merkmale einfach wiedergegeben oder aufgezählt werden dürfen (AFB I), erfordert das „Bewerten" selbstständige Deutungen und Begründungen in Form strukturierter, zusammenhängender Texte unter Verwendung der komplexen Materialien (AFB III).

Mit dem Arbeitsauftrag „Erläutern Sie" wird von Ihnen die verständliche, anschauliche Darstellung eines Sachverhalts unter Verwendung weiterer Informationen z. B. aus dem Material erwartet, sodass der Leser den Sachverhalt nachvollziehen kann (AFB II). Dabei gibt es auch Überschneidungen, sodass einige der Operatoren zu zwei Anforderungsbereichen gehören können – je nachdem, wie der Inhalt des konkreten Arbeitsauftrags formuliert wurde.

In der folgenden Tabelle finden Sie die alphabetisch geordnete Liste der Operatoren für das Fach Biologie mit Erklärungen und der Zuordnung zu den Anforderungsbereichen. Die Operatoren sowie deren Beschreibung in der folgenden Tabelle sollten Sie sehr genau studieren, damit Sie exakt wissen, was von Ihnen verlangt wird. In der Aufgabensammlung finden Sie außerdem viele Beispiele zum Einsatz dieser Operatoren, an denen Sie den Umgang mit solchen Handlungsanweisungen üben können.

Operator	Beschreibung der erwarteten Leistung	AFB	Beispiele*
Ableiten	Auf der Grundlage wesentlicher Merkmale sachgerechte Schlüsse ziehen	III	10 II.2 12 III.3 13 II.2
Analysieren, Untersuchen	Wichtige Bestandteile oder Eigenschaften auf eine bestimmte Fragestellung hin herausarbeiten; Untersuchen beinhaltet ggf. zusätzlich praktische Anteile	II–III	12 III.1
Auswerten	Daten, Einzelergebnisse oder andere Elemente in einen Zusammenhang stellen und ggf. zu einer Gesamtaussage zusammenführen	II–III	10 II.1 11 I.2, 3 15 III.3
Begründen	Sachverhalte auf Regeln und Gesetzmäßigkeiten bzw. kausale Beziehungen von Ursachen und Wirkung zurückführen	II–III	10 I.4 10 III(V2).2 15 I.1
Beschreiben	Strukturen, Sachverhalte oder Zusammenhänge strukturiert und fachsprachlich richtig in eigenen Worten wiedergeben	I–II	13 II.3
Beurteilen	Zu einem Sachverhalt ein selbstständiges Urteil unter Verwendung von Fachwissen und Fachmethoden formulieren und begründen	III	10 III(V1).4 11 II.5 15 III.2
Bewerten	Einen Gegenstand an erkennbaren Wertkategorien oder an Beurteilungskriterien messen	III	10 II.4 10 III(V1).1 10 III(V1).2
Darstellen	Sachverhalte, Zusammenhänge, Methoden etc. strukturiert und ggf. fachsprachlich wiedergeben	II	12 III.3, 4 13 II.1
Diskutieren, Erörtern	Argumente und Beispiele zu einer Aussage oder These einander gegenüberstellen und abwägen	III	10 III(V2).1 15 III.2
Erklären	Einen Sachverhalt mithilfe eigener Kenntnisse in einen Zusammenhang einordnen sowie ihn nachvollziehbar und verständlich machen	II–III	Ü 1.3 15 II.3
Erläutern	Einen Sachverhalt veranschaulichend darstellen und durch zusätzliche Informationen verständlich machen	II–III	11 I.2 13 II.3, 4 15 I.2, 4

Ermitteln	Einen Zusammenhang oder eine Lösung finden und das Ergebnis formulieren	II–III	Ü 3.2 13 I.2
Hypothesen entwickeln/ aufstellen	Begründete Vermutung auf der Grundlage von Beobachtungen, Untersuchungen, Experimenten oder Aussagen formulieren	III	11 I.3 12 II.4
Interpretieren/ Deuten	Fachspezifische Zusammenhänge in Hinblick auf eine gegebene Fragestellung begründet darstellen	II–III	11 I.1 12 II.2 13 III.2
Nennen, Angeben	Elemente, Sachverhalte, Begriffe, Daten ohne Erläuterungen aufzählen	I	11 III.4 12 III.2 15 III.1
Protokollieren	Beobachtungen oder die Durchführung von Experimenten detailgenau zeichnerisch einwandfrei bzw. fachsprachlich richtig wiedergeben	I–II	–
Skizzieren	Sachverhalte, Strukturen oder Ergebnisse auf das Wesentliche reduziert übersichtlich grafisch darstellen	II	12 III.3 13 III.1 14 I.4, III.1
Stellung nehmen	Zu einem Gegenstand, der an sich nicht eindeutig ist, nach kritischer Prüfung und sorgfältiger Abwägung ein begründetes Urteil abgeben	III	–
Überprüfen, Prüfen	Sachverhalte oder Aussagen an Fakten oder innerer Logik messen und eventuelle Widersprüche aufdecken	II–III	–
Vergleichen	Gemeinsamkeiten, Ähnlichkeiten und Unterschiede ermitteln	II	11 II.3 13 I.1 15 II.4
Zeichnen	Eine möglichst genaue grafische Darstellung beobachtbarer oder gegebener Strukturen anfertigen	I	11 II.4 14 II.4
Zusammenfassen	Das Wesentliche in konzentrierter Form herausstellen	I–II	11 I.3 15 II.1

*Ü = Übungsaufgabe; 10, 11, 12, 13, 14, 15 = Jahrgang 2010, 2011, 2012, 2013, 2014, 2015; angegeben ist jeweils die Nummer der Aufgabe und der darin befindlichen Teilaufgabe

1.4 Bewertung

Ihre Fachlehrerin bzw. Ihr Fachlehrer korrigiert und bewertet die Reinschrift der Abiturarbeiten auf der Grundlage eines **vorgegebenen Bewertungsschemas**, in dem eine Beurteilung der von Ihnen zu erbringende Teilleistungen aufgeschlüsselt ist. Diese Aufschlüsselung nennt konkrete Eigenschaften und Merkmale, die eine Bearbeitung der jeweiligen Aufgabenteile enthalten soll. Bei der Bewertung der von Ihnen erstellten Lösung wird deren Brauchbarkeit des Weiteren an den o. g. drei Anforderungsbereichen gemessen. Sie werden bei der Anzahl der maximal zu vergebenden Punkte mit berücksichtigt. Von diesem Bewertungsschema kann die Fachlehrerin bzw. der Fachlehrer *in der Regel* nicht abweichen!

Dies bedeutet allerdings nicht, dass Sie exakt die Formulierungen der Vorgaben wiedergeben müssen. Sie dienen als Orientierung und insofern hat Ihre Lehrerin bzw. Ihr Lehrer einen gewissen „Spielraum" bei der Benotung. Insgesamt werden bei der Bewertung Ihrer Darstellung sowohl die fachliche Richtigkeit und Vollständigkeit berücksichtigt als auch die Schlüssigkeit Ihrer Argumentation, die Qualität Ihrer Darstellung (klarer Aufbau und richtige Verwendung der Fachsprache) sowie gegebenenfalls die Kreativität und Eigenständigkeit bei Ihren Lösungen. Werden hier von Ihnen bei der Bearbeitung der einzelnen Teilaufgaben weitere, aufgabenbezogene Kriterien erfüllt, die eigentlich nicht vorgesehen sind, können Sie dafür Zusatzpunkte erhalten. Das können Lösungen sein, die im Bewertungsbogen nicht erfasst wurden, fachlich aber richtig sind und von Ihnen schlüssig dargestellt wurden. Hierzu zählen beispielsweise konstruktive Versuchskritik und das Aufstellen begründeter Hypothesen oder, wenn Sie einen biologischen Sachverhalt durch eine eigene Meinung fundiert beurteilen.

Für die Korrektur Ihrer Ausführungen sind detaillierte Randbemerkungen Ihrer Lehrerin bzw. Ihres Lehrers vorgesehen. Die inhaltlichen Leistungen und die Darstellungsleistungen werden bei der Bewertung Ihrer Arbeit gesondert ausgewiesen. Sie gehen mit fachspezifischer Gewichtung in die Gesamtbewertung mit ein. Denken Sie daran, dass *gehäufte* Verstöße gegen die sprachliche Richtigkeit (vor allem Verstöße gegen Rechtschreibung, Grammatik und Satzzeichensetzung, aber auch die äußere Form) zu einer Absenkung der Bewertung Ihrer Abiturarbeit um bis zu 3 Punkte (d. h. um eine komplette Note!) führen kann.

Ihre Arbeit kann mit ausreichend (5 Punkte) bewertet werden, wenn Sie annähernd die Hälfte der im Bewertungsschema beschriebenen Anforderungen erreicht haben. Dies bedeutet, dass rein reproduktive Leistungen des AFB I für ein Bestehen des Abiturs nicht ausreichen! Entsprechend erreichen Sie ein sehr gutes Prüfungsergebnis nur dann, wenn Sie auch Leistungen aus dem AFB III erbringen. Bedenken Sie bitte auch, dass ein mit „gut" beurteiltes Prüfungsergebnis von Ihnen verlangt, zumindest ansatzweise Aufgaben des AFB III zu bearbeiten.

Ihre Arbeit wird, nachdem Ihre Lehrerin bzw. Ihr Lehrer sie korrigiert und benotet hat, von einem zweiten Fachkollegen einer Zweitkorrektur unterzogen. Diese kann von einer Kollegin oder einem Kollegen an Ihrer Schule erfolgen, es ist aber auch möglich, dass die Zweitkorrektur an einer anderen Schule vorgenommen wird.

2 Tipps zum Umgang mit Prüfungsaufgaben

Je nach individueller Veranlagung werden einige von Ihnen diese Vorbemerkungen überspringen und sich direkt auf die Aufgaben stürzen. Vielleicht, weil Sie schon wissen, wie man **sachgerecht** und **ökonomisch** arbeitet oder aus genau dem gegenteiligen Grund: Vielleicht gehen Sie grundsätzlich zu **überhastet** vor und wollen möglichst rasch ans Ziel kommen. Wenn Sie zur zweiten Gruppe gehören sollten, sind – gerade durch Ihr Vorgehen – **Leistungsvermögen** und erbrachte **Leistung** daher oft **nicht deckungsgleich**. Dabei ist es eigentlich ziemlich einfach, ein gutes Ergebnis mit vernünftigem Aufwand zu erreichen.
Im Folgenden daher einige **Tipps**, die allgemein für jede Form von schriftlicher Arbeit gelten und damit über dieses Buch hinaus während der Berufsausbildung oder des Studiums **hilfreich** sein können.
Wir können Ihnen hier nur eine kurze Auflistung der wichtigsten Punkte geben, die Sie beim Bearbeiten der Aufgaben beachten sollten. Ebenso kann an dieser Stelle nur exemplarisch auf einige Aspekte der Analyse von Materialien eingegangen werden.
Weiterführende Hilfestellungen zum Umgang mit Prüfungsaufgaben finden Sie in dem Buch „Training Methoden – Biologie", Stark Verlag (Best.-Nr. 94710), mit dem Sie anhand einer Reihe konkreter Beispiele die prüfungsrelevanten Arbeitstechniken im Fach Biologie trainieren können. Zwei weitere Trainingsbücher ermöglichen es Ihnen, den Unterrichtsstoff zu wiederholen und sich optimal auf die Inhalte der schriftlichen und mündlichen Abiturprüfung vorzubereiten: „Abitur-Training – Biologie 1 und 2", Stark Verlag (Best.-Nr. 54701 und 54702).

2.1 Ökonomisches Bearbeiten der Aufgaben

Ökonomisches Arbeiten soll in diesem Zusammenhang heißen: eine Klausur in möglichst **kurzer Zeit** möglichst **gründlich** zu bearbeiten.
Ihre Bearbeitung der schriftlichen Abiturprüfung beginnt mit der Auswahl der Aufgaben. Wie bereits angesprochen, sollte diese Auswahl zügig und trotzdem sorgfältig erfolgen. Wichtig ist hierbei, dass Sie sich zunächst einen Überblick über alle Aufgaben und Materialien verschaffen, auch wenn Sie aufgrund der thematischen Überschrift schon eine Vorentscheidung gefällt haben. Vielleicht verbirgt sich in der Aufgabe ein „Haken", den Sie bei der schnellen Durchsicht nicht gesehen haben!
Zur weiteren Bearbeitung der Aufgaben hilft es, wenn Sie sich vor der Klausur zu Hause einen Plan erstellen, wie Sie an die einzelnen Aufgaben herangehen sollen. Etwaige Nervosität in der Abitur-Prüfung wird dadurch übrigens vermindert, da Sie nach gewohnter Routine vorgehen können. Dieser **Plan** kann z. B. wie folgt aussehen:

- **Lesen** Sie sich die Aufgabenstellung sorgfältig durch, lassen Sie sich **Zeit**. Achten Sie dabei besonders auf die Operatoren. Versuchen Sie sich klarzumachen, worum es in der Aufgabe geht. Hierbei hilft Ihnen oft das Thema der Aufgabe.
- **Markieren** Sie beim Durcharbeiten des Aufgabentextes mit einem Stift – am besten mit einem **Textmarker** – wichtige Textstellen und Schlüsselbegriffe. (Werden unterschiedliche Sachverhalte in den Teilaufgaben angesprochen, kann es hilfreich sein, mit mehreren Farben zu arbeiten!)

- Lassen Sie sich **nicht** von der Aufgabenstellung **erschrecken**, solange Sie sich das Material nicht angeschaut haben. Oft klingt eine Fragestellung komplizierter, als sie nach Durchsicht der Materialien wirklich ist.
- Arbeiten Sie nun das **Material** durch und versuchen Sie bereits jetzt die Abbildungen, Graphen, Tabellen etc. den einzelnen Aufgabenstellungen zuzuordnen. Ein wichtiger Tipp: Oft gibt es regelrechte **Schlüsselwörter**, mit denen eine ganze Aufgabe gelöst werden kann. Wer z. B. in einem Populationsgraphen eine Räuber-Beute-Beziehung entdeckt, der hat bestimmt schon die Hälfte der Aufgabe gelöst! Achten Sie also auf solche **Zusammenhänge**.
- Gehen Sie bei Ihrer Arbeit **systematisch** vor. Bleiben Sie so lange bei einem Aufgabenteil bzw. den dazugehörigen Materialen, bis Sie diesen Teil erschöpfend bearbeitet haben.
- Wenn das Material trotz intensivster Anstrengungen nicht „zu Ihren Überlegungen passen will", **verwerfen** Sie Ihre (sicherlich falsche) Hypothese möglichst rasch – alles andere kostet nur unnötig Zeit.
- Erstellen Sie zu Ihren Überlegungen eine **Skizze** (z. B. eine *mind map*), aus der für Sie Ihr **Lösungsweg** hervorgeht. Das Ganze sollte nicht mehr als ein roter Faden sein – alles andere kostet nur unnötig Zeit. Ordnen Sie in dieser Skizze unbedingt die einzelnen Materialien Ihrem Argumentationsweg zu.

2.2 Arbeiten mit Grafiken und Tabellen

Ein wesentlicher Bestandteil biologischer Aufgabenstellungen ist die Analyse von Material in Form von Tabellen sowie Grafiken. Die umfassende Untersuchung der dargestellten Sachverhalte ist oft der Schlüssel zu einer erfolgreichen Lösung der Aufgabe.

Daten aus biologischen Experimenten werden häufig in Form von **Tabellen** zusammengefasst. Eine andere Art der Darstellung von Zahlenmaterial sind die zu den Grafiken zählenden **Diagramme**. Zur Auswertung einer Tabelle oder eines Diagramms gibt es einige Grundregeln, die sich auf fast alle Tabellen und Diagramme unterschiedlichen Aufbaus und Inhaltes anwenden lassen:

- Welche Größen sind in der Tabelle/dem Diagramm dargestellt? Achten Sie auf die Überschriften und den Begleittext.
- Was für ein Diagrammtyp liegt vor (z. B. Säulendiagramm, Optimumkurve)?
- Welche Größen sind gegeneinander aufgetragen? Welche ist die variable, welche die abhängige Größe?
- Was sind die Bezugsgrößen: Zahlenarten (absolute Zahlen, Prozentzahlen), Zahlenwerte (gerundet, geschätzt, vorläufig)?
- Welche Auffälligkeiten/Tendenzen sind zu erkennen?
- Was wurde mit welcher Methode untersucht?
- Welche Kategorien werden miteinander in Beziehung gesetzt (z. B. bei Tabellen in Kopfzeile, Spalten und Vorspalten)?
- Welche Besonderheiten weist das Material auf? Bestimmen Sie wesentliche Auffälligkeiten!
- Welche Hauptaussagen lassen sich formulieren (Trends/Tendenzen)?

- Welche Teilaussagen lassen sich machen (Minima, Maxima, Optimum, Zunahme, Abnahme, Stagnation, Zahlensprünge, Anomalien, Gleichmäßigkeiten und regelhafte Verläufe, unterschiedliche Phasen, Wechselbeziehungen zwischen verschiedenen Variablen/Merkmalen …)?
- Welcher Arbeitsauftrag ist mit dem Diagramm/der Tabelle verbunden? (Unabhängig davon sollten Sie Ihre Lösung unbedingt damit beginnen, eine kurze Beschreibung der Darstellung auf der Basis der o. g. Fragestellungen zu geben.)
- Welche Antwort gibt die Tabelle/das Diagramm auf die Fragestellung? Zu welchen Teilbereichen lassen sich keine Aussagen treffen?
- Welche Aussagen werden durch die Daten nahe gelegt?
- Welche neuen Fragen werden durch die Informationen der Tabelle/des Diagramms aufgeworfen?
- Was sind mögliche Ursachen für die Sachverhalte, welche Sie der Tabelle/dem Diagramm entnommen haben?

Abbildungen in der Biologie zeigen meist entweder Strukturen (z. B. einen Blattquerschnitt) oder Prozesse (z. B. die Proteinbiosynthese). Der erste Schritt Ihrer Lösung sollte auch hier immer darin bestehen, die bildlich dargestellte Information in Worte zu fassen. Die weitere Analyse ist dann sehr stark von der Art der Abbildung und der damit verbundenen Fragestellung abhängig. Aber auch hier gibt es wieder einige Grundregeln, die zu beachten sind:

- Wie ist die Abbildung zustande gekommen? Ist es z. B. die Skizze eines mikroskopischen Bildes oder die schematische Darstellung eines Experimentes? (Beachten Sie dabei auch den vorangestellten Text, die Bildunterschrift und die angegebene Quelle.)
- Welchem Themengebiet ist die Abbildung zuzuordnen (z. B. Evolutionsbiologie oder Molekulargenetik)?
- Was wissen Sie über die dargestellten Strukturen oder Abläufe? Welche Fachbegriffe können Sie hier zuordnen?
- Was sind die wichtigen Merkmale der dargestellten Objekte oder Sachverhalte? Vergleichen Sie Teilabbildungen miteinander. Formulieren Sie Kern- und Teilaussagen.
- Welche Arbeitsanweisung ist mit der Abbildung verknüpft? Sollen Sie z. B. die Abbildung zur Begründung oder Erläuterung eines Sachverhaltes verwenden oder wird von Ihnen eine Hypothese über den Ablauf eines dargestellten Experimentes erwartet?
- Welche für die Beantwortung der Fragestellung relevanten Informationen lassen sich aus den Darstellungen entnehmen und welche Fragen stellen sich?
- Welche Ursachen und Mechanismen könnten hinter den dargestellten Prozessen stecken? Wie sind auftretende Besonderheiten zu erklären?

2.3 Darstellen der Ergebnisse

Bei der Erstellung Ihrer Lösungen sollten Sie sich, neben der fachlichen Richtigkeit, um **sprachliche Richtigkeit und eine angemessene äußere Form** bemühen. Alle Antworten sollten Sie (sofern es nicht ausdrücklich anders verlangt ist, z. B. die An-

gabe als Tabelle oder Skizze) durchgehend **in vollständigen Sätzen** unter Verwendung der passenden **Fachbegriffe** formulieren.
Auch wenn zur Beantwortung der Aufgabe kein Fließtext gefordert wird, sollte die unkommentierte Aufzählung einzelner Schlagworte (Ausnahme: Operator „Nennen“) sowie unbeschriftete Skizzen und Tabellen vermieden werden. Bei allen Lösungen sollten Sie außerdem beachten,

- dass Sie sich bei der Bearbeitung der Aufgabe an den Operator der Aufgabenstellung halten, damit Sie die **Lösung im Sinne der Aufgabenstellung** erstellen. Sie sollten z. B. beim Operator „Nennen / Angeben“ keine weiteren Erklärungen angeben, dies wäre auch nicht im Sinne einer zweckmäßigen Zeiteinteilung bei der Prüfung.
- dass die Darstellung **logischen und erkennbaren Ordnungsprinzipien** folgt. Für längere Teilantworten bietet sich die „klassische“, aus dem Deutschunterricht bekannte Einteilung in eine kurze Einleitung (hier reichen meist 1–2 Sätze), einen in sinnvolle Absätze gegliederten Hauptteil und einen Schlusssatz an.
- dass die Ausführungen **eindeutig formuliert** sind und soweit sinnvoll auch mit anderen Teilen Ihrer Klausur verknüpft werden.
- dass Sie immer dann, wenn Sie **Abkürzungen** verwenden – sofern es sich nicht um Standardabkürzungen wie DNA, ATP, o. Ä. handelt – diese immer ausschreiben (z. B. PKU = Phenylketonurie). Ungebräuchliche Abkürzungen werden allgemein als Rechtschreibfehler angesehen und gewertet.

Zum Schluss sollten Sie – sofern es möglich ist – noch einmal 10 bis 20 Minuten einplanen, um Ihre Lösungen noch einmal zu lesen und eventuelle Fehler (Grammatik, Zeichensetzung, Rechtschreibung) zu berichtigen. Denken Sie daran, dass Ihnen für eine mangelhafte äußere Form bis zu drei Notenpunkte abgezogen werden können! Achten Sie auch darauf, dass Ihre Verweise auf Abbildungen korrekt sind. Eine **lesbare Schrift** und eine **übersichtliche Gestaltung** sind deshalb besonders wichtig. Zuletzt sollten Sie die Seiten vollständig durchnummerieren.

3 Hinweise zur Benutzung dieses Buches

Dieses Buch enthält drei **Übungsklausuren im Stil des Zentralabiturs 2016 in Nordrhein-Westfalen** und **alle Leistungskursaufgaben der Abitur-Jahrgänge ab 2010** mit Arbeitsaufträgen, Materialien und ausgearbeiteten Lösungen. Vor jedem Lösungsvorschlag finden Sie die in der Aufgabe thematisierten **Schwerpunkte** bzw. die für die Lösung geforderten **Vorkenntnisse.**
Nach diesen allgemeinen Hinweisen zur Lösung der Aufgabe folgen die **Lösungsvorschläge**. Jeder Lösungsvorschlag ist zusätzlich mit **methodischen Hinweisen** versehen. Diese Hinweise erläutern – sofern nötig – kurz die Herangehensweise an die Teilaufgabe und geben Ihnen konkrete Tipps, was bei der jeweiligen Aufgabe zu beachten ist. Alle Tipps und Hinweise erkennen Sie an den Rauten am Seitenrand.

Sollten nach Erscheinen dieses Bandes noch wichtige Änderungen in der Abitur-Prüfung 2016 vom Schulministerium Nordrhein-Westfalen bekannt gegeben werden, finden Sie aktuelle Informationen dazu im Internet unter:
www.stark-verlag.de/pruefung-aktuell

Abitur-Prüfung Biologie (NRW) – Leistungskurs
Übungsaufgabe 1: Neurophysiologie

Die Wirkung des örtlichen Betäubungsmittels Procain

1 Ordnen Sie die in Material A 2 dargestellten Membranpotenziale begründet den in Material A 1 bezifferten Abschnitten eines künstlich gereizten Neurons zu.

2 Erläutern Sie an Material B 1 und C die Vorgänge an einer Nervenfasermembran vor, während und nach einem Aktionspotenzial.

3 Erklären Sie unter Bezug auf das Material die lokal betäubende Wirkung von Procain. Erklären Sie auch, wie der Herzstillstand bei Überdosierung zustande kommt.

4 Stellen Sie dar, welche Eigenschaft(en) eine Substanz haben müsste, um eine Überdosierung von Procain behandeln zu können.

Material A: Modellhafte Darstellung verschiedener Membranpotenziale an einem Neuron, das künstlich überschwellig gereizt wird

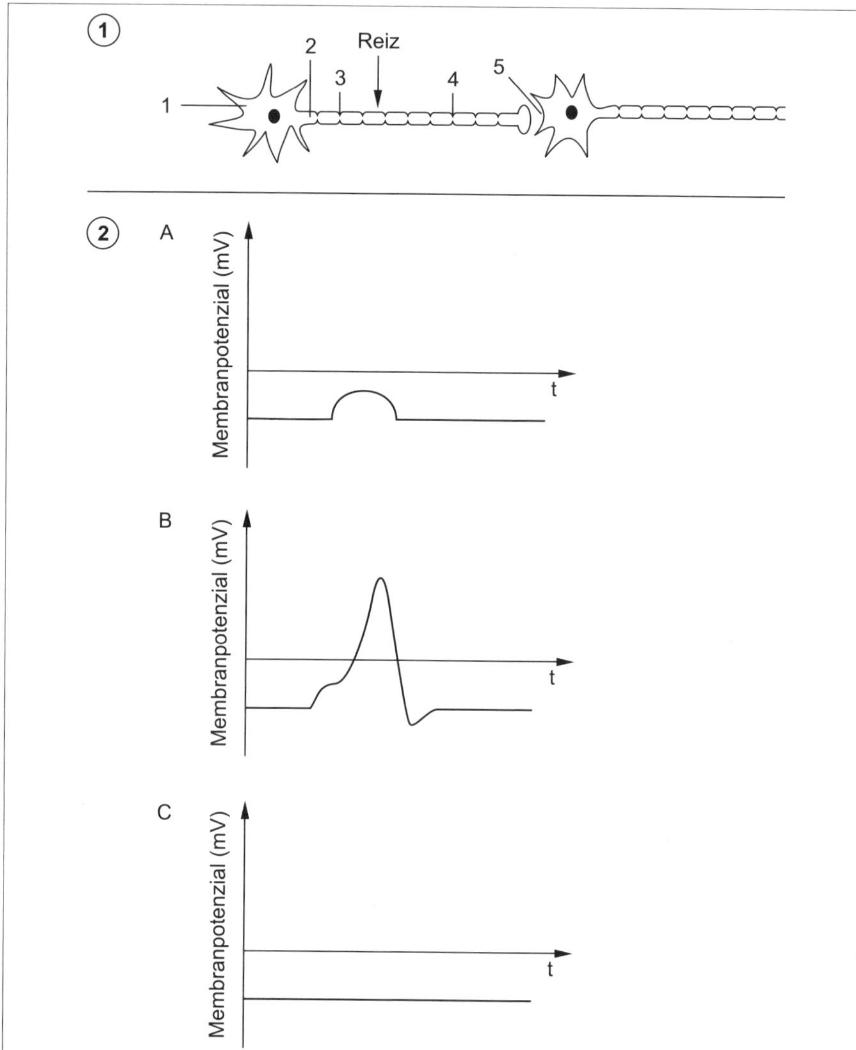

Material B: Potenzialänderungen an der Axonmembran

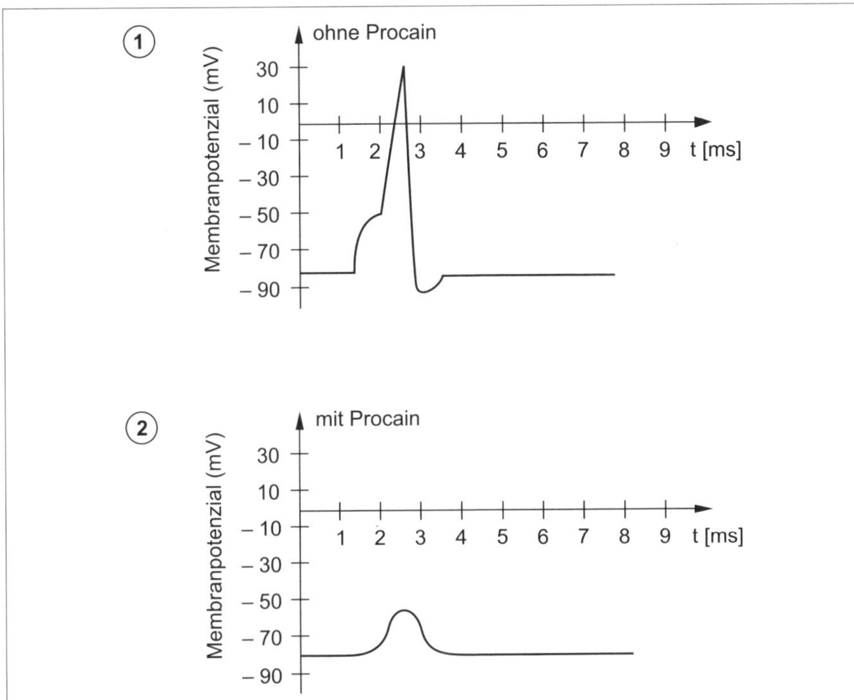

verändert nach: Aktories, Klaus, Förstermann, Ulrich, Hofmann, Franz, Starke, Klaus: Allgemeine und spezielle Pharmakologie und Toxikologie, begründet von Forth, W., Henschler, D., Rummel, W., Urban und Fischer Verlag 9. Auflage 2005, S. 257 © Elsevier GmbH, München

Material C: Ionenkonzentrationen außer- und innerhalb von Nervenzellen

	Natrium (Na^+)	**Kalium** (K^+)	**Chlorid** (Cl^-)	**organische Anionen**
Innenkonzentration (mmol /kg Wasser)	7	160	7	155
Außenkonzentration (mmol /kg Wasser)	144	4,5	114	0

Material D: Spannungsabhängiger Natriumionenkanal der Axonmembran

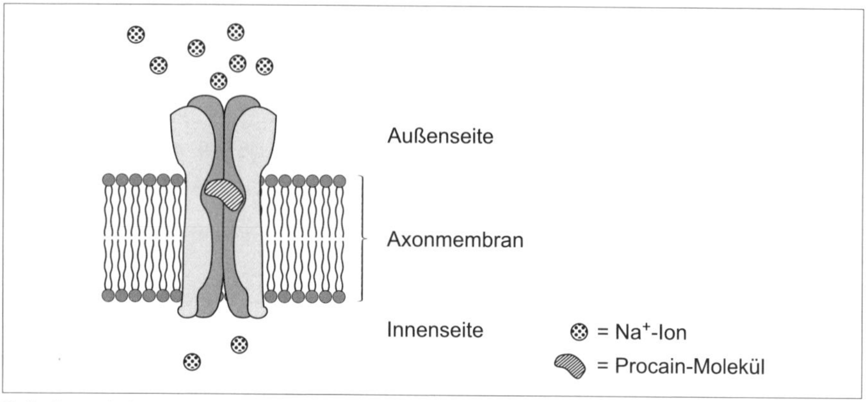

Teilschematische Darstellung der Anlagerungsstelle des Procain-Moleküls im spannungsabhängigen Natriumionenkanal der Axonmembran

verändert nach: Aktories, Klaus, Förstermann, Ulrich, Hofmann, Franz, Starke, Klaus: Allgemeine und spezielle Pharmakologie und Toxikologie, begründet von Forth, W., Henschler, D., Rummel, W., Urban und Fischer Verlag 9. Auflage 2005, S. 259 © Elsevier GmbH, München

Material E: Der Einsatz des örtlichen Betäubungsmittels *Procain*

Bei kleineren Eingriffen in der Medizin (z. B. bei einer Zahnbehandlung) verwendet man häufig örtliche Betäubungsmittel, mit denen man nur die Stelle, an der operiert wird, betäuben kann. Diese sogenannten **Lokalanästhetika** werden dazu mit einer Spritze in der Nähe der zu betäubenden Nerven injiziert. Dabei muss besonders darauf geachtet werden, dass keine Blutgefäße getroffen werden. Bei einer Überdosierung und gleichzeitiger Aufnahme in das Kreislaufsystem kann es u. a. zum Herzstillstand kommen.

Lösungsvorschlag

In der Aufgabe thematisierte Unterrichtsinhalte sind:
Neurobiologie: Ionenverteilung an der Nervenzellmembran, Ruhepotenzial, Aktionspotenzial, Erregungsleitung

1 *Sie können die Zuordnung in einer Aufzählung sowohl nach den bezifferten Stellen 1–5 als auch den Kurven A–C geordnet vornehmen, aber auch – wie im folgenden dargestellt – die Zuordnung in die Beschreibung des (beidseitigen!) Verlaufs der Erregung nach dem künstlichen Reiz integrieren. Auf jeden Fall sollten Sie detailliert begründen, warum das jeweilige Membranpotenzial an der betreffenden Stellen gemessen werden kann.*

Überschreitet ein Reiz eine bestimmte Schwelle, die zur Auslösung eines Aktionspotenzials ausreicht, nennt man ihn überschwellig. Durch die in Material A beschriebene künstliche Reizung im Bereich der Axonmembran kommt es zu einem Aktionspotenzial am Axon. Dieses kann bei dem dargestellten Wirbeltier-Neuron nur per saltatorischer Erregungsleitung über die Ranvier'schen Schnürringe weitergegeben werden, da nur dort spannungsabhängige Natriumionen(Na^+)-Kanäle vorliegen. An den anderen Stellen ist das Axon durch die Markscheide elektrisch isoliert. Das Aktionspotenzial (Kurve B) ist also an den Stellen 3 und 4 messbar, da sich die Erregung von der Reizstelle ausgehend sowohl faserabwärts als auch faseraufwärts fortpflanzt.
Das Neuronsoma enthält keine spannungsabhängigen Na^+-Kanäle (Stelle 1 und 2 in Material A 1). Kommt das Aktionspotenzial an Stelle 2 an, löst es nur eine schwache Depolarisation an der Membran aus, die durch Ionenwanderungen hervorgerufen wird. Dieser Zustand entspricht dem in Kurve A dargestellten Membranpotenzial.
Die beschriebenen Ionenwanderungsbewegungen setzen sich über die Somamembran des Neurons fort, schwächen sich dabei aber immer mehr ab *(sogenanntes Dekrement)*. In größerer Entfernung vom Axon (Stelle 1 in Material A 1) sind sie nicht mehr nachweisbar, das in Kurve C dargestellte Ruhepotenzial liegt vor.
Erreicht das Aktionspotenzial das synaptische Endbläschen, wird es dort durch Transmitterausschüttung an die Folgezelle weitergegeben, im vorliegenden Fall eine Nervenzelle (Stelle 5 in Material A 1). Die Membran des Dendriten enthält im synaptischen Bereich keine spannungsabhängigen Na^+-Kanäle, sondern transmittergesteuerte Na^+-Rezeptoren. Je nach Zahl der durch Transmitterausschüttung geöffneten Kanäle kommt es zu einer unterschiedlich starken Spannungsänderung an der postsynaptischen Membran. Bei exzitatorisch wirkenden Transmittern führt dies zu einer schwachen Depolarisation, wie in Kurve A dargestellt.

2 *Beschreiben Sie zunächst, wie das Ruhepotenzial zustande kommt und aufrecht erhalten wird. Erläutern Sie dann, wie die Ionenverteilung sich beim Entstehen eines Aktionspotenzials verändert und welche Auswirkungen das auf das Membranpotenzial hat. Erklären Sie zuletzt, wie das Ruhepotenzial wieder hergestellt wird.*

Material C zeigt, dass sich die Innen- und Außenkonzentration von Ionen an der Nervenzellmembran stark unterscheiden. Dieses Ungleichgewicht kommt durch die unterschiedliche Permeabilität der Membran für die einzelnen Ionen zustande. Es wird durch Ionen-Pumpen (v. a. die Na^+/K^+-Carrier) aufrecht erhalten, die die diffundierten Ionen wieder entgegen dem Konzentrationsgefälle zurückpumpen.
Im Ruhezustand wie auch im erregten Zustand sind in der Membran sogenannte Kaliumionen(K^+)-Leckkanäle geöffnet. Im Ruhezustand können die Kaliumionen aber nicht beliebig durch diese Kanäle diffundieren, da sie durch die negativen Ladungen der organischen Anionen zurückgehalten werden, die praktisch nicht durch die Membran diffundieren können. Ähnliches gilt für die Chlorid- und Natriumionen *(Chloridionen haben relativ zu Natriumionen eine gute Membranpermeabilität)*. Anorganische Anionen und Natriumionen sammeln sich an der Membran, was zu einer Spannung quer zur Membran führt, wobei die Innenseite der Membran negativ geladen ist. Diese Spannung bezeichnet man als Ruhepotenzial.
Ein Aktionspotenzial wird immer dann ausgelöst, wenn das Membranpotenzial 20–25 % unter dem Ruhepotenzial liegt *(sogenannter Schwellenwert)*. Dies ist z. B. bei Einwirkung eines Reizes einer bestimmten Stärke der Fall. Dadurch werden einige Na^+-Kanäle geöffnet, Natriumionen diffundieren im Ladungs- und Konzentrationsgefälle in das Zellinnere. In der Folge kommt es zum erwähnten Spannungsabfall an der Membran, der zur lawinenartigen Öffnung aller Na^+-Kanäle führt. Nach kürzester Zeit kommt es dann zu einem Ladungsausgleich: Natriumionen und organische Anionen heben sich in ihrer Ladung auf. Die Natriumionen diffundieren aber weiter, da ja noch das Diffusionsgefälle besteht –dadurch kommt es zur Umpolung *(Depolarisation)* der Membran!
Mit dem Einströmen der Natriumionen nimmt das Ladungsgefälle ab. Ab einer Spannung unter ca. –50 mV werden dadurch weitere K^+-Kanäle geöffnet, es kommt zu einem verstärkten Ausstrom von K^+-Ionen *(man sagt auch: die Membran besitzt eine höhere Permeabilität für K^+-Ionen)*.
Alle Na^+-Kanäle schließen sich nach 1 ms und sind für eine weitere Millisekunde inaktiv, d. h. sie öffnen sich nicht, egal wie stark z. B. ein Reiz ist *(absolute Refraktärzeit)*. Durch den Verschluss der Na^+-Kanäle und den erhöhten K^+-Ionen-Ausstrom wird die Polarität an der Membran erneut umgedreht *(sogenannte Repolarisation)*. Die im Konzentrationsgefälle durch die sich nur allmählich verschließenden K^+-Kanäle weiter diffundierenden K^+-Ionen führen zu einer kurzzeitigen Hyperpolarisation der Membran. Der ATP-verbrauchende Na^+/K^+-Carrier pumpt schließlich alle gewanderten Natrium- und Kaliumionen zurück und stellt so die ursprüngliche Ionenverteilung und damit das Ruhepotenzial wieder her.

3 – *Für die Beantwortung des ersten Teils der Frage finden Sie die relevanten Informationen in Material B2 und D. Vermeiden Sie bei Ihrer Erklärung Wiederholungen, indem Sie auf Ihre Ausführungen in der vorangehenden Aufgabe verweisen.*
– *Material E gibt Auskunft über die Folgen einer Überdosierung unter bestimmten Voraussetzungen. Beschreiben Sie kurz, warum auf diese Weise ein Herzstillstand zustande kommen kann. Den Wirkmechanismus müssen Sie hier nicht noch einmal erklären, dies ist ja bereits im 1. Schritt der Teilaufgabe erfolgt.*

Procain setzt sich in den spannungsabhängigen Na^+-Kanal *(Material D)* und verhindert so die in Teilaufgabe 2 beschriebene Erregungsentstehung bzw. -leitung: Da keine Na^+-Ionen wandern können, erfolgt auch keine Depolarisation. Ein Aktionspotenzial kann folglich nicht ausgelöst werden, da die wenigen nicht verschlossenen Natriumionenkanäle nur zu einer unterschwelligen Erregung führen *(Material B2)*.
Erfolgt eine Überdosierung von Procain und gelangt die Substanz (z. B. durch falsches Setzen einer Spritze) in die Blutbahn, wird sie dadurch über den ganzen Körper verteilt. Procain kann also auch bei anderen Nervenzellen hemmend auf die Ausbildung von Aktionspotenzialen wirken. Handelt es sich dabei um Zellen, die für die Kontraktion der Herzmuskeln verantwortlich sind, führt dies zum erwähnten Herzstillstand.

4 *Es gibt mehrere Möglichkeiten, wie das „Gegengift" zu Procain wirken könnte. Generell muss die Funktionalität der Na^+-Kanäle wieder hergestellt und damit die Depolarisation ermöglicht werden. Dazu führen u. a. die unten dargestellten Ansätze. Auch andere plausible Erklärungen sind an dieser Stelle richtig!*

Um eine Erregungsleitung wieder zu ermöglichen, muss eine überschwellige Depolarisation *(Material B2)* gewährleistet sein. Da dies bei einer Procain-Überdosierung nicht mehr der Fall ist, muss eine neurophysiologisch aktive Substanz die Wirkung von Procain aufheben. Dies wird z. B. dadurch erreicht, dass die nicht von Procain verschlossenen Na^+-Kanäle bei Erregung länger geöffnet bleiben durch den Einfluss des „Gegengiftes". Dadurch kommt es zu einem längeren Kationeneinstrom und damit zu einer stärkeren Depolarisation an der Nervenmembran. Ist die Depolarisation überschwellig, tritt nach dem bei Teilaufgabe 2 beschriebenen Mechanismus ein Aktionspotenzial auf.

Auch neuroaktive Substanzen, die die Öffnung von Na^+-Kanälen fördern, haben die gleiche Wirkung: Diese Substanzen bewirken die Kanalöffnung auch schon bei sehr geringer Erregung. Dadurch werden wesentlich mehr Kanäle aktiviert als im Normalzustand und somit die entgegen gesetzte Wirkung von Procain aufgehoben.

Der Landgang der jamaikanischen Felsenkrabben

1 Beschreiben Sie die drei Formen natürlicher Selektion und deren Auswirkungen auf eine Population.

2 Erklären Sie an Material C den Begriff „Toleranzbereich" und beschriften Sie die Kurve von *S. rectum* mit den entsprechenden Fachbegriffen. Beurteilen Sie die drei vorliegenden Toleranzkurven unter Bezug auf Material D.

3 Vergleichen Sie die unterschiedlichen Fortpflanzungsstrategien von *S. rectum* und *S. jarvisi* unter evolutionsbiologischen und ökologischen Aspekten.

4 Erläutern Sie unter Bezug auf Material D, Material E und Material F, wie es aus evolutionstheoretischer Sicht zur Artaufspaltung unter den Felsenkrabben kommen konnte. Gehen Sie bei Ihren Ausführungen auch darauf ein, warum die meeresbewohnenden Tiere den Übergang zum Landleben erfolgreich bewältigen konnten.

Material A: Die Felsenkrabben der Insel Jamaika

Auf der karibischen Insel Jamaika gibt es eine Vielzahl endemischer Lebewesen wie z. B. neun verschiedene Arten von Felsenkrabben. Diese Felsenkrabben der Familie Sesarmidae sind monophyletischen Ursprungs und infolge einer adaptiven Radiation im Pliozän vor ca. 3,5–1,9 Mio. Jahren entstanden. Ihre Vorfahren waren überwiegend Meeres- oder Küstenbewohner, so wie die meisten ihrer rezenten, außerhalb von Jamaika lebenden Verwandten, z. B. *Sesarma rectum.*
Die jamaikanischen Sesarmiden hingegen leben überwiegend im Landesinneren, nur die Larvenentwicklung erfolgt noch im Wasser. Dabei ist es zu extremen Anpassungen gekommen: Die Schneckenkrabbe *(Sesarma jarvisi)* z. B. legt ihre Eier in die Gehäuse großer Landschnecken, die im Durchschnitt nur 5 ml Süßwasser enthalten!
Bei der Frage, wie die Felsenkrabben den terrestrischen Lebensraums erobert haben könnten, waren Beobachtungen der Brackwasser bewohnenden Art *Armases miersii* als ein Modell für eine Übergangsform von Bedeutung.

Sesarma jarvisi im Gehäuse einer Landschnecke
© *Rudolf Diesel*

Material B: Vergleich mariner und terrestrischer Felsenkrabben

	Eizahl pro Brut	Eivolumen in μm^3	Larvenentwicklung	Larvenstadien	Brutpflege
S. rectum **(marin)**	25 000	17–48	20 Tage	3	nein
S. jarvisi **(terrestrisch)**	23	527–2 878	4 Tage	2	ja

nach Daten aus: Diesel, Rudolf, Schubart, Christoph D.: Die außergewöhnliche Evolutionsgeschichte jamaikanischer Felsenkrabben. In: BiuZ, 30. Jahrgang 2000, Nr. 3, S. 136–147 © *Wiley-VCH*

Material C: Überlebensrate der Larven verschiedener Felsenkrabben in Abhängigkeit von der Salinität

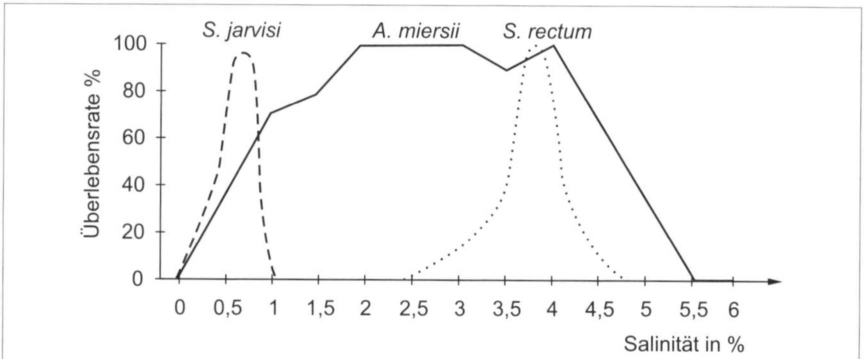

Salinitätstoleranz von A. miersii nach: Diesel, Rudolf, Schubart, Christoph D.: Die außergewöhnliche Evolutionsgeschichte jamaikanischer Felsenkrabben. In: BiuZ, 30. Jahrgang 2000, Nr. 3, S. 136–147 © *Wiley-VCH*

Material D: Salinität in einem Felstümpel an der Nordküste Jamaikas, Mai – Juli

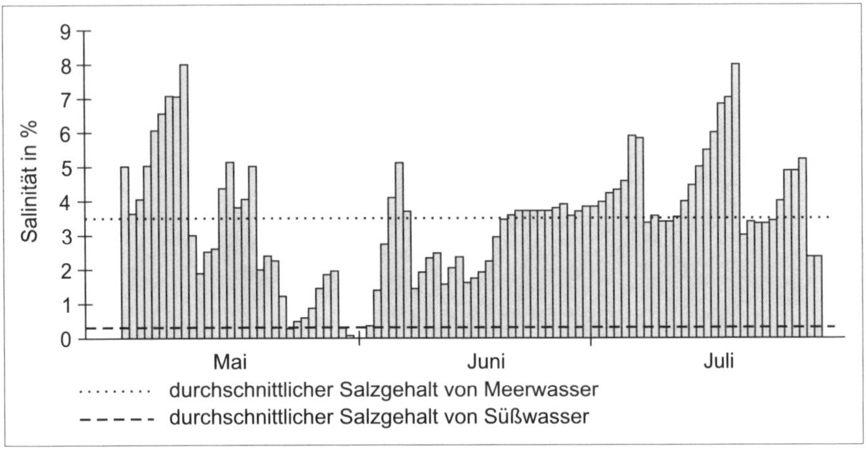

verändert nach: Diesel, Rudolf, Schubart, Christoph D.: Die außergewöhnliche Evolutionsgeschichte jamaikanischer Felsenkrabben. In: BiuZ, 30. Jahrgang 2000, Nr. 3, S. 136–147 © Wiley-VCH

Material E: Geologie und Klima der Insel Jamaika

Die karibische Insel Jamaika ist vor ca. 28 Mio. Jahren (Oligozän) erstmals aus dem Meer aufgetaucht (Material G). Noch heute hebt sich die Nordküste der Insel etwa 6–20 cm pro Jahr. Dabei entstehen ständig neue ausgedehnte Kalksteinterrassen. Heute ist das Land, bis auf wenige flache Landstriche in der südlichen Küstengegend, gebirgig. Die längste Bergkette bilden die Blue Mountains im Osten der Insel. Eine Reihe kleinerer Gebirge erstreckt sich nach Westen bis zur Küste. Sie umgeben eine weiträumige Hochebene (900 Meter hoch).

Die durchschnittliche Jahrestemperatur liegt an der Küste bei 26,7 °C, auf der Hochebene bei etwa 22,2 °C. Die jährliche Niederschlagsmenge ist regional sehr unterschiedlich. Über 5 080 mm Regen fallen jährlich in den Bergen im Nordosten, im Südosten sind es hingegen nur 813 mm.

Der Tidenhub (Unterschied zwischen Ebbe und Flut) an der Küste Jamaikas ist mit 20–25 cm eher gering. Dadurch entstehen vor allem an der Nordküste flache Mangrovensümpfe mit wenig Wasseraustausch mit dem Meer, isolierte Brackwassertümpel und auf etwas höheren Terrassen isolierte Felstümpel. Diese Lebensräume bieten den endemischen jamaikanischen Felsenkrabben trotz stark wechselnder Umweltbedingungen ein reichhaltiges Nahrungsangebot, wobei natürliche Feinde fehlen oder nur selten vorkommen.

Material F: Topografische Veränderungen Jamaikas und Veränderungen des Meeresspiegels

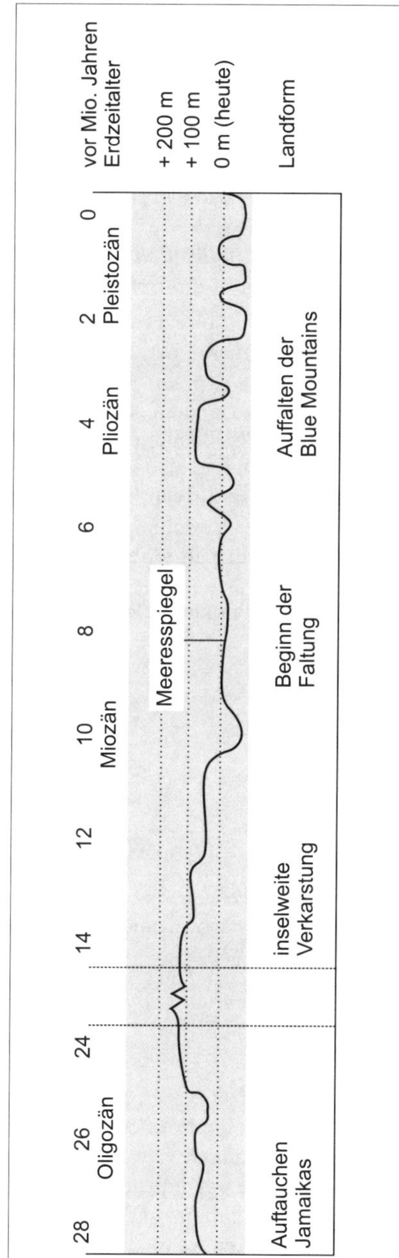

verändert nach: Diesel, Rudolf, Schubart, Christoph D.: Die außergewöhnliche Evolutionsgeschichtejamaikanischer Felsenkrabben. In: BiuZ, 30. Jahrgang 2000, Nr. 3, S. 136–147 © Wiley-VCH

Lösungsvorschlag

In der Aufgabe thematisierte Unterrichtsinhalte sind:
Selektionstypen, Toleranzbereich und -kurve, abiotische und biotische Umweltfaktoren, Konkurrenz, Konkurrenzausschluss, Konkurrenzvermeidung, ökologische Nische, r- und k-Strategen, adaptive Radiation, Isolationsmechanismen (z. B. geografisch, ökologisch), allopatrische Artbildung, Panmixie

1 *Bei diesem Aufgabenteil können ergänzende Diagramme die verschiedenen Selektionstypen noch veranschaulichen.*

- Unter der **stabilisierenden** Selektion versteht man die Selektion stärker abweichender Phänotypen einer Art. Diese besitzen eine geringere Fitness, der häufigste Phänotyp wird bevorzugt (Arterhaltung).
- Bei der gerichteten (**transformierenden**) Selektion wird einer der stärker abweichenden Phänotypen in einer Verteilungskurve bevorzugt, der ehemals häufigste Phänotyp also selektiert (Artumwandlung).
- Bei der **disruptiven** Selektion werden beide am stärksten abweichenden Phänotypen einer Verteilungskurve bevorzugt, der ehemals häufigste Phänotyp selektiert (Artaufspaltung).

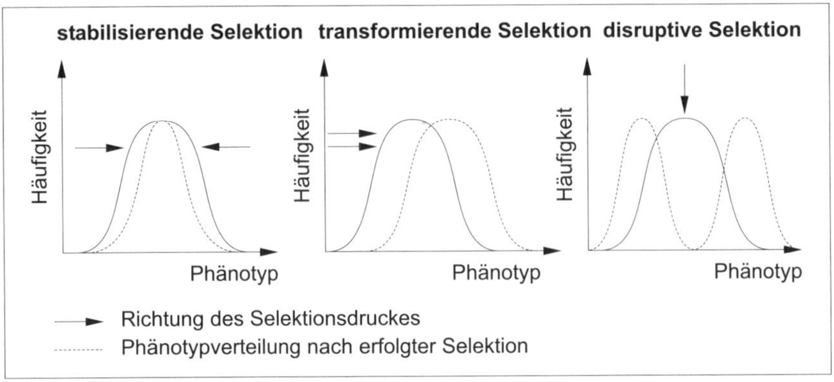

2 *Wer bei diesem Aufgabenteil mitdenkt, wird feststellen, dass er für die Beantwortung von Aufgabenteil 3 wichtig ist. Dort wird ja nach Anpassungserscheinungen gefragt. Und die Veränderung der Salinitätstoleranz ist eine solche.*

Eine Toleranzkurve gibt die Grenzen eines Lebewesens für einen Umweltfaktor an. Sie ist durch drei Festpunkte gekennzeichnet: Minimum und Maximum kennzeichnen die untere bzw. obere Grenze der Intensität des Umweltfaktors, an denen ein Lebewesen gerade noch überleben kann. Darunter bzw. darüber kommt es zum Tod. An Minimum und Maximum angrenzend folgen die Pessima. Bei diesen Faktorenstärken kann das Lebewesen zwar überleben, seine Vitalität ist jedoch vermindert, es produziert wenige oder keine Nachkommen. Der bevorzugte (und von beweglichen Arten aktiv aufgesuchte) Bereich hinsichtlich eines Umweltfaktors stellt das Präferendum dar. Im Optimum wirkt der Umweltfaktor am förderlichsten für Wachstum und Fortpflanzungsfähigkeit eines Lebewesens. Je nach Toleranzfähigkeit unterscheidet man euryöke (weiter Toleranzbereich) von stenöken (enger Toleranzbereich) Organismen.

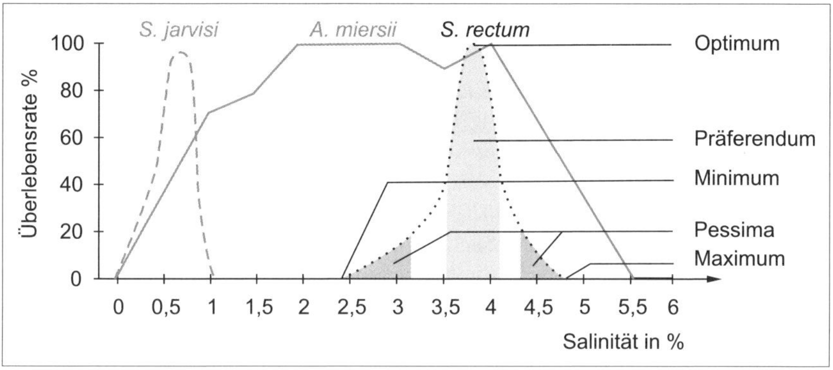

A. miersii besitzt hinsichtlich der Salinität einen weiten Toleranzbereich (ist also eurysalin). Dies ist aus ökologischer Sicht sinnvoll, da der Lebensraum von *A. miersii* durch extreme Schwankungen im Salzgehalt gekennzeichnet ist, wie Material D zeigt: Die Salinität beträgt in Abhängigkeit vom Niederschlag (und damit von der Verdünnung des Meereswassers) bzw. der Länge/Stärke der Sonneneinstrahlung (und damit der Verdunstung des Wassers in den Brackwassertümpeln) zwischen fast 0 % und über 8 %. Diese Werte entsprechen dem Salzgehalt von Süßwasser bzw. dem 1,5-fachen von Meerwasser.
Die anderen beiden Felsenkrabbenarten sind jeweils stenohalin, wobei *S. rectum* ein Optimum bei ca. 3,5 % Salzgehalt besitzt und *S. jarvisi* bei ca. 0,5 %. Beide Krabbenarten befinden sich in Lebensräumen, die durch einen konstanten Salzgehalt gekennzeichnet sind: Süßwasser besitzt eine Salinität von ca. 0,9 %, Meerwasser eine von 3,5 %. Ihr enger Toleranzbereich spiegelt ihre Anpassung an diese Lebensverhältnisse wider.

3 Bei *S. rectum* ist die typische Fortpflanzungsstrategie eines r-Strategen zu finden: Die Krabbe legt viele, kleine Eier und betreibt daher keine Brutpflege. Da das Meer ein dauerhaft stabiles Ökosystem darstellt, dauert die Larvalentwicklung deutlich länger als die der terrestrischen Krabben und umfasst sogar ein Larvenstadium mehr.
S. jarvisi hat das Problem, dass sie zwar das Festland als Lebensraum erobert hat, die Larvalentwicklung (vergleichbar den Amphibien) aber noch im Wasser abläuft. Die Krabbe hat sich dafür einen nur kurzzeitig zur Verfügung stehenden Raum ausgesucht. Die Anpassung daran äußert sich in einer auf ein Fünftel verkürzten Entwicklungsdauer der Larven. Es entfällt zwar ein Larvenstadium, andererseits sind die abgelegten Eier sehr groß, bringen also viel Baustoffe für die Entwick-

lung mit. Die Elternkrabben zeigen ein ausgeprägtes Brutpflegeverhalten, was angesichts der geringen Gelegezahl typisch für k-Strategen ist.

4 *Hier handelt es sich um eine sehr komplexe Aufgabe, da viele verschiedene Materialien beachtet werden müssen. Der erste Teil ist jedoch insofern einfach zu lösen, da im Material A angegeben ist, dass eine adaptive Radiation vorliegt bzw. eine allopatrische Artbildung. Jetzt gilt es also nur noch, die Materialien dementsprechend zuzuordnen. Für die Lösung des zweiten Fragenteils sollten Sie in den bisherigen Aufgabenteilen die grundsätzlichen Unterschiede zwischen Meer und Süßwasser herausgearbeitet haben, sodass es auch hier nur noch darum geht, das Material sinnvoll zuzuordnen.*

Für die Felsenkrabben stellte die Besiedlung des jamaikanischen Festlands die Besetzung einer freien ökologischen Nische dar. Wie in Material E beschrieben fehlten natürliche Feinde, das Nahrungsangebot war besonders in den Küstenregionen sehr gut, ebenso die Bedingungen für die Entwicklung der Larven in den Tümpeln. Dies erleichterte den Übergang vom aquatischen zum terrestrischen Lebensraum.
Durch die Niederschläge und die immer wieder kehrende Austrocknung der Tümpel kommt es zu einer drastischen Veränderung der Salinität (Material D). Die Felsenkrabbe *A. miersii* beweist jedoch, dass die Eroberung des Landes über die Brackwassertümpel erfolgte. Der Landgang setzte also eine große Salinitäts-Toleranz voraus. *(Die Schneckenkrabbe durchläuft ihre Entwicklung in praktisch salzfreiem Regenwasser!)*
Die im Pliozän beginnende Auffaltung der Gebirge und der v. a. am Ende des Pliozäns fallende und stark variierende Meeresspiegel (Material F) führte zur Bildung stark voneinander abgegrenzter Habitate und damit zur geografischen Isolation der Stammform der heutigen Sesarmiden z. B. durch das Hochgebirge oder die Kalksteinterrassen (Material E). Diese Habitate unterscheiden sich aber auch im Klima und in der Temperatur deutlich und stellen damit unterschiedliche Selektionsfaktoren dar (Material E). Zeitgleich mit der geografischen Isolation ist es durch die gehinderte Panmixie zur ökologischen Isolation gekommen. Insgesamt muss die Artaufspaltung bei den Sesarmiden als Beispiel für eine allopatrische Artbildung gesehen werden.
Offensichtlich waren zum Zeitpunkt der Besiedlung der Insel viele der unterschiedlichen ökologischen Nischen frei, da sonst die Sesarmiden in direkter Konkurrenz mit besser angepassten Landbewohnern aufgrund des Konkurrenzausschlussprinzips verdrängt worden wären. Die Insellage war also insofern günstig, da sie die Besiedlung durch andere Tiere (vor allem Säuger) erschwerte oder sogar unmöglich machte. Dies wird auch dadurch bewiesen, dass die Felsenkrabben in ihrer landlebenden Form auf Jamaika endemisch sind, also nirgends sonst auf der Erde vorkommen.

Abitur-Prüfung Biologie (NRW) – Leistungskurs
Übungsaufgabe 3: Genetik

Genetische Grundlagen der Hornhauttrübung

1 Geben Sie mithilfe des Stammbaums (Material B) den Erbgang zur Hornhautdystrophie an und begründen Sie Ihre Entscheidung. Bestimmen Sie für alle abgebildeten Personen die Genotypen.

2 Bestimmen Sie aus der in Material C angegebenen DNA-Sequenz die entsprechende Aminosäuresequenz. Ermitteln Sie den Mutationstyp, welcher der Hornhautdystrophie zugrunde liegt, und erklären Sie den Zusammenhang zwischen der Mutation und den in Material A beschriebenen Symptomen.

3 Beschreiben Sie den Ablauf der Polymerase-Kettenreaktion.

4 Analysieren und deuten Sie das Ergebnis der Elektrophorese (Material D). Entscheiden Sie begründet, welches der beiden Bandenmuster einem Kind zuzuordnen ist, das an Hornhautdystrophie erkranken wird.

Material A: Die „Gittrige Hornhautdystrophie“

Das Auge des Menschen wird aus hoch spezialisierten Geweben aufgebaut; eines dieser Gewebe bildet die Hornhaut, die das Licht bricht und im Normalfall durchsichtig wie Glas ist, sodass die Lichtstrahlen ungehindert in den Augapfel bis zur Netzhaut eindringen können. Verschiedene Ursachen können zu einer Trübung der Hornhaut führen, wodurch Lichtstrahlen absorbiert oder gestreut werden, sodass im Augeninneren kein scharfes Bild mehr entsteht. Es kann dann oft nur noch zwischen hell und dunkel unterschieden werden.
Auch die Erbkrankheit „Gittrige Hornhautdystrophie“ führt zur Hornhauttrübung. Betroffene Personen leiden an schmerzhaften, beidseitig immer wiederkehrenden Hornhautaufbrüchen, die die Sehfähigkeit stark beeinträchtigen. Bei Gewebeuntersuchungen der Hornhaut stellte man fest, dass bei Erkrankten ein Struktureiweiß des Hornhautgewebes verändert ist und sich fadenförmig in den Zellen der Hornhaut ablagert. Mit steigendem Lebensalter häufen sich diese fadenförmigen Proteine an und verursachen gitterartige Aufbrüche in der Hornhaut. Der Stammbaum einer Familie mit dieser „Hornhautdystrophie“ ist in Material B dargestellt.
Es gelang Genetikern, die molekularen Ursachen für diese „Hornhautdystrophie“ aufzuklären: Die Hornhautdystrophie wird ausgelöst durch eine Mutation in dem sog. ßIGH-Gen. Material C zeigt einen DNA-Ausschnitt dieses Gens für das Hornhautprotein eines Gesunden. Bei Personen, die an der Hornhautdystrophie erkrankt sind, findet man an der Position 417 des nicht codogenen DNA-Stranges das Cytosin-Nukleotid durch ein Thymin-Nukleotid ersetzt.

Der Nachweis von Hornhautdystrophie, z. B. im frühen Kindesalter, wenn die Hornhaut noch nicht auffällig gestört ist, gelingt heutzutage mithilfe der PCR des kritischen Genbereichs. Daran schließt sich eine Restriktion mit der Endonuklease Ava II an, die die PCR-Produkte an der Erkennungssequenz 5'–G/GACC–3' schneidet.
In Material D ist das Ergebnis einer Gelelektrophorese dargestellt, in dem eine Bahn auf ein gesundes Kind, die andere Bahn auf ein Kind hinweist, welches an Hornhautdystrophie erkranken wird.

Text aus: Zühlke, Christine und Hellenbroich Yorck: Molekulargenetische Wege bei der Diagnostik erblich bedingter Erkrankungen, BIOforum 11, 2000, Seite 744–747

Material B: Familienstammbaum einer Familie mit Gittriger Hornhautdystrophie

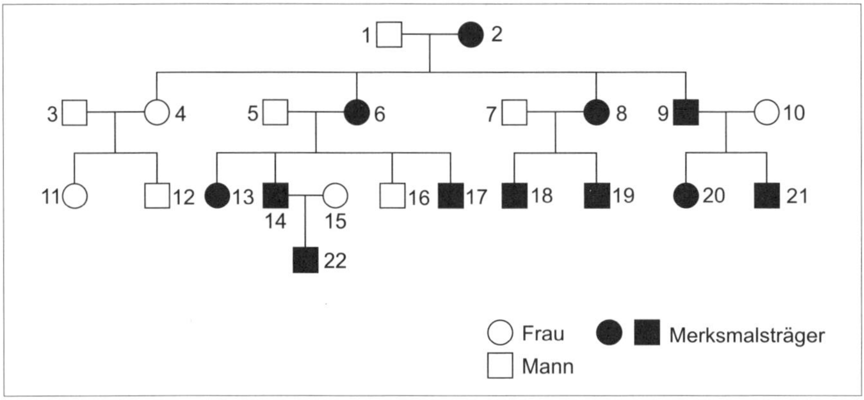

verändert nach: Zühlke Christine und Hellenbroich Yorck: Molekulargenetische Wege bei der Diagnostik erblich bedingter Erkrankungen, BIOforum 11, 2000, Seite 744–747

Material C: DNA-Ausschnitt der Nukleotidsequenz vom nicht-codogenen Strang

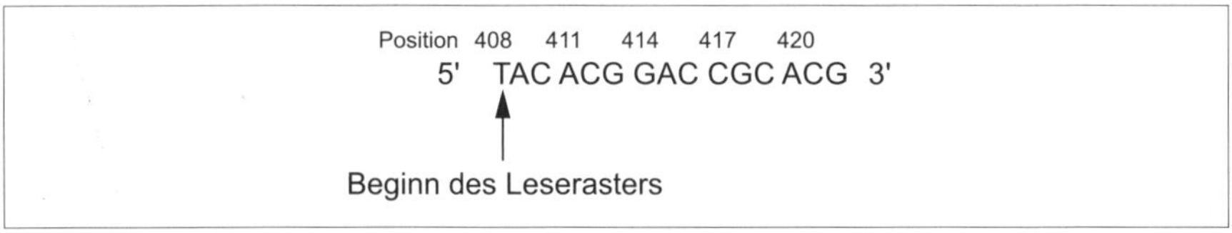

verändert nach: Zühlke Christine und Hellenbroich Yorck: Molekulargenetische Wege bei der Diagnostik erblich bedingter Erkrankungen, BIOforum 11, 2000, Seite 744–747

Material D: Ergebnis einer Gelelektrophorese

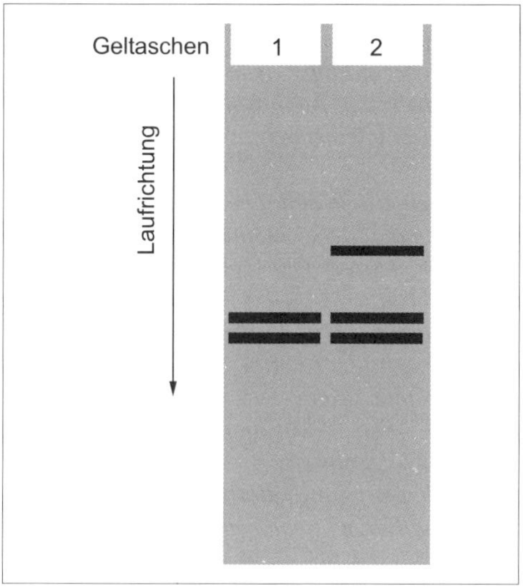

verändert nach: Zühlke Christine und Hellenbroich Yorck: Molekulargenetische Wege bei der Diagnostik erblich bedingter Erkrankungen, BIOforum 11, 2000, Seite 744–747

Material E: Codesonne

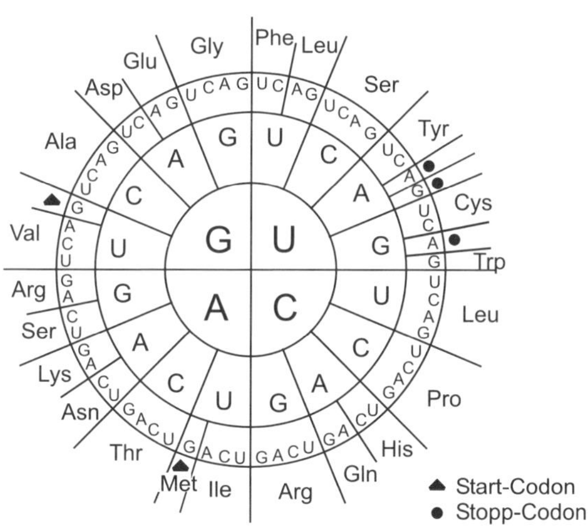

Ala	Alanin
Arg	Arginin
Asp	Asparagin
Asp	Asparaginsäure
Cys	Cystein
Gln	Glutamin
Glu	Glutaminsäure
Gly	Glycin
His	Histidin
Ile	Isoleucin
Leu	Leucin
Lys	Lysin
Met	Methionin
Phe	Phenylalanin
Pro	Prolin
Ser	Serin
Thr	Threonin
Trp	Tryptophan
Tyr	Tyrosin
Val	Valin

Lösungsvorschlag

In der Aufgabe thematisierte Unterrichtsinhalte sind:
Genetik: Stammbaumanalyse, Vererbungsmodi, Mutationstypen, Genetischer Code, Codon, Proteinbiosynthese, Transkription, Translation, Aminosäuresequenz, Tertiärstruktur der Proteine, DNA- und RNA-Aufbau, Komplementaritätsregel, PCR

1 *Bei der Analyse des Stammbaums helfen Ihnen einige einfache Überlegungen:*
- *Dominant vererbte Merkmale treten normalerweise in jeder Generation auf, wohingegen rezessive Merkmale eine oder mehrere Generationen überspringen können.*
- *Sind in einem Stammbaum gleich viele männliche und weibliche Merkmalsträger, handelt es sich wahrscheinlich um ein autosomal vererbtes Merkmal. Überwiegen dagegen Männer als Merkmalsträger, so wird das Merkmal höchstwahrscheinlich gonosomal vererbt. (Das Y-Chromosom können Sie im Normalfall vernachlässigen, da es so gut wie genleer ist.)*

Aufgrund dieser Überlegungen können Sie den Erbgang relativ einfach einordnen. Denken Sie aber daran, dass die o. g. Hilfestellungen noch keine ausreichende Erklärung darstellen und Sie außerdem die anderen Möglichkeiten begründet ausschließen sollten.

Bei der „Gittrigen Hornhautdystrophie" handelt es sich um ein autosomal-dominant vererbtes Merkmal. Dies ist daraus zu schließen, dass die Erkrankung in jeder der angegebenen vier Generationen auftritt und dass sowohl Männer als auch Frauen als Merkmalsträger auftreten.
Jedes erkrankte Familienmitglied hatte ein Elternteil mit dieser Krankheit; wohingegen andererseits gesunde Eltern (Individuen Nr. 3 und 4) immer nicht erkrankte Kinder (Individuen Nr. 11 und 12) bekommen. Eine Rezessivität der Erkrankung kann insofern ausgeschlossen werden, da in den Familienstammbaum einheiratende Mitglieder phänotypisch gesund sind und somit im Falle einer rezessiven Vererbung alle Überträger für diese Krankheit sein müssten. Dies ist rein statistisch gesehen sehr unwahrscheinlich.
Da Männer und Frauen zu gleichen Teile von der Erkrankung betroffen sind und das defekte Allel sowohl von der Mutter als auch vom Vater an die gemeinsamen Kinder weitergegeben werden kann, liegt es nahe, dass die Hornhautdystrophie nicht X-chromosomal, sondern autosomal vererbt wird. Gegen eine gonosomale Vererbung spricht ebenfalls, dass in diesem Stammbaum die Söhne (21, 22) betroffener Väter (9, 14) und anlagefreier Mütter (10, 15) erkrankt sind. Wäre das Merkmal auf dem X-Chromosom lokalisiert, wären diese Söhne auf jeden Fall gesund.
Für das Gen, welches im mutierten Zustand die Hornhautdystrophie bedingt, kann der Buchstabe A für das dominante, defekte Allel verwendet werden, welches die Krankheit auslöst, und a für seine rezessive, funktionstüchtige Variante. Die genotypische Identifizierung der Allelzuordnungen ist einfach:

- Alle nicht von der Hornhauttrübung betroffenen Individuen (1, 3, 4, 5, 7, 10, 11, 12, 15 und 16) sind homozygot rezessiv (aa).
- Alle erkrankten Personen (2, 6, 8, 9, 13, 14, 17–22) sind Überträgerinnen bzw. Überträger der Krankheit mit der heterozygoten Allelkombination Aa.

Homozygote Merkmalsträger (AA) können deswegen in diesem Stammbaum nicht vorkommen, da in jeder Ehe mindestens einer der Partner nicht von dieser Krankheit betroffen ist.

2 *Vor der Umsetzung der vorliegenden Nukleotidsequenz in eine Sequenz von Aminosäuren (AS) müssen Sie zunächst der Material-Überschrift entnehmen, dass hier die DNA-Sequenz des nicht-codogenen Stranges vorliegt. Die Erstellung einer mRNA vom nicht-codogenen Strang aus ist denkbar einfach: Ersetzen Sie einfach T durch U. Den „Umweg" über den codogenen Strang können Sie sich sparen, da ja beide – nicht-codogener Strang der DNA und die mRNA – komplementär zum codogenen Strang der DNA sind. Also müssen sie zwangsläufig identisch sein (bis auf die Vertauschung von Thymin und Uracil).*
Die Angabe zur vorliegenden Mutation finden Sie im Text zu Material 1: An Position 417 ist C durch T ersetzt. Auch die Auswirkungen der Mutation sind hier bereits erklärt: Ablagerung des veränderten Proteins in den Zellen der Hornhaut.

Intaktes Gen:

Position des Nukleotids		*408–410*	*411–413*	*414–416*	*417–419*	*420–422*	
nicht-codogener Strang	5'	TAC	ACG	GAC	CGC	ACG	3'
mRNA	5'	UAC	ACG	GAC	CGC	ACG	3'
Aminosäure-Sequenz		Tyr –	Thr –	Asp –	Arg –	Thr –	

Bei der hier vorliegenden Mutation handelt es sich um eine **Punktmutation**, welche eine Form der Genmutationen darstellt. Eine einzelne Base innerhalb eines Basentripletts ist ausgetauscht worden. Im vorliegenden Fall wurde im nicht-codogenen Strang an der Position 417 die Base Cytosin gegen die Base Thymin ausgetauscht. Da die Mutation die erste Base des Basentripletts betrifft, wird anstelle der Aminosäure Arginin die Aminosäure Cystein in das βIGH-Protein eingebaut:

Mutiertes Gen:

Position des Nukleotids		*408–410*	*411–413*	*414–416*	*417–419*	*420–422*	
nicht-codogener Strang	5'	TAC	ACG	GAC	**T**GC	ACG	3'
mRNA	5'	UAC	ACG	GAC	**U**GC	ACG	3'
Aminosäure-Sequenz		Tyr –	Thr –	Asp –	**Cys** –	Thr –	

Betrachtet man die chemischen Eigenschaften der beiden vertauschten Aminosäuren genauer, so sind deutliche Unterschiede zu erkennen: Arginin besitzt eine polare und basische Restgruppe, Cystein einen ebenfalls polaren, aber neutralen Rest.

Zudem hat Cystein die Tendenz, bevorzugt Disulfidbrücken auszubilden. In der Tertiärstruktur des βIGH-Proteins bedeutet dies, dass andere Bindungen – vermutlich zusätzliche Disulfidbrücken – ausgebildet werden können. Dies führt zu einer Konformationsänderung des Proteins, einer Veränderung in seiner Raumstruktur. Der durch die Mutation bedingte Austausch einer einzigen Aminosäure hat – bei sonst unveränderter Primärstruktur – somit gravierende Auswirkung für den davon betroffenen Menschen. Die Änderung der Tertiärstruktur des Proteins bewirkt, dass sich *(wie in Material 1 beschrieben)* das veränderte Eiweiß in den Hornhautzellen des Auges ablagert und dadurch die Hornhauttrübung hervorruft.

3 *Bei dieser reinen Reproduktionsaufgabe ist es angebracht, vor der Darstellung des Vorgangs zunächst ein oder zwei kurze Einleitungssätze zu schreiben, in denen die Polymerase-Kettenreaktion kurz umrissen wird.*

Die Polymerase-Kettenreaktion (PCR) ist eine molekularbiologische Arbeitsmethode zur exakten Analyse von DNA. Mit diesem Verfahren können gezielt spezifische Abschnitte einer DNA in einem Reaktionsgefäß identisch vermehrt werden (*In-vitro*-Amplifikation).

Der erste Arbeitsgang der PCR besteht darin, dass die zu untersuchende **DNA** bei ca. 92 °C **denaturiert** und damit in ihre Einzelstränge zerlegt wird.

Im nächsten Schritt werden die Startstellen der Replikation auf dem zu kopierenden DNA-Abschnitt festgelegt. Dies ist der entscheidende Arbeitsschritt in der PCR, der nur dann gelingen kann, wenn die Nukleotidsequenz bekannt ist, welche an den Enden des zu kopierenden DNA-Abschnitts liegen. Zur Begrenzung des zu vervielfältigenden Abschnitts werden jeweils zwei spezifische gegenläufige PCR-Primer (für die zwei Enden des DNA-Abschnitts) verwendet. Damit die Primer reagieren können, wird die Temperatur auf 50–60 °C gesenkt. Wenn die beiden im Überschuss zugegebenen Moleküle sich nach der Komplementaritätsregel an die denaturierte DNA anlagern, kommt es zu einer **Hybridisierung** (DNA + Primer).

Als Nächstes kann hierauf die **Polymerisierung** stattfinden. Nach der Zugabe von DNA-Nukleotiden (A, T, C, G) und hitzebeständiger DNA-(Taq-)Polymerase können – mit den Primern als Ausgangspunkt – neue komplementäre Einzelstränge synthetisiert werden.

Die Abfolge von DNA-Denaturierung, Hybridisierung und Polymerisierung bezeichnet man als **PCR-Zyklus**. Dieser Kreislauf wird im Reaktionsgefäß mehrfach durchlaufen, wodurch bei jedem Durchlauf doppelt so viele neue, identische DNA-Moleküle erzeugt werden, deren Zahl exponentiell ansteigt (n Zyklen = 2^n DNA-Abschnitte). Nach 30–40 PCR-Zyklen ist dann – selbst bei einer geringen Ausgangsmenge einer DNA-Probe – ausreichend DNA synthetisiert worden, um damit weitere Untersuchungen durchführen zu können.

4 *Bei der hier geforderten Auswertung sollte zunächst eine Beschreibung des Ergebnisses der Elektrophorese erfolgen. Zur Analyse der Bandenmuster müssen Sie auch die Informationen mit heranziehen, die im zweiten Teil von Material A und in Material C aufgeführt sind. Ohne einen Rückgriff auf die dort angegebenen Nukleotid-Sequenzen ist eine Lösung der Teilaufgabe nicht möglich.*

Das vorliegende Ergebnis einer Gelelektrophorese weist zwei unterschiedliche Bandenmustern auf. Das Bandenmuster 1 zeigt zwei schmale, dicht bei einander liegende Banden. Muster 2 weist ebenfalls die gleichen Banden wie 1 auf, jedoch zusätzlich eine weitere Bande, die näher am Ausgangspunkt der Elektrophorese, der Geltasche, angesiedelt ist. Die unterschiedliche Lage der Banden kann auf die unterschiedliche Molekülmasse der elektrophoretisch getrennten DNA-Fragmente zurückgeführt werden, da größere Moleküle langsamer durch das Gel wandern als kleinere. Die identischen Banden in Probe 1 und 2 sind also mittellange DNA-Fragmente, bei der zusätzlichen Bande in 2 muss es sich um eindeutig längere DNA-Bruchstücke handeln, die deswegen deutlich langsamer innerhalb des Gels in Laufrichtung gewandert sind.
Im vorliegenden Fall wurden die PCR-Produkte, also die vervielfältigten DNA-Abschnitte, vor der gelelektrophoretischen Auftrennung mit einer spezifischen Endonuklease (Ava II) gespalten. Die Erkennungssequenz dieses Restriktionsenzyms liegt dabei in einem Bereich des DNA-Abschnitts, der im intakten Gen enthalten ist: 5' G/GACC 3' (Position 413–417). Genau in diesem Bereich hat bei Personen, die an Hornhautdystrophie erkrankt sind, eine Punktmutation stattgefunden (Thymin statt Cytosin an der Position 417), die zu einem Basenaustausch führt. Bei den DNA-Fragmenten dieser Personen kann die Endonuklease nicht ansetzen und sie demzufolge auch nicht spalten. Als Folge hieraus sind ihre PCR-Bruchstücke deutlich länger als diejenigen von nicht erkrankten Personen, deren DNA-Fragmente ja gespalten werden können.
Aufgrund dieser Überlegungen kann Bandenmuster 1 einem Kind zugeordnet werden, das nicht an Hornhautdystrophie erkranken wird (Genotyp aa). Die beiden Banden stellen die DNA-Bruchstücke dar, die von der Endonuklease Ava II in zwei Teile gespalten worden sind.
Ein Kind, das eine heterozygote Anlage für die Krankheit besitzt und damit an Gittriger Hornhautdystrophie erkranken wird, zeigt das Bandenmuster 2 (Genotyp Aa): Neben dem rezessiven Allel, das für die beiden unteren, kleineren Banden auf dem Gel verantwortlich ist, manifestiert sich in der Gelelektrophorese auch die dominante Allel-Variante des Gens βIGH. Sie wird durch die zusätzliche dritte Bande sichtbar.

Leistungskurs Biologie (NRW) – Abitur-Prüfung 2010
Aufgabe 1: Evolution/Genetik

Aufgabenstellung:

Punkte

Thema: Evolutionsbiologische Prozesse zur Brutbiologie der Blaumeise

I.1 Fassen Sie die wesentlichen Aussagen von Abbildung 1 und Tabelle 1 zusammen und deuten Sie das Wahlverhalten der Blaumeisenweibchen (Material A). 13

I.2 Erklären Sie das Grundprinzip der Methode der DNA-Gelelektrophorese, das dem Gel in Abbildung 2 (Material B) zugrunde liegt, und deuten Sie die unterschiedliche Anzahl der Banden pro Probe im Gel in Abbildung 2 (Material B). Ermitteln Sie anhand von Abbildung 2 (Material B) die Verwandtschaftsverhältnisse für Jungvogel J 1 und Jungvogel J 2. 22

I.3 Werten Sie Abbildung 3 (Material C) in Bezug auf den Heterozygotiegrad der Halbgeschwister aus und erklären Sie das Ergebnis. Erläutern Sie die Vorteile für den langfristigen Fortpflanzungserfolg des Weibchens, die sich aus der zusätzlichen Paarung mit Männchen ergeben, welche keine direkten Nachbarn des Brutpaares sind. 15

I.4 Beschreiben Sie die Aussagen der Abbildung 4 (Material D). Erläutern Sie anschließend das Verhalten der Männchen und begründen Sie die Konsequenzen des beobachteten Verhaltens der Weibchen für den langfristigen Fortpflanzungserfolg der Weibchen. 16

Material A: Zur Fortpflanzung der Blaumeisen

Blaumeisen sind Höhlenbrüter, die während der Brutperiode hauptsächlich kleine Insekten (z. B. Blatt- und Schildläuse), Spinnen, im Herbst auch Obst, Beeren und Sämereien, ab Spätwinter auch Knospen fressen.

Der Gesang der Vogelmännchen ist vor allem in der ersten Jahreshälfte zu hören. Die Männchen singen eine typische Strophe mit mehreren Einleitungselementen und einem anschließenden tiefen Triller, wobei die Strophenlängen bei den Männchen unterschiedlich sind. Mittels Gesang grenzen die Meisen ihr Revier gegen andere Nachbarn ab. Je größer und schwerer ein Männchen ist, desto länger ist seine Gesangsstrophe. Blaumeisenweibchen wählen nur einen Partner, der ein Territorium mit Nistmöglichkeit verteidigt.

Da Blaumeisen häufig auch künstliche Nistkästen als Bruthöhle annehmen, kann ihre Brutbiologie gut erforscht werden, denn die Meisen sind in den Nistkästen für die Wissenschaftler leichter zugänglich. Bei wissenschaftlichen Untersuchungen wird jeder Vogel beringt, um ihn wiederzuerkennen, und es wird jedem Vogel eine Blutprobe zur Erstellung eines genetischen Fingerabdrucks entnommen.

Lange Zeit war man der Auffassung, dass Blaumeisen in Monogamie (Einehe) leben und keinen Nachwuchs außerhalb des Paarbundes haben. Heute wird diese Form der sexuellen Paarbindung als genetische Monogamie bezeichnet. Seitdem den Wissenschaftlern der genetische Fingerabdruck als Routinemethode zur Verfügung steht, stellen sie fest, dass jedoch gerade bei monogamen Singvögeln außerpaarliche Kopulationen (das „Fremdgehen") eher die Regel als die Ausnahme sind und so „extra-pair" Jungtiere im Nest sein können. Sie sind das Produkt der außerpaarlichen Kopulation des Vogelweibchens. Man bezeichnet diese Form der Monogamie als soziale Monogamie.

Ein Großteil der Meisen brütet nur einmal, da sie den Winter nach Aufzucht der Brut nicht überleben. Nur körperlich starke, wohlgenährte Meisen überleben den Winter und brüten im folgenden Jahr erneut.

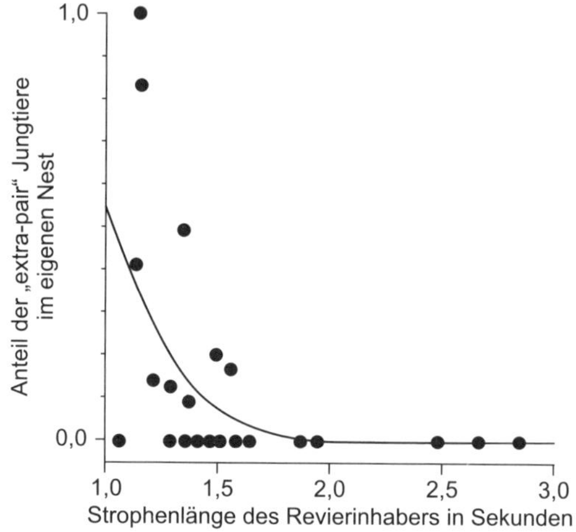

Abb. 1: Anteil der „extra-pair" Jungtiere im Nest des Revierinhabers (Stiefvater) in Abhängigkeit von der Strophenlänge des Revierinhabers. Ordinate (y-Achse): 1 entspricht 100 %. Jeder Punkt steht für ein Nest.
verändert nach Kempenaers, Bart (1997), S. 488

Tabelle 1: Anzahl der Männchen, die bis zur nächsten Brutsaison überleben

Jahr	überlebende, nicht betrogene Männchen	überlebende, betrogene Männchen
1990	**13** (von 21)	**0** (von 11)
1991	**12** (von 21)	**5** (von 19)
1992	**12** (von 19)	**2** (von 16)

Material B: „Extra-pair“ Nachkommen

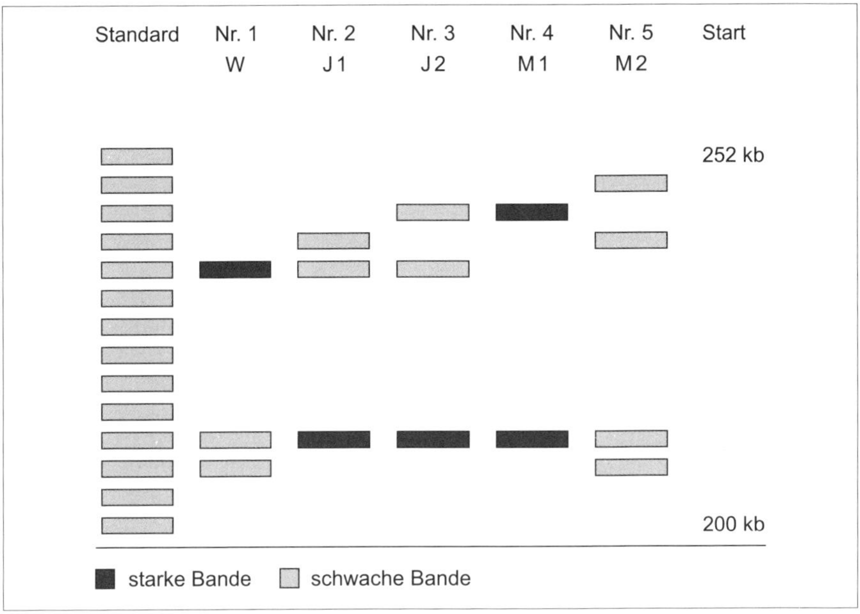

Abb. 2: Ergebnis der Gelelektrophorese nach PCR von zwei DNA-Abschnitten (bestehend aus kurzen sich wiederholenden Basensequenzen) aus dem nichtcodierenden Bereich der DNA.

Legende:
Nr. 1 – Weibchen (W)
Nr. 2 – Jungvogel 1 im Nest von Nr. 1 (J 1)
Nr. 3 – Jungvogel 2 im Nest von Nr. 1 (J 2)
Nr. 4 – Männchen von Nr. 1 (M 1)
Nr. 5 – Männchen aus der Nachbarschaft (M 2)

Material C: Heterozygotiegrade von Jungvögeln verschiedener Väter

Von einer im Durchschnitt zehn- bis elfköpfigen Blaumeisenbrut erleben meist nur ein oder zwei Jungvögel den nächsten Frühling – in erster Linie jene, deren Eltern einander genetisch weniger ähneln und deren genetisches Material einen hohen Heterozygotiegrad aufweist. Der Heterozygotiegrad ist ein Maß für die Menge des Vorkommens von unterschiedlichen Allelen in einem Individuum.

In einer Untersuchung stellte sich heraus, dass etwa die Hälfte der außerpaarlichen Jungvögel von Vätern stammte, die nicht in der direkten Nachbarschaft der Mutter brüteten. Weibchen wählten normalerweise für außerpaarliche Kopulationen jene Männchen, die älter und größer waren als ihr sozialer Partner. Diese Auswahlkriterien ließen sich jedoch nur in Bezug auf den direkten Nachbarn und nicht bei entfernt lebenden außerpaarlichen Vätern nachweisen.

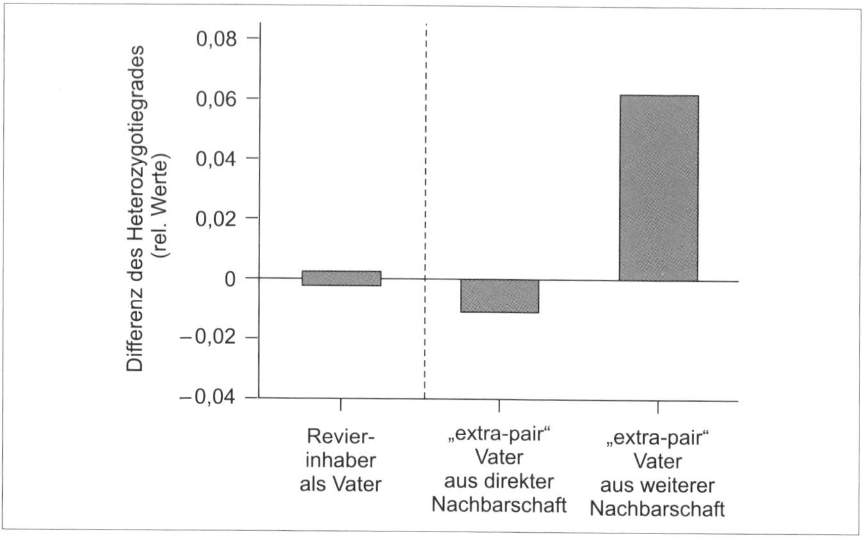

Abb. 3: Unterschiede des Heterozygotiegrades zwischen Jungvögeln des Brutpaares (Weibchen mit Revierinhaber) und „extra-pair“ Jungvögeln. Der Heterozygotiegrad der Jungvögel des Brutpaares entspricht dem Wert Null.
verändert nach Lifjeld, Jan T., Johnson, Arhild, Delhey, Kaspar, Foerster, Katharina, Kempenaers, Bart. Nature 425 (16.10.2003), S. 715

Material D: Leuchtende Männchen

Vor wenigen Jahren erst wurde festgestellt, dass die Blaumeise eigentlich „UV-Meise“ heißen sollte. Ihr für das menschliche Auge blau erscheinendes Gefieder reflektiert im UV-Bereich maximal und ist daher für UV-sehtüchtige Meisen wahrnehmbar. Man nahm an, dass die in diesem Farbbereich beobachtete Variation zwischen einzelnen Männchen von den Blaumeisenweibchen bei der Wahl eines Partners als Qualitätsmerkmal gewertet wird. In Verbindung mit den genetischen Daten zeigte sich, dass das Gefieder von Blaumeisenmännchen, deren Gene eine größere Heterozygotie aufweisen, stärker im UV-Wellenlängenbereich reflektiert als das ihrer genetisch weniger vielfältigen Artgenossen.

Limbourg und Mitarbeiter führten im Jahr 2004 ein Experiment zum Brutaufwand von Blaumeisenpaaren durch. Sie trugen, direkt nachdem die Jungtiere geschlüpft waren, einen UV-Blocker auf das Gefieder der Revierinhaber auf, so dass die UV-Strahlen nur noch minimal reflektiert wurden. Bei den Männchen der Kontrollgruppe wurde bei sonstiger Gleichbehandlung kein UV-Blocker aufgetragen. Anschließend wurde das Fütterungsverhalten der Paare untersucht.

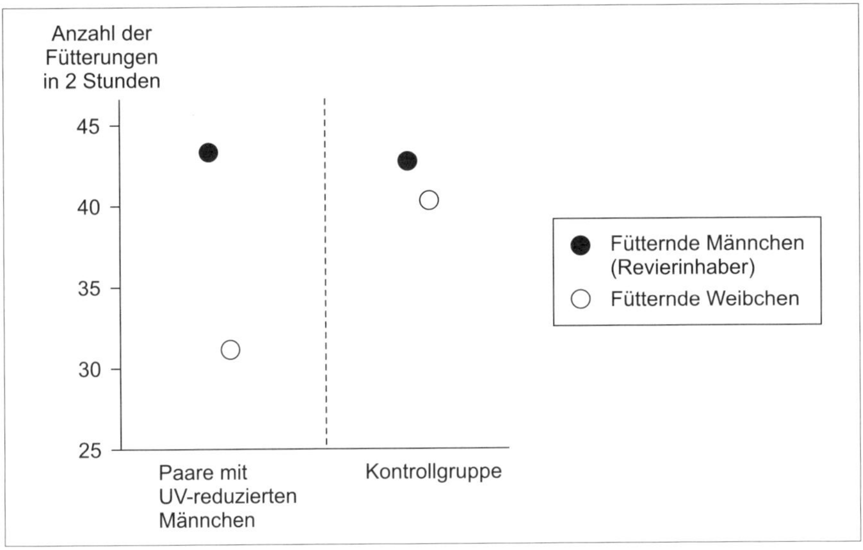

Abb. 4: Brutaufwand von Paaren mit UV-reduzierten Männchen und von Kontrollgruppe
verändert nach Lessels, Kate, Andersson, Staffan, Mateman, Christa, Limbourg, Tobias (22.9.2004) S. 1 906

weitere Materialgrundlage:

Bezzel, E. (1993). Kompendium der Vögel Mitteleuropas, Aula Verlag, Wiesbaden

Lifjeld, Jan T., Johnson, Arhild, Delhey, Kaspar, Foerster, Katharina, Kempenaers, Bart (2003). Females increase offspring heterozygosity and fitness through extra-pair matings. Nature 425, 714–717

Griffith, S. C. et al. (2003). Correlations between ultraviolet coloration, overwinter survival and offspring sex ratio in the blue tit. Evolutionary Biology 16, 1 045–1 054

Kempenaers, Bart (1997). Extrapair paternity in the blue tit (Parus caeruleus): female choice, male characteristics, and offspring quality. Behavioral Ecology 8, 481–492

Lessels, Kate, Andersson, Staffan, Mateman, Christa, Limbourg, Tobias (2004). Female blue tits adjust parental effort to manipulated male UV attractiveness. Proc. R. Soc. Lond. B Biol. Sci. 271, 1 903–1 908

http://www.orn.mpg.de/aktuelles/presse/blaumeisen.pdf (11. 02. 2009)

Lösungsvorschlag

In der Aufgabe thematisierte Unterrichtsinhalte sind:
Genotypische Variabilität, Population, Fitness, Fortpflanzungsstrategien, Partnerwahl, Paarungssysteme, DNA-Gelelektrophorese, Heterozygotenvorteil, „extra-pair"-Nachkommen, PCR

I.1 *Für die Bearbeitung der ersten Teilaufgabe ist es wichtig, dass Sie den Text des Materials A gründlich durcharbeiten (Textanalyse!). Lassen Sie sich von den Begriffen „genetische" bzw. „soziale Monogamie" nicht verwirren – auch wenn sie Ihnen vom Unterricht her nicht bekannt sein sollten. Ihre Bedeutung erschließt sich aus dem Text, dessen Aussagen Sie anschließend zu den Informationen aus Abbildung 1 und Tabelle 1 in Beziehung setzen müssen. Kritik an der Darstellung bzw. dem Inhalt der Darstellung (unklare Datenlage) kann Zusatzpunkte geben.*

Seit einigen Jahren ist den Wissenschaftlern bekannt, dass weibliche Blaumeisen, die eigentlich in einer monogamen Beziehung leben, doch häufiger „fremdgehen" und ihren Partner betrügen. Untersuchungen zu diesem Sachverhalt werden in Abbildung 1 verdeutlicht. Hier ist der Anteil der „extra-pair"-Jungtiere im Nest des Revierinhabers, also ihres Ziehvaters, in Abhängigkeit von seinem Gesang (Strophenlänge) dargestellt. Anhand des **Kurvenverlaufs** ist klar zu erkennen, dass, je länger die Strophe des Revierbesitzers ausfiel, desto geringer der Anteil an „extra-pair"-Jungen anderer Männchen war. Betrachtet man dagegen die ebenfalls angegebenen **Einzelergebnisse**, so ist die Lage nicht mehr so eindeutig. Bei einer relativ kurzen Strophenlänge bis 1,6 Sekunden gab es demnach zwar neun Nester, in denen Jungtiere anderer Väter vorkamen (zwischen 10 und 100 % der Jungen), aber auch acht Nester, in denen dies nicht der Fall war. Diese Diskrepanz kann mit dem vorliegenden Material nicht aufgelöst werden.
Die Grundaussage der Tabelle 1, in der die Anzahl der Männchen angegeben ist, welche die Zeit bis zur nächsten Brutsaison überleben, lautet wie folgt: Die Überlebenswahrscheinlichkeit derjenigen Blaumeisen-Männchen, die in genetischer Monogamie leben, ist deutlich höher (über 60 %) als die Überlebenschance, die „betrogene" Stiefväter haben (maximal 26 %).

Diese Ergebnisse lassen sich durch das Verhalten der weiblichen Blaumeisen bei der Partnerwahl erklären. Im Text zu Material A wird dargelegt, dass die Länge der Gesangsstrophe mit Größe und Gewicht der Männchen korreliert. Weibchen wählen bevorzugt große und schwere Revierbesitzer mit ausdauerndem Gesang als Partner aus, was eine klare Fitness-Maximierung für ihre Nachkommen zur Folge hat. Zum einen können kräftigere männliche Exemplare die Weibchen bei der Jungenaufzucht und Brutpflege besser unterstützen. Größere, ausdauerndere Sänger sind zum anderen fitter und haben deswegen bessere Chancen gegenüber ihren schmächtigeren Artgenossen, den Winter zu überleben. Geben sie diese Eigenschaften über ihre Gene an die Nachkommen weiter, steigern sie damit die Überlebenschancen der Jungen deutlich.

I.2 *Beachten Sie bei der Bearbeitung des ersten Teils, dass hier nicht nur die Gelelektrophorese in den Grundzügen dargestellt werden muss. Auch die entscheidenden Schritte, durch die das DNA-Ausgangsmaterial für dieses Verfahren gewonnen wird, müssen erklärt werden.*

Bevor die zwei zu testenden DNA-Abschnitte der Jungvögel 1 und 2, des Weibchens und der möglichen Blaumeisen-Väter untersucht werden können, müssen sie zunächst isoliert und dann vervielfältigt werden. Dies geschieht mithilfe genetischer „Scheren“, den Restriktionsenzymen. Sie schneiden die DNA an bekannten Nukleotid-Abschnitten, den Erkennungssequenzen, vor und hinter den spezifischen Stellen. Die so erhaltenen Fragmente unterschiedlicher Länge müssen dann mithilfe der Polymerase-Kettenreaktion (PCR) angereichert werden, damit genügend Genmaterial für die Gelelektrophorese vorhanden ist.

Die Gelelektrophorese ist ein technisches Verfahren, mit dem Stoffgemische in einem elektrischen Feld aufgetrennt werden können. Grundvoraussetzung für die Anwendung dieses Verfahrens ist, dass die zu trennenden Stoffe elektrisch geladene Körper sind – wie z. B. Proteine und Nukleinsäuren. Auf eine dünne Gelplatte werden dabei die zu trennenden Probengemische in vorgefertigte längliche Taschen gegeben. Bei DNA-Gemischen – wie in diesem Beispiel – wird der Minuspol an den Taschen angelegt, der Pluspol am anderen Ende der Elektrophoreseplatte. Je nach ihrer Größe und den Ladungen, die sie tragen, weisen die einzelnen Moleküle im angelegten elektrischen Gleichspannungsfeld eine unterschiedliche Wanderungsgeschwindigkeit auf. Je kleiner ein Molekül ist, desto schneller wandert es im elektrischen Feld. Bei unterschiedlichen Probengemischen werden z. B. gleich große DNA-Bruchstücke in gleichen Zeitabschnitten gleich weit im Gel wandern. Meist laufen Kontroll-DNA-Stücke bekannter Länge als „Standard“ mit. So können mehrere, nebeneinander aufgetragene Gemische getrennt und anschließend miteinander verglichen werden. Banden, die im Gel verschiedener Ansätze nebeneinanderliegen, enthalten gleichgroße DNA-Abschnitte.

Als Ergebnis des Trennverfahrens ist eine unterschiedliche Anzahl von Banden pro Probe zu erkennen. Dies lässt sich folgendermaßen erklären und deuten: Grundlage jeder Probe sind zunächst zwei bekannte DNA-Abschnitte, die zwischen 250 und 200 kb groß sind. Diese werden mit den Chromosomen von den Eltern auf die Kinder vererbt. Die Gene der Kinder stammen zur einen Hälfte von der Mutter und zur anderen Hälfte – auf den homologen Chromosomen – vom Vater. Das bedeutet, dass bei der Gelelektrophorese insgesamt vier ausgesuchte DNA-Fragmente untersucht werden. Nur ein einziges Individuum (M 2) weist auf dem Gel insgesamt vier Banden auf. Das heißt zum einen, dass das Tier vier unterschiedliche DNA-Fragmente für die beiden untersuchten Abschnitte besitzt. Zum anderen ist damit belegt, dass M 2 sowohl vom Vater als auch von der Mutter unterschiedliche DNA-Abschnitte vererbt wurden. Es ist für beide Abschnitte heterozygot. Alle anderen untersuchten Tiere weisen im Gel mindestens eine starke (verdickte) Bande auf, die auf ein doppeltes Vorhandensein des Genmaterials schließen lässt. Aus dieser Überlegung heraus lassen sich folgende Aussagen treffen: Gleiche Genabschnitte liegen auf homologen Chromosomen an der gleichen Stelle. J 1 und J 2 – aber auch W – zeigen jeweils drei Banden, davon jeweils eine starke. Als Deutung ist hier nur möglich, dass für den einen untersuchten DNA-Abschnitt die Informationen auf den homologen Chromosomen identisch sind (starke Bande) und für den anderen nicht (zwei unterschiedliche Banden). Völlige Übereinstimmung bei den geerbten DNA-Abschnitten liegt bei Individuum M 1 vor. Dieses Männchen hat sowohl von seinem Vater als auch von seiner Mutter identische genetische Informationen mitbekommen und zeigt im Gel daher nur zwei (starke) Banden. Vor dem Hintergrund dieser Erkenntnisse können nun die Verwandtschaftsverhältnisse für die Jungvögel J 1 und J 2 wie folgt erklärt werden: Beim Jungvogel J 1 muss es sich um ein „extra-pair"-Junges handeln. Es weist im Bereich von ca. 240 kb eine Bande auf, welche weder seine Mutter noch das mit ihm im Nest lebende Männchen aufweist. Bei einem Männchen in der Nachbarschaft (M 2) ist diese Bande allerdings vorhanden, wodurch angenommen werden kann, dass dieses Tier der genetische Vater von J 1 ist. J 2 dagegen ist ein Nachkomme von W und M 1. Das ist daran zu erkennen, dass der Jungvogel jeweils eine Bande hat, welche eindeutig bei W, und eine zweite, welche eindeutig bei M 1 (und jeweils **nur** dort), zu finden ist. Zwar besitzt J 2 noch eine dritte Bande, diese ist aber sowohl bei den Eltern als auch bei dem potenziellen Vater M 2 zu finden. Sie kann daher hier zur Klärung der Verwandtschaftsverhältnisse nicht herangezogen werden.

I.3 *Lassen Sie sich durch die Darstellung in Abbildung 3 nicht verwirren. Wenn der Heterozygotiegrad der Jungvögel des Brutpaares dem Wert 0 entspricht, dann bedeutet eine Abweichung in den positiven Bereich einen höheren und in den negativen Bereich einen geringeren Heterozygotiegrad. Halten Sie sich bei der Bearbeitung der Teilaufgabe an die vorgegebene Reihenfolge auswerten/erklären/erläutern. So gelangen Sie zu einem sinnvollen und nachvollziehbaren Aufbau ihrer Argumentation. Auch hier gilt: Sinnvolle Mutmaßungen, die vom Untersuchungsmaterial gestützt werden, sollten Sie unbedingt anbringen.*

Abbildung 3 zeigt, dass der Heterozygotiegrad zwischen den Halbgeschwistern (Jungvögel des sozialen Brutpaares und „extra-pair"-Tiere) zum Teil deutlich unterschiedlich ist. Handelt es sich bei den „extra-pair"-Jungen um Nachkommen mit einem Vater aus der direkten Nachbarschaft des Reviers, so ist das Vorkommen von unterschiedlichen Allelen bei diesen Jungvögeln um ca. 0,01 Grad geringer, als bei Nachkommen des Weibchens mit dem Revierinhaber. Stammt der Vater aber aus der weiteren Nachbarschaft des Brutreviers, so kann eine Zunahme der Heterozygotie um ca. 0,06 Grad gegenüber den „regulären" Nachkommen beobachtet werden. Zu erklären ist dieser Sachverhalt mit folgenden Überlegungen: Tiere, die in direkter Nachbarschaft leben, sind offensichtlich näher miteinander verwandt als solche Individuen, die aus der weiteren Nachbarschaft stammen. Zu vermuten ist, dass die Blaumeisen – sofern sie den Winter überleben – sehr standorttreu sind und in unmittelbarer Nähe ihres Jugendnestes ein eigenes Revier suchen. Die Wahrscheinlichkeit hierfür ist sehr hoch, da nach den Angaben im Text von Material C nur wenige Jungvögel den folgenden Winter überleben. Sie können dann die verstorbenen Altvögel ersetzen und deren freie Reviere im alten Areal besetzen. Damit wäre zu erklären, warum ein „Fremdgehen" der Weibchen mit Männchen aus der Nachbarschaft zu weniger divergierenden Allel-Kombinationen im heterozygoten Zustand führt. Ein möglicher „extra-pair"-Vater könnte ein naher Verwandter (u. U. Geschwister) des Weibchens sein. Die Untersuchungen zeigen, dass die Nachkommen eines sozialen Blaumeisenpaares einen höheren Heterozygotiegrad aufweisen, da Weibchen anscheinend Revierinhaber bevorzugen, die mit ihnen nicht so eng verwandt sind. Um die Möglichkeit auszuschließen, dass mit dem Vater von „extra-pair"-Nachkommen ein engeres Verwandtschaftsverhältnis besteht, sind für den weiblichen Vogel Begattungen durch Männchen aus der weiteren Nachbarschaft vorteilhaft. Als Ergebnis eines solchen „Fremdgehens" weisen die „extra-pair"-Nachkommen einen deutlich höheren Heterozygotiegrad in den einzelnen Allelen auf, als dies bei ihren „regulären" Halbgeschwistern der Fall ist. Die Paarung mit nicht benachbarten fremden Männchen erweist sich als Fortpflanzungsstrategie, die den Weibchen in Bezug auf ihr genetisches Material langfristig deutliche Vorteile verschafft. Denn die „extra-pair"-Nachkommen besitzen dadurch eine insgesamt höhere Allelvielfalt und somit auch eine gesteigerte Fitness. Außerdem kann ein hoher Heterozygotiegrad auch davor schützen, dass rezessive, genetische Defekte auftreten. Bei nahe verwandten Tieren, wie es bei „extra-pair"-Vätern aus der unmittelbaren Nachbarschaft sehr wahrscheinlich der Fall ist, können genetische Defekte bei den Nachkommen homozygot vorliegen, wodurch der Fortpflanzungserfolg und die Fitness der Nachkommen deutlich herabgesetzt werden. Wie im Material A erwähnt, bevorzugen Weibchen große, schwere Männchen. Ob dieses Auswahlkriterium auch als Fitness steigernd greift, kann mit dem vorliegenden Untersuchungsmaterial C nicht beantwortet, aber sehr wohl angenommen werden.

I.4 *Bei der Ermittlung der Anzahl der jeweiligen Fütterungen ist es hilfreich, wenn Sie in die Abbildung 4 Hilfslinien einziehen. Dies erleichtert es Ihnen, die zwischen den vorgegebenen Zahlen liegenden Werte zu ermitteln.*

Das Gefieder männlicher Blaumeisen reflektiert UV-Licht. Dies scheint für die Weibchen dieser Vogelart von besonderer Bedeutung zu sein. Werden Männchen nämlich in ihrem Reflexionsvermögen für UV-Licht eingeschränkt, indem man einen UV-Blocker auf ihr Gefieder aufträgt, so hat dies entscheidende Auswirkungen auf das Fütterverhalten ihrer Partnerinnen. Sowohl die manipulierten Männchen als auch diejenigen der Kontrollgruppe zeigten annähernd das gleiche Fütterverhalten. In beiden Gruppen wurden die Jungtiere von den Männchen ca. 43-mal (Versuchsgruppe) bzw. 42-mal (Kontrollgruppe) innerhalb von 120 Minuten gefüttert. Die Weibchen der Kontrollgruppe beteiligten sich mit ca. 40 Futtereinträgen in zwei Stunden fast genauso häufig an den Fütterungen wie die Revierinhaber. In der Versuchsgruppe fütterten die Weibchen, deren Partner UV-reduziert waren, ihren Nachwuchs innerhalb von zwei Stunden nur ca. 31-mal. Sie reduzierten damit ihre Aktivitäten um 22,5 %, d. h. um fast ¼. Dies ist ein klares Indiz dafür, dass die gesunkene Fütterungsfrequenz der Weibchen mit der verringerten UV-Reflexion des Männchengefieders in direktem Zusammenhang steht. Interessanterweise veränderten die Männchen der Versuchsgruppe ihr Fütterverhalten nicht, um den Ausfall der Futtereinträge des Weibchens ggf. auszugleichen. Das Verhalten der Blaumeisen-Weibchen steht in einem direkten Zusammenhang mit ihrem langfristigen Fortpflanzungserfolg und der Weitergabe ihres Erbgutes. Aufgrund wissenschaftlicher Untersuchungen (Material D) ist bekannt, dass Männchen, deren Gefieder das UV-Licht stark reflektiert, gleichzeitig einen größeren Heterozygotiegrad des Erbgutes aufweisen. Artgenossen mit geringerer genetischer Vielfalt „strahlen" nicht so intensiv. Die ermittelten Zahlenwerte legen in diesem Zusammenhang nahe, dass das Weibchen über seine optische Wahrnehmung den Einsatz für die Nachkommen im Gelege steuert. Eine hohe UV-Licht-Reflexion signalisiert dem Weibchen, dass es sich um einen (möglichen) Partner handelt, der den gemeinsamen Nachkommen – über den hohen Heterozygotiegrad seines Erbgutes – ein beträchtliches Maß an Fitness mitgeben kann. Weniger „strahlende" Männchen signalisieren hingegen, dass sie einen niedrigen Heterozygotiegrad besitzen. Eine Folge hieraus könnte sein, dass gemeinsame Nachkommen mit solchen Männchen den folgenden Winter nicht überleben. Weibchen in der Versuchsgruppe mit den UV-reduzierten Männchen minimierten als Konsequenz ihren Fütterungseinsatz, um ihre eigenen Ressourcen zu schonen. Sie erhöhten dadurch ihre Chancen, den nächsten Winter zu überleben, um im folgenden Jahr wieder brüten zu können, evtl. sogar mit einem Revierinhaber, dessen Fitness höher ist als die ihres aktuellen Partners.

Leistungskurs Biologie (NRW) – Abitur-Prüfung 2010
Aufgabe 2: Genetik

Aufgabenstellung: Punkte

Thema: Alte Väter – wie alt ist zu alt?

II.1 Werten Sie die Diagramme „Altersprofile der Väter von Neugeborenen“, „Anzahl der Fälle von Achondroplasie bei Neugeborenen“ und „Anzahl der Mitosen in Abhängigkeit vom Alter des Mannes“ (Material A, Abbildungen 1–3) einzeln aus. Erklären Sie den Zusammenhang zwischen der Häufigkeit des Auftretens von Achondroplasie bei Neugeborenen und dem Alter des Vaters, indem Sie auch die cytologischen Ursachen für die Zunahme der Zahlen der Neugeborenen mit Achondroplasie (vgl. Abbildung 2 und 3) berücksichtigen. 18

II.2 Vergleichen Sie die Sequenzausschnitte der FGFR3-Gene von Achondroplasie-Patienten und Gesunden (Material B, Tabelle 1) und benennen und erläutern Sie den Mutationstyp (Material D). Leiten Sie die Folgen für Zusammensetzung, Bau und Funktion des Proteins ab. 14

II.3 Analysieren Sie begründet den Erbgang für Achondroplasie (Material B, Abbildung 5) und geben Sie die Genotypen für alle Personen an. Bestimmen Sie die Wahrscheinlichkeit, mit der die Eltern Nr. 8 und Nr. 9 ein phänotypisch gesundes Kind erwarten können, und prüfen Sie, inwieweit Ihr Ergebnis durch die Daten von Murdoch (Material B, Tabelle 2) gestützt wird. 18

II.4 Erläutern Sie unter Beachtung der unterschiedlichen Betrachtungsebenen die Aussagen von Sperling und Crow zum Risiko für Neumutationen durch den väterlichen Alterseffekt (Material C). Beurteilen Sie anschließend die Aussagen der beiden Wissenschaftler unter Einbezug von Material A und ziehen Sie Schlussfolgerungen hinsichtlich der genetischen Familienberatung. 16

Material A: Alte Väter – Risiko für Kinder?

Bei Achondroplasie-Patienten verknöchern die Wachstumszonen viel zu früh: Das Längenwachstum der langen Röhrenknochen wird vorzeitig beendet, sodass Arme und Beine zu kurz bleiben. Die Häufigkeit von Achondroplasie bei Neugeborenen beträgt durchschnittlich etwa 1 : 10 000.
90 % aller dokumentierten Fälle von Achondroplasie sind das Ergebnis von Neumutationen.

Für Deutschland gibt das Statistische Bundesamt Wiesbaden die Daten für Altersprofile der Väter von Neugeborenen für die Jahre 1990 und 2001 wie folgt an:

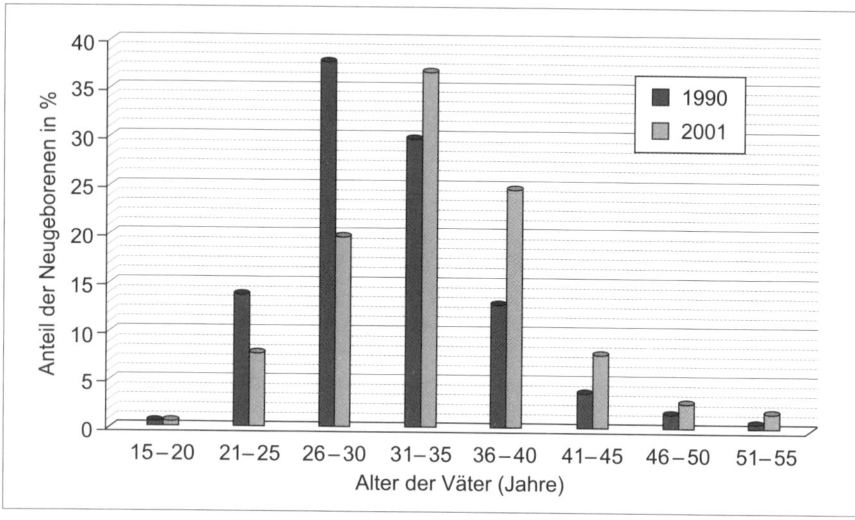

Abb. 1: Altersprofile der Väter von Neugeborenen in Deutschland für die Jahre 1990 (905 675 Geburten) und 2001 (734 475 Geburten)
verändert nach: Engel, Wolfgang; Sancken, U.; Laccone, Franco (2004) J. Reproduktionsmed. Endokr. 1 (4), 263, Krause & Pachernegg

Murdoch hat anhand des Geburtenregisters der USA bei 3 396 000 Neugeborenen den Anteil der Neugeborenen mit genetisch bedingtem Kleinwuchs (Achondroplasie) im Zusammenhang mit dem Alter der Eltern bestimmt. Er fand heraus, dass das Alter der Mutter keinen Einfluss in diesem Zusammenhang hat. Seine Befunde wurden in folgendem Diagramm aufgetragen:

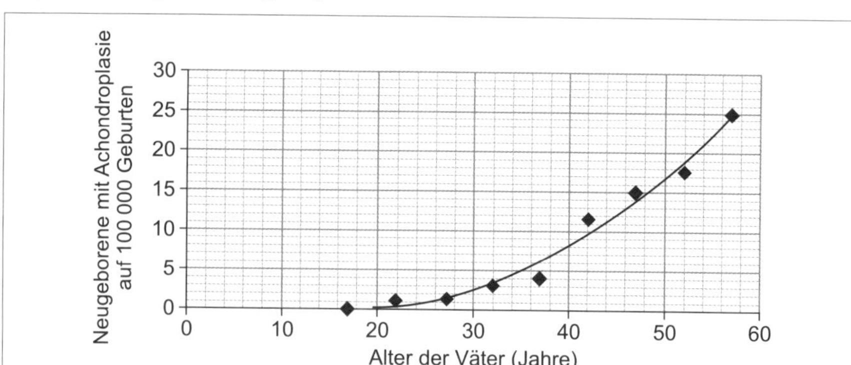

Abb. 2: Anzahl der Fälle von Achondroplasie (genetisch bedingter Kleinwuchs) bei Neugeborenen auf 100 000 Geburten

Während die Vorläuferzellen jeder Eizelle in ihrer Entwicklung ausgehend von der diploiden Urkeimzelle nur 22 Mitosen bis zum Beginn der Eireifung und damit bis zum Beginn der Meiose durchlaufen haben, liegt diese Zahl für die Vorläuferzellen der Spermien weitaus höher: Die Vorläuferzellen der Spermien in den männlichen Keimdrüsen haben bis zur Pubertät 30 Mitosen hinter sich, danach teilen sie sich alle 16 Tage einmal – bis ins hohe Alter, 23-mal im Jahr. Die Zahl der Mitosen von der Urkeimzelle bis zum Beginn der Meiose wurde berechnet.

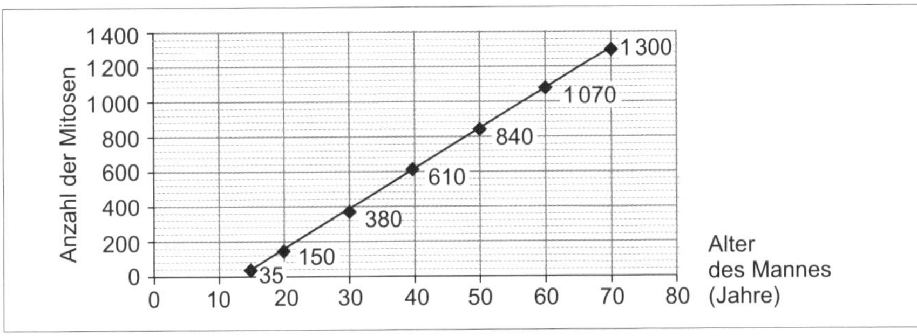

Abb. 3: Anzahl der Mitosen, die ausgehend von der Urkeimzelle bis zur Bildung einer männlichen Keimzelle (Spermium) durchlaufen werden

Material B: Achondroplasie – erblich bedingter Kleinwuchs

Um die Ursachen für die Erbkrankheit Achondroplasie (ACH) zu erforschen, wurde der Bauplan für den **R**ezeptor des Wachstumsfaktors **F**ibroblast **G**rowth **F**actor **3** untersucht. Eine Zufuhr dieses Wachstumsfaktors hilft den Patienten nicht. Bei fast normaler Sitzgröße erreichen Erwachsene nur eine Körpergröße von 120–148 cm. Darüber hinaus ist oft auch die Entwicklung weiterer Organe gestört. Das Gen für diesen Rezeptor (FGFR3) umfasst 2 421 Basenpaare, für die Nukleotide 1 114–1 152 wurden für ACH-Patienten und Gesunde die folgenden Teilsequenzen ermittelt:

Tabelle 1: Ausschnitt aus der Sequenz des FGFR3-Gens (Nucleotide 1 114–1 152) im codogenen Strang

Häufigkeit bei ACH-Patienten	Teilsequenz des codogenen Strangs der DNA (Position 1 114–1 152):
98 %	...CAC ATA CGA CCG TAG GAG TCG ATG TCC CAC CCG AAG AAG...
zusammen 2 %	...CAC ATA CGA CCG TAG GAG TCG ATG GCC CAC CCG AAG AAG...
	...CAC ATA CGA ACG TAG GAG TCG ATG CCC CAC CCG AAG AGG...
	Teilsequenz des codogenen Strangs bei normalwüchsigen Personen:
nicht mutiertes Allel bei Gesunden	...CAC ATA CGA CCG TAG GAG TCG ATG CCC CAC CCG AAG AAG... 1120 1130 1140 1150

FGFR3-Sequenz nach: www.sanger.ac.uk/perl/genetics/CGP/cosmic_sequence?ln=FGFR3;format=numbered, 15. 3. 2009

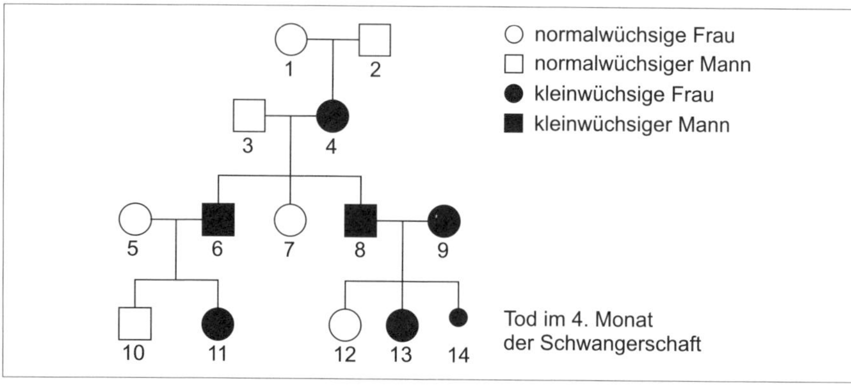

Abb. 5: Stammbaum einer Familie mit Achondroplasie: **Keiner** der Vorfahren der Personen 1 und 2 war kleinwüchsig.

Murdoch hat in den USA 14 Ehepaare aufgesucht, bei denen beide Ehepartner kleinwüchsig auf Grund von Achondroplasie waren. Er ermittelte folgende Daten:

Tabelle 2: Nachkommen von Eltern, die beide die Erbkrankheit ACH aufweisen

		Kinder mit Achondroplasie		**Kinder ohne Achondroplasie**
Zahl der Elternpaare:	Kinderzahl insgesamt:	davon leben:	Tod im Kindesalter:	mit normaler Körpergröße:
14	**23**	**9**	**7**	**7**

Material C: Experten zum väterlichen Alterseffekt

Wissenschaftler bringen das zunehmende Risiko für Erbgutveränderungen mit dem höheren Alter werdender Väter in Zusammenhang, unabhängig davon, ob es sich um dominante oder rezessive Allele handelt.
Die weitaus meisten erforschten Erbkrankheiten werden durch rezessive Allele vererbt, nur wenige durch dominante Allele.
Kinder von über 40jährigen Vätern sterben doppelt so häufig im Säuglingsalter wie Kinder von 25jährigen.

Dazu …

… der Humangenetiker **Karl Sperling** von der Charité Berlin in einem Interview zu Erbkrankheiten alter Väter sinngemäß:

Wenn das Risiko auch für solche Krankheiten fünf bis acht Mal höher ist, sind sie insgesamt doch so selten. Wenn das Risiko für uns alle etwa zwei Prozent beträgt und wenn es bei einem fünfzigjährigen Mann auf 2,1 Prozent steigen sollte, dann spielt das natürlich im Einzelfall keine Rolle. Wenn jemand fragt, welche Konsequenzen für seine Kinder das hat, dann kann man ihn beruhigen. (Inforadio RBB, März 2009)

… der Populationsgenetiker **James Crow**, Professor an der Universität Wisconsin:

„Ich schlussfolgere, dass für eine Reihe von Krankheiten dic Mutationsrate mit dem väterlichen Alter ansteigt, und zwar viel stärker als nur linear. Das lässt vermuten, dass die größte Gefahr durch Mutationen in der menschlichen Population von fruchtbaren, alten Männern ausgeht.“ (August 1997)

Material D: Codesonne und Tabelle zum genetischen Code

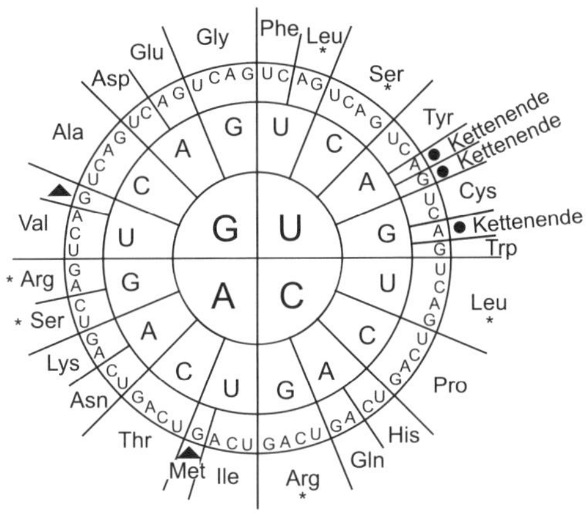

Ala	Alanin
Arg	Arginin
Asn	Asparagin
Asp	Asparaginsäure
Cys	Cystein
Gln	Glutamin
Glu	Glutaminsäure
Gly	Glycin
His	Histidin
Ile	Isoleucin
Leu	Leucin
Lys	Lysin
Met	Methionin
Phe	Phenylalanin
Pro	Prolin
Ser	Serin
Thr	Threonin
Trp	Tryptophan
Tyr	Tyrosin
Val	Valin

* zweimal auftretende Aminosäure ● Stopp-Codon ▲ Start-Codon

Erste Base	Zweite Base				Dritte Base
5'	**U**	**C**	**A**	**G**	**3'**
U	Phe Phe Leu Leu	Ser Ser Ser Ser	Tyr Tyr Stopp Stopp	Cys Cys Stopp Trp	**U** **C** **A** **G**
C	Leu Leu Leu Leu	Pro Pro Pro Pro	His His Gln Gln	Arg Arg Arg Arg	**U** **C** **A** **G**
A	Ile Ile Ile Met (Start)	Thr Thr Thr Thr	Asn Asn Lys Lys	Ser Ser Arg Arg	**U** **C** **A** **G**
G	Val Val Val Val	Ala Ala Ala Ala	Asp Asp Glu Glu	Gly Gly Gly Gly	**U** **C** **A** **G**

weitere Materialgrundlage:

Bray, I.; Gunnell, D., Smith, G. D. (2006). Advanced paternal age: how old is too old? J. Epidemiol. Community Health. 10: 851–853

Crow, J. F. (1997). The high spontaneous mutation rate: Is it a health risk? Proc. Natl. Acad. Sci. 94: 8 380–8 386

Ehrenfels, Y. (2000). Mutationen in FGFR3. Mutationen in den „fibroblast growth factor"(FGF)-Rezeptorgenen FGFR 1, 2 und 3 bei primären Craniosynostosen. Diss. Gießen: 81 f.

Engel, Wolfgang; Sancken, U.; Laccone, Franco (2004). Das väterliche Alter aus humangenetischer Sicht. J. Reproduktionsmed. Endokrinol. 1 (4), 263–267, Krause & Pachernegg

Murdoch, J. L.; Walker, B.; A. Hall, J. G.; Abbey, H.; Smith K. K.; McKusick, V. A. (1970). Achondroplasia - a genetic and statistical survey. Ann. Hum. Genet. 33: 227 f.

Risch, N.; Reicht, E.; W. Wishnickt, M. M.; McCarthy, J. G. (1987). Spontaneous Mutation and Parental Age in Humans. Am. J. Hum. Genet. 41: 218–248

Stelzer, C. (2000). Das humane FGFR3-Gen. Molekulargenetische Untersuchungen von Komponenten des Knochen- und Knorpelgewebes. Diss. Mainz: 112 f.

Vortkamp, A. (2003). Molekulare Kontrolle der Skelettdifferenzierung. Max-Planck-Institut für molekulare Genetik. Tätigkeitsbericht 2003: 1–6

Lösungsvorschlag

In der Aufgabe thematisierte Unterrichtsinhalte sind:
Mutation, Proteinbiosynthese, Stammbaumanalyse, humangenetische Beratung, Variabilität von Populationen, erblicher Kleinwuchs, Proteinaufbau

II.1 *Die Vorgehensweise bei Ihrer Bearbeitung ist durch die Aufgabenstellung bereits vorstrukturiert. Werten Sie jedes der drei Diagramme zunächst* ***gründlich*** *aus. Beachten Sie dabei, dass sich die Abbildung 1* ***nicht*** *mit der Krankheit beschäftigt. Um den Sachverhalt der Auswirkung von frühen und späten Mutationen zu verdeutlichen, können Sie auch zu einer einfachen Strichzeichnung greifen.*

In Abbildung 1 des Materials A ist in einem Diagramm der Anteil der Neugeborenen in den Jahren 1990 und 2001 in Zuordnung zum Alter ihrer Väter dargestellt. Bei diesem Altersprofil ist Folgendes auffällig: Im Jahr 1990 waren die meisten Väter von Neugeborenen in der Altersgruppe zwischen 26 und 30 Jahren (37,5 %) zu finden, im Jahr 2001 war dies für die Altersgruppe der 31 bis 35-Jährigen der Fall (36,5 %). Waren 1990 noch 51,5 % aller Väter nicht älter als 30 Jahre, so waren es im Jahre 2001 nur noch 27,5 %. Dieses Ergebnis deutet auf eine klare Verschiebung der Altersstruktur zu älteren Vätern hin, was mit einem Blick auf die Angaben für Männer, die bis zum 55. Lebensjahr Vater wurden, noch bestätigt wird. Innerhalb von 11 Jahren (1990–2001) hat sich die Zahl der Väter, die das 40. Lebensjahr überschritten haben, von 6,5 % auf 11,5 % beinahe verdoppelt.
Die Analyse des Diagramms „Anzahl der Fälle von Achondroplasie bei Neugeborenen“ in den USA, bei dem die Anzahl der Neugeborenen mit dieser Krankheit in Abhängigkeit vom Alter ihrer Väter dargestellt wird, ergibt folgendes Bild: Der genetisch bedingte Kleinwuchs bei Neugeborenen tritt desto häufiger auf, je älter der Vater ist. Betrachtet man die Altersgruppe der bis zu 20 Jahre alten Väter, so tritt die Erkrankung bei den Neugeborenen so gut wie nie auf. Für einen Mann, der mit 30 Jahren Vater wird, liegt die Wahrscheinlichkeit, ein Kind zu zeugen, das an Achondroplasie leidet, bei 0,0025 % (2,5 Erkrankte auf 100 000 Geburten). Bereits 10 Jahre später ist diese Wahrscheinlichkeit mit 0,008 % schon ca. dreimal so hoch und im Vergleich zu einem 30-Jährigen liegt das Risiko bei einem 50 Jahre alten Vater bei 0,017 %, d. h., es ist über sechsmal so groß.
Ein weiteres Diagramm (Abbildung 3) zeigt die Anzahl der Mitosen bis zur Spermienbildung in Abhängigkeit vom Alter des Mannes. Hierbei fällt als Erstes der lineare Anstieg des Graphen ins Auge. Dies bedeutet, dass die Anzahl der Mitosen, welche die späteren Spermienzellen durchlaufen haben, mit zunehmendem Alter deutlich ansteigt. Sind es bis zum Eintritt in die Pubertät gerade einmal 30 Mitosen, haben sich die Zellteilungen in einem Alter von 50 Jahren auf 840 und im Alter von 70 Jahren bereits auf 1 300 erhöht.

Die Tatsache, dass die späteren männlichen Keimzellen mit zunehmendem Alter des Mannes immer mehr Mitosen absolviert haben, erklärt, warum das Risiko für ältere Väter deutlich erhöht ist, ein Kind zu zeugen, das an erblichem Kleinwuchs leidet. Bei jeder Zellteilung müssen alle DNA-Doppelstränge entwunden und semikonservativ redupliziert werden. Bei diesem komplizierten Prozess können Fehler im Kopiervorgang auftreten, die zu Mutationen führen. Berücksichtigt man dabei die Tatsache, dass „90 % aller dokumentierten Fälle von Achondroplasie … das Ergebnis von Neumutationen" sind, so wird verständlich, warum das Risiko, Vater eines Kindes mit Achondroplasie zu werden, mit zunehmendem Alter drastisch ansteigt. Die Spermien älterer Männer haben bereits deutlich mehr Mitosen absolviert als diejenigen von Jüngeren. Damit steigt die Wahrscheinlichkeit, dass sich mit zunehmendem Alter neue Mutationsereignisse während der Zellteilungen eingestellt haben. Entscheidend ist aber auch der Zeitpunkt, an dem ein solches neues Mutationsereignis stattfindet. Man unterscheidet dabei frühe von späten Mutationen. Je früher die Mutation eine zukünftige Spermiumzelle betrifft, desto mehr der aus ihr hervorgehenden Zellen tragen die Mutation, in diesem Fall eine Anlage für Achondroplasie. Das Risiko, ein Kind mit Achondroplasie zu zeugen, steigt demnach stärker als nur linear mit dem Alter des Mannes an. Umgekehrt verhält es sich mit späten Mutationsereignissen, die sich prozentual dann nicht so häufig in der Gesamtspermienmenge wiederfinden. Die nebenstehende Skizze soll diesen Sachverhalt von Mutationen in Spermium-Vorläuferzellen verdeutlichen.

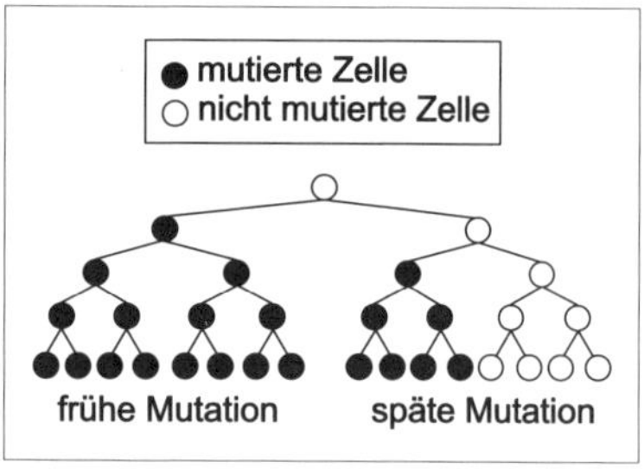

II.2 *Bei dieser Teilaufgabe können Sie methodisch vorgehen. Zunächst sollten Sie die infolge der Mutation eingetretenen Veränderungen in der DNA darlegen. Wenngleich in Tabelle 1 (Material B) keine diesbezüglichen Angaben gemacht werden, können Sie davon ausgehen, dass sich bei der angegebenen Teilsequenz der codogenen DNA-Stränge links das 3'- und rechts das 5'-Ende befindet. Obwohl dies in der Aufgabenstellung nicht verlangt ist, sollten Sie zunächst die mRNA-Sequenz der mutierten und der nicht mutierten Tripletts ermitteln, damit Sie über den Triplettcode die entsprechenden Aminosäuren zuordnen können. Achten Sie anschließend darauf, dass Sie die richtige Leserichtung (5' → 3') bei der Ermittlung von mRNA und Aminosäure (Codesonne von innen nach außen) anwenden. Bei der Frage nach den Folgen für die Funktion des Proteins sollten Sie sich Ihre Kenntnisse über die Entstehung, den Aufbau und die Umwandlung bei funktionalen Eiweißkörpern ins Gedächtnis rufen.*

Bei der Untersuchung der Ursachen für die Erbkrankheit Achondroplasie (ACH) wurde das Gen FGFR3 analysiert, welches für den Rezeptor eines spezifischen Wuchsfaktors codiert. Nach der Ermittlung der Nukleotidsequenz stellte sich heraus, dass bei diesem aus insgesamt 2421 Basenpaaren bestehenden Gen zwischen den Nukleotiden 1 123 und 1 138 bei ACH-Patienten jeweils nur eine einzige organische Base – aber nicht immer dieselbe – unterschiedlich ist. Demnach liegen in diesen Fällen Punktmutationen vor. In der Tabelle 1 (Material B) sind Teilsequenzen aus dem codogenen DNA-Strang von erkrankten Personen und die entsprechende Nukleotid-Reihenfolge im nicht-mutierten Allel bei Gesunden wiedergegeben. Nach diesen Angaben findet sich bei 98 % aller ACH-Patienten an der Stelle 1 138 nicht die Base Cytosin, sondern die Base Thymin. Interessanterweise gibt es aber auch von der Achondroplasie betroffene Personen, bei denen an der gleichen Nukleotid-Position anstelle der Base Cytosin die Base Guanin in der DNA vorliegt. Eine dritte Variante existiert bei ACH-Patienten, bei denen die Base an der Stelle 1 123 nicht Cytosin, sondern Adenin ist. Die beiden zuletzt erwähnten Punktmutationen findet man aber nur bei insgesamt 2 % aller an Achondroplasie-Erkrankten.

Durch den Einbau einer anderen organischen Base in den codogenen Strang der DNA kann es zu gravierenden Auswirkungen auf Zusammensetzung, Bau und Funktion des codierten Proteins kommen. Bei 98 % der von Achondroplasie betroffenen Patienten bewirkt der Einbau von Thymin im Triplett an der Position 1 138–1 140 über die mRNA-Sequenz „AGG“, dass die Aminosäure Arginin anstelle von Glycin (mRNA-Sequenz „GGG“) in das Protein eingebaut wird. Im zweiten Fall der Punktmutation im selben Triplett gelangt durch den Austausch von Guanin gegen Cytosin (mRNA-Sequenz „GGG“ $\Rightarrow$ „CGG“) ebenfalls die Aminosäure Arginin an dieser Stelle in das Rezeptorprotein. Beim dritten vorkommenden Mutationsereignis codiert das Basentriplett an Position 1 123–1 125 (Cytosin $\Rightarrow$ Adenin) über die mRNA-Sequenz „UGC“ für die Aminosäure Cystein statt Glycin (mRNA-Sequenz „GGC“).

Das insgesamt 807 Aminosäuren umfassende Protein stellt in seiner Tertiärstruktur den FGFR3-Rezeptor für einen Wachstumsfaktor dar. Obwohl durch alle drei möglichen Punktmutationen lediglich eine von 807 Aminosäuren verändert wird, sind die Auswirkungen so gravierend, dass der zugehörige Ligand (Wachstumsfaktor) nicht mehr am Bindungszentrum andocken kann. Zu erklären ist dies dadurch, dass durch die jeweilige Punktmutation im Laufe der Proteinbiosynthese über Transkription und Translation ein in seiner Primärstruktur verändertes Protein hergestellt wird. Durch Auffaltungen und spezifische Bindungen zwischen einzelnen Aminosäuren entsteht aus der Primär- die Sekundär- und daraus die Tertiärstruktur des Rezeptorproteins. Die veränderten Aminosäuren können beispielsweise an Schlüsselpositionen stehen, die für die sterische Konfiguration des Proteinmoleküls verantwortlich sind. Verhindern sie so z. B., dass Bindungen zwischen Aminosäuren ausgebildet oder Wechselwirkungen eingegangen werden, sind durch die veränderte Aminosäure-Zusammensetzung der Bau des Eiweißkörpers und seine ursprüngliche Struktur nicht mehr gegeben: Der Rezeptor wird funktionsuntüchtig.

II.3 *In der Aufgabenstellung werden Sie bereits auf die Individuen 8 und 9 hingewiesen. Von ihrer Elternschaft ausgehend können Sie die meisten Vererbungsmöglichkeiten bereits ausschließen. Lesen Sie auch genau die Informationen in der Legende zu Abbildung 5 und erinnern Sie sich an die ersten Informationen aus Material A. Im Übrigen können Sie bei allen Stammbäumen, die Ihnen vorgelegt werden, immer davon ausgehen, dass es sich bei den Individuen um leibliche Nachkommen handelt. Zu Verdeutlichung des Vererbungsgeschehens kann eine mit den Anlagen versehene Zeichnung des Stammbaums hilfreich sein.*

Die Erkrankung Achondroplasie, der erblich bedingte Kleinwuchs, wird autosomal dominant vererbt. Dies kann anhand des Stammbaums (Material B, Abbildung 2) folgendermaßen abgeleitet werden: Die beiden kleinwüchsigen Personen 8 und 9 haben gemeinsam eine Tochter (12), die keinen Wachstumsdefekt aufweist. Von Mutter und Vater hat sie je ein funktionstüchtiges Allel vererbt bekommen. Da beide Elternteile aber erkrankt sind, müssen sie für dieses heterozygot sein und sowohl ein defektes (dominantes) Allel für Achondroplasie als auch ein nicht defektes (rezessives) besitzen. Ein X-chromosomal rezessiver Erbgang kann insofern ausgeschlossen werden, da ansonsten Individuum 12 erkrankt sein müsste. Sie hätte vom Vater ein X-Chromosom mit dem Defekt vererbt bekommen, ebenso wie von der Mutter, welche – selbst von der Krankheit betroffen – auf beiden X-Chromosomen die Anlage für Achondroplasie tragen müsste. Auch ein X-chromosomal dominanter Erbgang kann hier nicht vorliegen, da die Personen 3 und 4 ansonsten keine normalwüchsige Tochter (7) haben könnten.

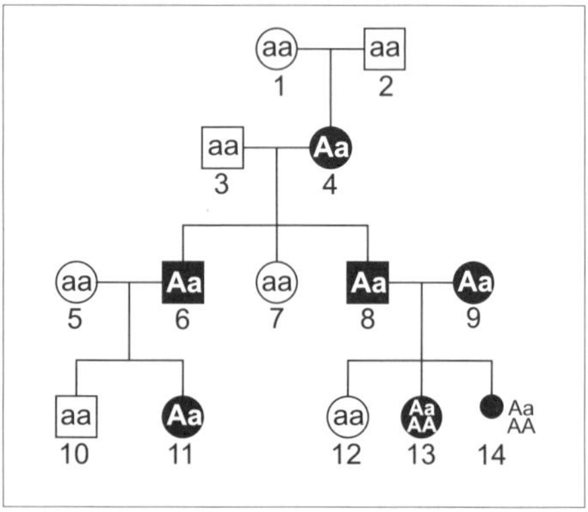

Eine Weitergabe des erblich bedingten Kleinwuchses auf dem Y-Chromosom kann sofort ausgeschlossen werden, da in diesem Fall nur männliche Familienmitglieder von der Krankheit betroffen wären. Unter Verwendung von „A“ für das dominante, mutierte Allel, welches für Kleinwuchs codiert, und „a“ für das rezessive Allel ohne entsprechende Mutation, ergeben sich damit für die Individuen des vorgegebenen Stammbaums die nebenstehend aufgeführten Genotypen.

Genotypisch eindeutig sind alle gesunden Individuen. Da sie das Gen in keinem defekten Allelzustand besitzen, ist ihr Genotyp „aa“. Ebenfalls eindeutig ist die genetische Ausstattung der Erkrankten 4, 6, 8, 9 und 11 in Bezug auf den genetisch bedingten Kleinwuchs. Dem Individuum 13 kann der Genotyp nicht eindeutig zugeordnet werden, da prinzipiell sowohl der heterozygote (Aa) als auch der homozygote Zustand (AA) das gleiche Krankheitsbild hervorrufen.

Gleiches gilt für das nicht geborene Mädchen 14. Mit Blick auf die Untersuchungen von Murdoch (Material B, Tabelle 2) kann aber vermutet werden, dass ein homozygotes Vorliegen beider Allele im mutierten Zustand für das sie tragende Individuum wahrscheinlich letal, d. h. tödlich, wirkt. Somit hatte Individuum 14 höchstwahrscheinlich den Genotyp „AA" und Individuum 13 „Aa".

Eigentlich ist eine Konstellation mit Individuum 4 als kranke Tochter der Personen 1 und 2 nicht zu erklären. Da aber aus Material A bekannt ist, dass „90 % aller dokumentierten Fälle von Achondroplasie ... das Ergebnis von Neumutationen" sind, kann man davon ausgehen, dass in den Keimzellen des normalwüchsigen Vaters (2) eine Mutation stattgefunden hat, die eine Achondroplasie-Erkrankung bei seiner Tochter (4) zur Folge hatte. Das mütterliche Erbgut spielt – nach Untersuchungen von Murdoch (Material A) – bei der Entstehung der Krankheit keine Rolle.

Die Frage nach der Wahrscheinlichkeit, mit der die Eltern Nr. 8 und Nr. 9 ein phänotypisch gesundes Kind erwarten können, ist wie folgt zu beantworten: Nach der zweiten MENDEL'schen Regel spaltet die Nachkommenschaft mischerbiger Eltern (Aa) beim monohybriden, dominant-rezessiven Erbgang im Verhältnis 1 (AA) : 2 (Aa) : 1 (aa) auf. Damit liegt die Wahrscheinlichkeit für das Elternpaar, ein phänotypisch gesundes Kind (aa) zu erwarten, bei 25 %. In den Untersuchungen von Murdoch, deren Ergebnisse in Material B, Tabelle 2 dargestellt sind, lag der Prozentsatz gesunder Nachkommen von Paaren, bei denen beide Partner kleinwüchsig waren, bei 30,4 %. 7 von 23 Kindern waren normalgroß. Betrachtet man das Vorkommen der beiden anderen Genotypen („AA" und „Aa") in der Untersuchung von Murdoch, so ist Folgendes festzustellen: Auch bei den bereits früh verstorbenen Kindern lag dasselbe Verhältnis vor, wie bei den gesunden Nachkommen (30,4 % – 7 von 23 Kindern). Dies ist nach den Vererbungsregeln (25 %) annähernd zu erwarten. Kinder mit dem Genotyp „Aa", die an der Achondroplasie leiden, kamen in Murdochs Studie zu 39,1 % vor. Dieser Prozentsatz liegt deutlich niedriger als es – nach MENDEL – mit 50 % statistisch zu erwarten wäre. Da die statistische Größe mit lediglich 14 untersuchten Ehepaaren jedoch nicht sehr hoch ist, kann annähernd davon ausgegangen werden, dass die Untersuchungen von Murdoch die theoretisch-statistischen Überlegungen bezüglich des Stammbaums stützen.

II.4 *Analysieren Sie die – durchaus provokanten – Expertenmeinungen vor dem Hintergrund von Material A, Material C und ihrem eigenen Wissen über genetisch bedingte Erkrankungen. Stellen Sie dafür zunächst die jeweiligen Meinungen, die aus* ***unterschiedlichen*** *Forschungsrichtungen stammen, dar und suchen Sie Belege für den entsprechenden Standpunkt. Abschließend kann eine eigenständige Wertung der beiden Standpunkte zusätzlich Punkte einbringen.*

Der zu beobachtende „väterliche Alterseffekt" wird von den beiden Wissenschaftlern, Karl Sperling und James Crow (Material C), verschiedenartig beurteilt. Bekannte Tatsachen sind z. B., dass Kinder von Vätern, die 40 Jahre alt sind, statistisch gesehen doppelt so häufig im Säuglingsalter versterben als diejenigen von 25-jährigen Männern. Auch für Achondroplasie ist ein deutlich höheres Risiko bei Kindern älterer Väter zu beobachten. Aus derartigen Erkenntnissen ziehen die beiden Wissenschaftler jedoch unterschiedliche Rückschlüsse, indem sie vor dem Hintergrund ihrer jeweiligen Forschungsgebiete argumentieren.

Karl Sperling ist Humangenetiker in Berlin. Für ihn steht in seiner täglichen Beratungsarbeit das jeweilige Individuum im Vordergrund. Er argumentiert mit statistischen Werten und sieht primär die Eltern und ihre möglichen Nachkommen, d. h., er bezieht sich bei seinen Aussagen auf maximal zwei Generationen (Eltern/Kinder). Sperling stellt heraus, dass ein vielfach höheres Risiko für die Vererbung von Erkrankungen durch ältere Väter selten ist. Er betrachtet eine Steigerung von 2 % (allgemeines Risiko) auf 2,1 % (Risiko bei einem 50-Jährigen) als nicht gravierend, sodass man ältere Väter beruhigen kann. Dies kann auch durch die Angaben aus Abbildung 2 im Material A bestätigt werden, da bei einem 50 Jahre alten Vater das Risiko, ein Kind mit erblichem Kleinwuchs zu zeugen, nur bei 0,017 % liegt. Beachtet man des Weiteren, dass die meisten bekannten Erbkrankheiten nicht dominant, sondern rezessiv vererbt werden, also für den Ausbruch der Erkrankung beide Allele den gleichen Defekt homozygot aufweisen müssen, verringert sich das individuelle Risiko deutlich. Trotz dieser Tatsache kann es aber ratsam sein, eine genetische Beratungsstelle aufzusuchen, wenn Männer in höherem Alter Vater werden möchten. Dies gilt vor allem dann, wenn in der Familie bereits Erbkrankheiten aufgetreten sind.

Demgegenüber argumentiert James Crow von der populationsgenetischen Seite her. Er hat nicht das Einzelindividuum, sondern viele Generationen mit zahlreichen Individuen im Blick. Vor diesem Hintergrund ist es für Crow bedenklich, dass im Laufe der Zeit immer ältere Väter immer mehr genetische Defekte in die menschliche Population eintragen werden. Für seine Überlegungen spricht, dass nach wissenschaftlichen Einschätzungen ein ansteigendes Risiko für Veränderungen im Erbgut mit zunehmendem Alter der Väter einhergeht. Dies gilt unabhängig davon, ob die Erkrankung dominant oder rezessiv vererbt wird. Je häufiger sich spätere Samenzellen über ihre Vorläuferzellen geteilt haben, desto höher steigt das Risiko – und zwar stärker als linear – für mutationsbedingte genetische Defekte im Laufe der einzelnen Teilungszyklen an. Von Generation zu Generation können sich so Defekte von immer älter werdenden Vätern im Genom der menschlichen Population immer stärker akkumulieren. Auch, wenn die meisten genetischen Erkrankungen rezessiver Natur sind, kann dadurch, dass immer mehr Menschen entsprechende Defekte in heterozygoter Form in sich tragen, die Anzahl erkrankter Individuen ansteigen.

Mit Blick auf die Entwicklung der menschlichen Population über viele zukünftige Generationen hinweg ist Crows Argumentation, fruchtbare, alte Männer stellten eine Gefahr für die menschliche Population dar, verständlich. Im individuellen Fall sollten solche Überlegungen aber für ein potenzielles Elternpaar mit einem älteren Mann keine Rolle spielen. Das Risiko, Kinder mit Erbkranheiten zur Welt zu bringen, darf hierbei nicht überbewertet werden.

Leistungskurs Biologie (NRW) – Abitur-Prüfung 2010
Aufgabe 3: Vorschlag 1 (aquatisches Ökosystem)

Aufgabenstellung: Punkte

Thema: Johannisbach und Obersee – Gewässergüte und Sanierungskonzept

III.1 Beschreiben Sie die Methode der Gewässergütebestimmung mit Hilfe des Saprobienindexes einschließlich der Berechnung und erklären Sie die Aussagekraft des Saprobienindexes über den ökologischen Zustand eines Fließgewässers (Material C). Ermitteln Sie anhand von Material C über den Saprobienindex die Gewässergüte des Johannisbaches am Messpunkt A (siehe Material A, Abbildung 1). Vergleichen Sie den Zustand des Johannisbaches am Messpunkt B mit dem Zustand nach der Passage durch den Obersee am Messpunkt A (Material B und C) und bewerten Sie den Zustand am Messpunkt B. Beurteilen Sie die im Jahr 2003 am Abfluss des Sees festgestellten Änderungen (Material B). 22

III.2 Erklären Sie anhand von Material A und D die Ursachen für den ökologischen Zustand des Obersees in Bielefeld vor Beginn der Sanierung im Jahre 2007. Bewerten Sie den ökologischen Zustand zu diesem Zeitpunkt. 12

III.3 Beschreiben Sie die jahreszeitlich bedingten Veränderungen der Temperatur und des Sauerstoffgehalts eines tiefen oligotrophen Sees und erläutern Sie, wie sich im Vergleich hierzu die chemischen Vorgänge und die Wasserqualität des Obersees in Bielefeld im Jahreslauf entwickeln. 20

III.4 Beurteilen Sie das in Material D dargestellte Sanierungskonzept im Hinblick auf die Veränderung des ökologischen Zustands des Obersees wie auch des Johannisbachs. 12

Material A: Der Obersee in Bielefeld – Basisdaten

Der Obersee liegt am nordöstlichen Stadtrand Bielefelds. Es handelt sich um einen 1982 durch ein 1,8 m hohes Wehr in der Johannisbachaue aufgestauten See, der einerseits dem Hochwasserschutz und andererseits der Freizeitnutzung dient. Schon wenige Jahre nach der Fertigstellung wurde deutlich, dass die vielen Menschen, die am See spazieren gingen, sich mehr wünschten, als nur den Blick aufs Wasser und eine schöne Grünanlage. Es entstanden zwei Kinderspielplätze und ein Bolzplatz westlich des Sees. Im Jahr 1989 wurde der „Seekrug" errichtet. Hier entwickelte sich eine Gastronomie mit Biergarten, Grillmöglichkeit und Sandstrandatmosphäre.
Zahlreiche Wasservögel, überwiegend Enten, die regelmäßig von Spaziergängern gefüttert werden, bevölkern den See.

Einzugsgebiet	Größe ca. 100 km^2
Flächennutzung im Einzugsgebiet	nördliches Einzugsgebiet: überwiegend landwirtschaftliche Nutzung südliches Einzugsgebiet: überwiegend Siedlungsfläche
Zuflüsse	Johannisbach, Jölle; in die Jölle und den Johannisbach münden oberhalb des Obersees: – zahlreiche Mischwasserüberläufe (bei heftigen Niederschlägen fließen Regenwasser und Abwasser gemeinsam zu) – die Abläufe von insgesamt vier Kläranlagen
Wasserfläche	Größe ca. 20 ha
Länge	ca. 950 m
größte Breite	ca. 300 m
maximale Tiefe	ca. 2,50 m
Volumen	ca. 400 000 m^3
durchschnittliche Abflussmenge	ca. 1,5 m^3/s
mittlerer Jahresdurchfluss	47,3 Millionen m^3

Basisdaten nach: http://www.bielefeld.de/de/un/obersee/entw

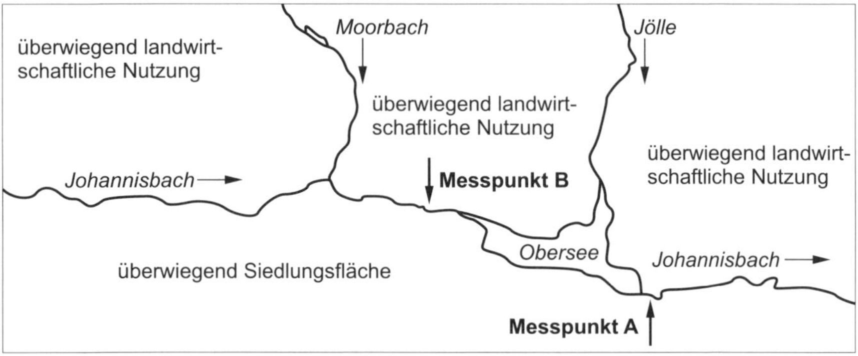

Abb. 1: Lageplan; die Pfeile an den Bächen geben die Fließrichtung an.
nach: https://www.bielefeld01.de/geo1/http/frames/index.php?&gui_id=stadtplan_jeder (05. 02. 2009)

Material B: Auszug aus dem Gewässergütebericht der Stadt Bielfeld zum Johannisbach

Die Quellbereiche des Johannisbaches liegen am Nordhang des Teutoburger Waldes. Danach fließt das Gewässer durch Siedlungsgebiete, wobei die Bevölkerungsdichte im Gewässerverlauf zunimmt. Nachdem der Johannisbach den Obersee durchquert hat, mündet das Gewässer im Nordosten der Stadt in die Aa. [...]

Die Gewässergüteuntersuchungen der vergangenen Jahre zeigten im Johannisbachoberlauf mäßige Belastungsverhältnisse (Gewässergüteklasse II). Demzufolge findet man hier Arten mit besonderen Ansprüchen. [...]

Interessant ist die Veränderung des Johannisbaches durch die Oberseepassage (siehe Material C, Untersuchung vom 02. 10. 2000).

Bei einer weiteren Untersuchung im Herbst 2003 wurden am Messpunkt A als weitere Art die Gewöhnliche Kugelmuschel *Sphaerium corneum* massenhaft vorgefunden (Häufigkeitsstufe 7). *Sphaerium corneum* ernährt sich von Nahrungspartikeln in Form von Plankton und Detritus, die sie aus dem Wasser filtert. *Sphaerium corneum* wird der Gütefaktor 2,3 zugeordnet.

Außerdem wurde im Jahre 2003 der Strudelwurm *Dugesia tigrina* an diesem Entnahmepunkt in größeren Mengen (Häufigkeitsstufe 5/Gütefaktor 2,2) neu vorgefunden, obwohl er am Messpunkt B (oberhalb des Obersees) nicht vorkam. *Dugesia tigrina* ist bekannt dafür, dass er sehr tolerant gegenüber organischen Verschmutzungen und Temperaturschwankungen ist.

Im Jahr 2003 ist der BSB_5-Wert am Messpunkt A unterhalb des Obersees im Vergleich zum Messpunkt B oberhalb des Obersees deutlich erhöht.

nach: Stadt Bielefeld, Umweltamt (2008), 17–19

Material C: Datenblatt zur Gewässeruntersuchung des Johannisbaches sowie Tabelle zur Auswertung

Auszug aus dem Gewässergütemessprogramm der Stadt Bielefeld (gekürzt)

Gewässer: Johannisbach Datum: 02. 10. 2000

Probestelle: **Messpunkt A:** am Abfluss des Johannisbaches aus dem Obersee in Schildesche, unterhalb des ca. 1,8 m hohen Stauwehrs (siehe Lageplan Material A)

Wetter: sonnig Lufttemperatur: 18,4 °C

chemische Untersuchung

Temperatur	14,5 °C
BSB_5	6,0 mg/ℓ
Ammonium (N)	0,03 mg/ℓ
Nitrit (N)	0,05 mg/ℓ
Nitrat (N)	1,3 mg/ℓ
Phosphat (P)	0,11 mg/ℓ
Sauerstoff	7,8 mg/ℓ

biologische Untersuchung

Art	h	s	h · s
Eintagsfliegenlarve	3	2,0	6,0
Bachflohkrebs	4	2,0	8,0
Köcherfliegenlarve	3	2,0	6,0
Schlammröhrenwurm	2	3,8	7,6
Wasserassel	3	2,8	8,4
Großer Schneckenegel	3	2,4	7,2
Schlammfliegenlarve	2	2,4	4,8
Rollegel	4	3	12,0
Abwasserpilz	2	3,6	7,2

h: Häufigkeit
s: Gütefaktor

$$\text{Saprobienindex } S = \frac{\sum(h \cdot s)}{\sum(h)} = 2{,}58$$

Gewässer: Johannisbach Datum: 02. 10. 2000

Probestelle: **Messpunkt B:** Johannisbach oberhalb des Obersees in Schildesche

Wetter: sonnig Lufttemperatur: 18,3 °C

chemische Untersuchung

Temperatur	14,4 °C
BSB_5	2,0 mg/ℓ
Ammonium (N)	0,1 mg/ℓ
Nitrit (N)	0,05 mg/ℓ
Nitrat (N)	2,1 mg/ℓ
Phosphat (P)	0,13 mg/ℓ
Sauerstoff	6,5 mg/ℓ

biologische Untersuchung

Es wurden an diesem Messpunkt keine Werte erhoben.

nach: Stadt Bielefeld, Umweltamt (2001), gekürzt

Tabelle 1: Zuordnung des Saprobienindexes und der chemischen Untersuchung zu Gewässergüteklassen

Güte-klasse	Grad der organischen Belastung	Saprobienindex	Sauerstoff (mg/ℓ)*	Ammonium (mg/ℓ)
I	unbelastet bis gering belastet	bis 1,49	> 8	Spuren
I–II	gering belastet	1,5–1,79	< 8,0	< 0,1
II	mäßig belastet	1,8–2,29	< 6,0	< 0,3
II–III	kritisch belastet	2,3–2,69	< 4,0	< 1,0
III	stark verschmutzt	2,7–3,19	< 2,0	< 1,5
III–IV	sehr stark verschmutzt	3,2–3,49	< 2,0	mehrere mg/ℓ
IV	übermäßig verschmutzt	3,5 und mehr	< 2,0	mehrere mg/ℓ

Güte-klasse	Nitrit (mg/ℓ)	Nitrat (mg/ℓ)	Phosphat (mg/ℓ)	BSB_5 (mg/ℓ)
I	0,02	< 1,0	< 0,03	< 1,0
I–II	< 0,1			< 2,0
II	< 0,2	< 5,0	< 0,5	< 5,0
II–III	< 0,5			< 7,5
III	< 4,0	> 5,0	< 5,0	< 11,0
III–IV	< 6,0			< 15,0
IV	< 8,0		> 5,0	> 15,0

* Bei der Löslichkeit von Sauerstoff in Wasser ist die starke Abhängigkeit von der Wassertemperatur zu beachten. Die maximale Löslichkeit beträgt bei 0 °C Wassertemperatur 14,2 mg Sauerstoff pro Liter, bei 15 °C 9,8 mg O_2/ℓ, bei 30 °C nur 7,5 mg O_2/ℓ.
verändert nach: Biologie-Zentrum Bustedt (1989), S. 15–17

Material D: Auszug aus dem Sanierungskonzept der Stadt Bielefeld für den Obersee (Stand 2005; Umsetzungen ab 2007)

Der Obersee ist mit etwa 20 Hektar das größte gestaute Gewässer Bielefelds. Mit dem Johannisbach und der Jölle fließen jedes Jahr etwa 4 000 m^3 Schlamm in den See. Bereits 1985 wurden erstmals 15 000 m^3 Sedimente mit einem Schwimmbagger entnommen und an den nördlichen Uferhängen aufgespült. Heute, im Jahre 2005, liegen schätzungsweise 120 000 m^3 Schlamm im See. Die Sedimente stammen aus der Regenwasserkanalisation und aus Abschwemmungen von landwirtschaftlichen Flächen. Die Schadstoffbelastungen sind gegenüber unbelasteten Böden deutlich erhöht, aber nach derzeitigem Kenntnisstand nicht so gravierend, dass die Sedimente auf einer Deponie abgelagert werden müssten.

Das Problem der Sedimentablagerung soll mit einer Entschlammung und Führung der beiden Bäche im Bypass gelöst werden. Durch den Bypass werden der Johannisbach und die Jölle um den Obersee herumgeleitet. Die mitgeführten Sedimente setzen sich nicht im See ab, sondern werden durch die Fließgeschwindigkeit flussabwärts transportiert. Durch die Bypass-Lösung werden die beiden Bäche außerdem wieder durchgängig und für Fische und andere Wassertiere passierbar.

Zur Regulierung der Wassermenge des Sees gibt es aber weiterhin die Möglichkeit, dem Obersee Wasser zuzuführen.

Zur Entschlammung des Obersees gehört auch die schadlose Beseitigung des anfallenden Schlamms. Seine Bergung mittels Saugbagger aus dem aufgestauten Obersee und der Transport des Schlamm-Wasser-Gemisches über Leitungen zu nahe gelegenen sogenannten Spülpoldern (Aufspülflächen) werden aus ökologischen und finanziellen Gründen als beste Lösung angesehen. Der entwässerte Schlamm wird anschließend mit maximal 200 000 Kubikmeter unbelastetem Boden landschaftsgerecht abgedeckt.

nach: http://www.bielefeld.de/de/un/obersee/sanierung

weitere Materialgrundlage:

Biologie-Zentrum Bustedt (1989). Gewässergütebestimmung – leicht gemacht; Bustedter Materialien Nr. 9/89, Hiddenhausen, 15–17

Stadt Bielefeld, Umweltamt (2001). Gewässergütemessprogramm der Stadt Bielefeld 2000/01

Stadt Bielefeld, Umweltamt (2008). Gewässergütebericht 2008 (CD), 17–19

http://www.bielefeld.de/de/un/obersee/entw (5. 2. 2009)

http://www.bielefeld.de/de/un/obersee/sanierung (5. 2. 2009)

https://www.bielefeld01.de/geo1/http/frames/index.php?&gui_id=stadtplan_jeder (05. 02. 2009)

Lösungsvorschlag

In der Aufgabe thematisierte Unterrichtsinhalte sind:
Zonierung eines Gewässers, Eutrophierung, Saprobienindex, Oligotrophie, Bestandsaufnahme eines Gewässers, Gewässergüte, aquatische Systeme, stehendes Gewässer, fließendes Gewässer, Gewässersanierung

III.1 *Die Arbeitsaufträge zur ersten Teilaufgabe sind zum einen sehr umfangreich, zum anderen müssen Sie fast alle Materialien bei Ihrer Bearbeitung heranziehen. Arbeiten Sie nacheinander alle gestellten Aufgaben ab. Sollten Sie im Unterricht die mathematische Formel zum Saprobienindex nicht kennengelernt haben, so hat das für Sie keinen Nachteil, da sie im Material C angegeben ist.*

Die Beurteilung eines Gewässers in seinem qualitativen Zustand ist ein wichtiges Kriterium, um die Gewässergüte bestimmen zu können. Bei der biologischen Untersuchung der Wasserqualität wird dafür der Saprobienindex herangezogen. Er gibt Auskunft über das Ausmaß der Abbauvorgänge in einem fließenden Gewässer (Saprobität). Der ermittelte Wert gibt ein Maß für die Sauerstoffzehrung in einem Gewässer an und ist somit ein Gradmesser für dessen langfristige organische (saprobielle) Belastung. Für die standardisierte Bestandsaufnahme bedient man sich sogenannter Zeiger- oder Leitorganismen, die für spezifische Umweltparameter eine unterschiedliche Empfindlichkeit aufweisen. Bei der Klassifizierung der jeweiligen Gewässergüte steht 1,0 für sauberes und fast unbelastetes Wasser und der Wert 4,0 für übermäßig verschmutztes, sehr stark belastetes Wasser. Die Übergänge sind fließend. Berechnet wird der Saprobienindex nach einer mathematischen Formel, die sich aus drei Komponenten zusammensetzt: dem Häufigkeitsfaktor eines Organismus (h), der zwischen 1 (einzelner Organismus) und 7 (Massenvorkommen) liegt und dem Gütefaktor (s). Er wird auch Saprobiewert genannt und kann zwischen 1 (geringe Saprobität) und 4 (sehr hohe Saprobität) liegen. Auf folgende Art wird der Saprobienindex (S) ermittelt: Der Wert für die Häufigkeit eines Organismus wird mit dem Wert des Gütefaktors multipliziert. Diese Berechnung führt man für alle Organismen im untersuchten Areal durch. Anschließend werden die ermittelten Produktwerte summiert. Der so gewonnene Zahlenwert wird anschließend durch die Summe aller Häufigkeitswerte der untersuchten Organismen dividiert. Daraus ergibt sich der Wert für den dimensionslosen Saprobienindex.

Für den Johannisbach betrug der Wert des Saprobienindexes am Messpunkt A im Jahr 2000 2,58. Dies entspricht einer Gewässergüteklasse von II bis III, d. h., das Gewässer war in diesem Abschnitt kritisch belastet. Der Messpunkt A lag an der Stelle, an welcher der Johannisbach den Obersee verlässt, und der Aa zufließt. Der Messpunkt B lag vor der Einmündung des Fließgewässers in den Obersee. Werden die dort ermittelten Werte der chemischen Untersuchung mit denjenigen des ersten Messpunktes verglichen, so können folgende Aussagen gemacht werden: Die meisten Parameter veränderten sich nach dem Durchfluss des Johannisbaches durch den Obersee nicht nennenswert. Lediglich der BSB_5-Wert weist darauf hin, dass der Johannisbach nach seiner Passage durch den Obersee deutlich stärker mit organischen Bestandteilen belastet war als vorher. Am Messpunkt A war dieser Wert, der den Abbau freien, gelösten Sauerstoffs durch Mikroorganismen unter definierten Bedingungen beschreibt, deutlich höher als vor dem Einfluss in den Obersee. Der Wert 6,0 mg/ℓ zeigt an, dass dort mehr Sauerstoff für die Zersetzung organischer Bestandteile benötigt wurde als am Messpunkt A mit nur 2,0 mg/ℓ. Daraus lässt sich schließen, dass der Fluss vor seiner Einmündung in den Obersee noch nicht kritisch belastet war. Die übrigen im Jahr 2000 am Punkt B erhoben Messwerte unterstützen diese Annahme. Ammonium und Nitrit, kritische Abbauprodukte des Stickstoffkreislaufs, kamen mit 0,1 bzw. 0,05 mg/ℓ nicht in bedenklichen Konzentrationen vor. Auch von Nitrat und Phosphat ging keine eutrophierende Wirkung aus. Der Phosphatwert war mit 0,13 mg/ℓ nicht besonders hoch und auch für das Endprodukt der Nitrifikation, das Nitrat, lag er bei lediglich 2,1 mg/ℓ. Ein Blick auf den Sauerstoffgehalt lässt erkennen, dass das Wasser am Messpunkt B mit einem Wert von 6,5 mg/ℓ lediglich gering belastet war. Hierauf deutet auch der BSB_5-Wert von 2,0 mg/ℓ hin. Vor dem Einfluss in den Obersee war der Johannisbach damit lediglich gering organisch belastet. Dies rechtfertigt, dass das Fließgewässer in den vergangenen Jahren in die Gewässergüteklasse I–II eingeordnet wurde.

Betrachtet man nun die 2003 am Abfluss des Sees festgestellten Veränderungen (Material B), so ergibt sich ein zwiespältiges Bild. Zunächst weist der immer noch „deutlich erhöht(e)“ BSB_5-Wert darauf hin, dass der See und der daraus abfließende Johannisbach weiterhin belastet waren. Das massenhafte Vorkommen der Kugelmuschel *Sphaerium corneum*, welche Plankton und Detritus unterhalb des Obersees aus dem Wasser filtert, ist des Weiteren ein klarer Hinweis auf eine „Algenblüte“ im Obersee. Auch dieses starke Algenwachstum ist damit ein untrügliches Zeichen dafür, dass immer noch eine hohe organische Belastung des Gewässers vorlag. Auf der anderen Seite kam neben der stark verbreiteten Kugelmuschel erstmals auch ein Strudelwurm, *Dugesia tigrina*, vor. Beide Arten sind Zeigerorganismen für Verschmutzungen in einem Gewässer, belegen mit ihren Gütefaktoren von 2,3 bzw. 2,2 jedoch gleichzeitig, dass die Belastung des Gewässers eher gemäßigt war und nicht als kritisch angesehen werden musste.

III.2 *Obwohl nur Material A und D als Arbeitsgrundlagen angegeben sind, benötigen Sie für eine angemessene Bearbeitung der Aufgabenstellung ebenfalls die Informationen aus Material B.*

Wie aus Material B zu erschließen ist, hatte der Obersee in Bielefeld bis 2005 ein Eutrophierungsproblem. Die Ursache hierfür ergibt sich zum einen aus seinem Einzugsgebiet und zum anderen aus den umliegenden Gebieten. Sowohl im Norden als auch im Osten grenzen überwiegend landwirtschaftlich genutzte Flächen direkt an das Gewässer. Mit dem Regenwasser kann so organischer

(Jauche, Gülle) bzw. anorganischer (Nitrate, Phosphate) Dünger ausgeschwemmt und in den See eingetragen werden. Dies führt bei einer intensiven landwirtschaftlichen Nutzung der Flächen zu einer starken organischen Belastung des Gewässers. Zum Einzugsgebiet des Obersees gehören insgesamt drei Flüsse, welche direkt oder indirekt in den See münden und mit ihrem Wasser weitere Belastungen für das Gewässer mit sich führen. Alle drei Flüsse fließen durch landwirtschaftlich genutzte Gebiete und können so zusätzlichen Dünger einbringen. Über den Johannisbach, den Moorbach und die Jölle gelangen darüber hinaus die Abläufe von insgesamt vier Kläranlagen in den Obersee, wodurch weitere organische Bestandteile in den See gelangen. Bei heftigen Niederschlägen ergießt sich mit dem Regen zusätzlich Abwasser in den See, da die drei Zuflüsse zahlreiche Mischwasserabläufe besitzen. Wie aus Material A hervorgeht, wird die am Obersee beheimatete Entenpopulation von Erholung suchenden Seebesuchern ausgiebig gefüttert. Futterreste sinken auf den Grund des Sees und auch die gefütterten Tiere sorgen durch ihre Ausscheidungen für einen weiteren Eintrag organischer Verbindungen. Gelangt immer mehr organisches Material in den See, führt dies zu einer stetigen Erwärmung des Gewässers. Die Destruenten am Grund des Sees leisten – nach der RGT-Regel – bei höheren Temperaturen eine schnellere Zersetzungsarbeit. Dies führt sowohl zu einer verstärkten Sauerstoff-Zehrung als auch zu einem weiteren Absinken des O_2-Gehaltes, da sich Sauerstoff in wärmerem Wasser schlechter löst als in kaltem.

Bei einer Bewertung des ökologischen Zustandes vor dem Zeitpunkt der Sanierung müssen die folgenden Punkte berücksichtigt werden: Trotz der Tatsache, dass man allgemein – wie in III.1 dargelegt – von einem nur mäßig belasteten Gewässer sprechen kann, sind doch einige ökologische Tatsachen bedenklich. Sie führen zu einer eher kritischen Einschätzung des Gewässerzustandes. Zu nennen ist hier die extensive Nutzung des Gewässers zur Freizeitgestaltung, die sich über Aktivitäten wie Grillen, „Strandbadnutzung“ und Gastronomie bis hin zu unnötiger Tierfütterung erstreckt. Belastet wird das Ökosystem Obersee des Weiteren durch die vielfältige Zuleitung von Nährstoffen. Hinzu kommen schließlich die (vor allem im Material D angesprochenen) hohen Einträge an Schadstoffen in das Gewässer, die sich zusammen mit enormen Mengen an Sedimentmaterial am Gewässergrund ablagern. Dies wirkt sich besonders gravierend aus, da der Obersee mit maximal 2,50 Metern nicht besonders tief ist. Bei einer Ausdehnung von ca. 20 ha (große Oberfläche) kann sich das Gewässer zudem stark erwärmen, wodurch der O_2-Gehalt noch weiter verringert wird.

III.3 *Der erste Teil der Aufgabe erfordert von Ihnen eine reproduktive Darlegung der sich in einem See abwechselnden Stagnation und Zirkulation. Danach sollten Sie bei Ihren Erläuterungen zu den Verhältnissen im Bielefelder Obersee nicht vergessen, dass dieser nur 2,50 Meter tief ist. Auch ein Blick in die Tabelle 1 von Material C kann Ihnen bei der Einschätzung der Bedeutung der Gewässertemperatur weiterhelfen.*

Die jahreszeitlich bedingten Veränderungen der Temperatur und des Sauerstoffgehalts eines tiefen oligotrophen, d. h. nährstoffarmen, Sees folgen einem genauen Schema, bei dem sich Stagnation und Zirkulation der Wassermassen abwechseln: Im Frühjahr und im Herbst wird das Wasser im See – angetrieben durch starke Winde – kräftig durchgemischt. Dass eine starke Zirkulation (Vollzirkulation) vorherrscht, ist daran zu erkennen, dass der Sauerstoffgehalt in allen Bereichen des Sees gleich hoch ist. Der See „holt Luft". Die Temperatur fällt zum Gewässergrund hin ab, an dem sich das schwerere 4 °C warme Wasser sammelt (Dichteanomalie). Im Sommer und Winter wird das Seewasser hingegen kaum durchmischt. Dieser Zustand wird mit dem Fachbegriff Stagnation bezeichnet. Während der Sommerstagnation finden nur in den oberen Wasserschichten, dem Epilimnion, Teilzirkulationen statt. In den mittleren (Metalimnion) und tiefen (Hypolimnion) Seeschichten stagniert das Wasser. Im Metalimnion ist sowohl in Bezug auf die Temperatur als auch auf den Sauerstoffgehalt des Wassers ein Sprung zu beobachten. In dieser Sprungschicht fällt die Temperatur innerhalb weniger Meter um 15 °C ab. Ebenso verringert sich der Sauerstoffgehalt, der im Sommer am niedrigsten ist, innerhalb des Metalimnions deutlich. Diese Tendenz setzt sich zum Boden des Sees hin fort. Im Winter, wenn eine Eisschicht den See bedeckt, ist auch keine Zirkulation möglich. Die Wassertemperatur steigt hier mit zunehmender Wassertiefe an, der Sauerstoffgehalt nimmt zum Boden hin drastisch ab, erreicht aber nicht die niedrigen Werte des Sommers. Da auch hier das Wasser am Boden 4 °C warm ist, können Tiere in Bodennähe den Winter überleben.

Im Vergleich hierzu entwickeln sich die chemischen Vorgänge und die Wasserqualität des Obersees in Bielefeld im Laufe der Jahreszeiten deutlich anders. Bereits von seiner Anlage her liegen beim Obersee in zwei Punkten andere Verhältnisse vor: Im Gegensatz zu einem oligotrophen See ist der Obersee reich an Nährstoffen und darüber hinaus mit maximal 2,50 Metern Tiefe für einen See äußerst flach. Im Frühjahr wird auf die Felder, die um das Gewässer herum liegen, Dünger in Form von Pflanzennährstoffen und Mineralsalzen aufgebracht. Durch Auswaschung bei Regengüssen gelangen diese Substanzen in den Obersee und führen zu einer deutlichen Belastung des Gewässers. Als Resultat hieraus wird die bereits natürlich vorhandene Tendenz zur Eutrophierung zusätzlich noch dadurch verstärkt, da auch über die Zuflüsse Dünger und organisches Material eingetragen werden. Im Sommer kann sich eine Sommerstagnation mit ihrer ausgeprägten Schichtung des Gewässers aus mehreren Gründen nicht ausbilden: Zum einen ist das Gewässer viel zu flach und zum anderen kommen über seine Zuflüsse ständig neue Wassermassen in den Obersee, die für eine Sommer**zirkulation** sorgen. Das zufließende Wasser sorgt für eine komplette Durchmischung und einen partiellen Austausch der Wassermasse, wodurch O_2-haltiges, warmes Wasser bis zum Grund des Obersees gelangt. Dadurch wird bei nitrifizierenden Bakterien am Seegrund die Bildung von NO_3^- (Nitrat) durch Oxidation intensiviert. Das durch die Nitrifikation entstandene Nitrat wird dann – ebenso wie das im Wasser gelöste Kohlenstoffdioxid – im ganzen

See verteilt. Damit existieren auch am Grund des Obersees beste Voraussetzungen für Fotosynthese betreibende Organismen, vor allem für das Plankton. Hieraus resultiert, dass es überall im See zu einer guten O_2-Versorgung und zu keinen anaeroben Stoffwechselprozessen kommt bzw. nur in sehr geringem Maße. Da keine anaeroben Vorgänge ablaufen, werden auch deren Stoffwechsel-Abbauprodukte wie H_2S (Schwefelwasserstoff), NH_4^+ (Ammoniumionen) und NH_3 (Ammoniak) nicht gebildet. Trotzdem kann es auch im Sommer zur Bildung von anaeroben Stoffwechsel-Endprodukten kommen. Hierfür muss aber eine erhöhte Biomasseproduktion verbunden mit einem starkem O_2-Verbrauch durch aerobe Abbauprozesse vorliegen. Gleichzeitig muss (wie Tabelle 1 im Material C verdeutlicht) die Temperatur des Wassers so hoch sein, dass nur sehr wenig im Seewasser gelöster Sauerstoff vorkommt. Eine derartige Entwicklung hat für das Überleben der meisten Organismen im See verheerende Auswirkungen. Im Herbst und Winter gibt es im Normalfall keine landwirtschaftlichen Aktivitäten auf den Feldern, von dieser Quelle her erfolgt also kein weiterer Eintrag organischer Stoffe und Nährsalze in den Obersee. Die Zuflüsse leiten mit ihrem Wasser allerdings in beiden Jahreszeiten weiter die Mischwasserüber- und Kläranlagenabläufe in den See. Gegen Ende des Jahres verringert sich die Wassertemperatur. Dies hat zur Folge, dass sich Sauerstoff im kälteren Wasser des Sees besser lösen kann. Die Menge an gelöstem Sauerstoff erhöht sich zusätzlich dadurch, dass nach der RGT-Regel mit abnehmender Temperatur auch die Sauerstoff zehrenden Prozesse im See nicht mehr so intensiv ablaufen können. Eine Stagnation wird aber – wie im Sommer auch – nicht eintreten, da der Wasserkörper durch seine Zuflüsse ständig umgewälzt wird.

III.4 *Bei der Bearbeitung ist Textanalyse und ein genaues Durcharbeiten von Material D, am besten mit Textmarker, gefragt. Wenn Sie unterschiedliche Farben benutzen, können Sie z. B. die Veränderungen an den Flüssen bzw. am Obersee unterschiedlich markieren. Eine andere übersichtliche Strukturierung des Textes wäre eine farblich verschiedene Markierung der Veränderungen, die sich – Ihrer Meinung nach – positiv bzw. negativ auswirken. Als Abschluss bietet sich eine persönliche Einschätzung zu den angedachten Maßnahmen an.*

Material D liefert einen Überblick über das Sanierungskonzept der Stadt Bielefeld für den Obersee. Die hier im Jahr 2005 angedachten und ab 2007 umgesetzten Maßnahmen wirken sich insgesamt zwiespältig auf den ökologischen Zustand des Obersees aus. Sie können alles in allem aber weder als durchweg positiv noch als überwiegend negativ angesehen werden. Eine positive Veränderung des ökologischen Zustands des Obersees stellt in jedem Fall die Reduzierung des vielfältigen Nährstoffeintrags in das Gewässer dar. Zu nennen sind hier sowohl das organische Material als auch organische bzw. anorganische Dünger, die über Johannisbach, Moorbach und Jölle in den See gelangen. Gleiches gilt für die mitgeführten Sedimente der Flüsse und in ihrem Gefolge eingelagerte Schadstoffe, die nach einer Bypass-Lösung nicht mehr in den Obersee gelangen. Auch das Ausbaggern des Gewässers wirkt sich positiv aus. Eine

Entschlammung entfernt die nährstoffreichen Sedimente und es kommt zu einer geringeren Produktion schädlicher Abbauprodukte durch Anaerobier, da ihnen dadurch die Lebensgrundlage entzogen wird. Eher kritisch ist am Sanierungskonzept der Stadt anzumerken, dass eine freizeitliche Nutzung des Gewässers nicht eingeschränkt wird und ökologische Belastungen – z. B. durch das übermäßige Füttern der Wasservögel – nicht unterbunden werden. Hier zeigt sich erneut das Problem, dass dem berechtigten Wunsch der Stadtbewohner nach Bereichen mit Erholungs- und Freizeitqualität durchaus sinnvolle ökologische Schutzmaßnahmen für ein Gewässer entgegenstehen können. Auch eine Einschränkung der landwirtschaftlich genutzten Flächen im direkten Umfeld des Sees wurde von der Stadt nicht in Betracht gezogen. Mit einer solchen Maßnahme könnten weitere, unerwünschte und das Ökosystem belastende Einträge vermieden werden. Unverständlicherweise wird eine andere – durchaus Erfolg versprechende – Entscheidung nicht in Betracht gezogen, nämlich das tiefere Ausbaggern des Gewässers. Einer übermäßigen Erwärmung des Sees in den Sommermonaten könnte dadurch deutlich entgegengewirkt werden, was wiederum den Sauerstoffmangel im Gewässer beheben würde. Eine weitere landschaftsbauliche Maßnahme der Stadt Bielefeld ist dagegen zu befürworten. Durch die Bypass-Lösung für den Johannisbach und die Jölle können mehrere positive Effekte erzielt werden: Zum einen kann – wie oben bereits erwähnt – die Ablagerung von Fluss-Sedimenten im Obersee verhindert werden, da diese bei einer Umleitung in ein neues Flussbett am See vorbeigeleitet werden. Zum anderen werden beide Bäche „wieder durchgängig und für Fische und andere Wassertiere passierbar“.

Abschließend stellt sich die Frage, welche Maßnahmen (auch unter dem Vorzeichen leerer Stadtkassen) tatsächlich umgesetzt wurden. Es bleibt zu hoffen, dass bei einer Sanierung des Obersees und seiner Zuflüsse nicht – wie so oft – ökonomische Zwänge den Vorrang vor ökologischen Notwendigkeiten bekamen.

Leistungskurs Biologie (NRW) – Abitur-Prüfung 2010
Aufgabe 3: Vorschlag 2 (terrestrisches Ökosystem)

Aufgabenstellung: Punkte

Thema: Flechten als Bioindikatoren der Luftqualität

III.1 Beschreiben Sie anhand von Material A den Aufbau einer Blattflechte und erklären Sie die Funktion ihrer verschiedenen Schichten für die beiden Organismenarten. Stellen Sie die Vor- und Nachteile des Zusammenlebens von Pilz und Alge dar und erörtern Sie, ob es sich bei der Lebensgemeinschaft von Pilz und Alge um eine Symbiose oder Parasitismus entsprechend der Definitionen in Material B handelt. Begründen Sie, wieso sich Flechten gut als Bioindikatoren für die Luftqualität eignen (Material A). 18

III.2 Fassen Sie die Ergebnisse der Untersuchung in Düsseldorf (Material C, Tabelle 1 und 2) zusammen. Leiten Sie aus dem Material einen Zusammenhang zwischen der Verkehrsdichte und der Nährsalzversorgung von Flechten ab. Begründen Sie unter Auswahl geeigneter Rasterquadrate die räumliche Verteilung der Artenzahl. 20

III.3 Skizzieren Sie den natürlichen Stickstoffkreislauf. Stellen Sie die verkehrsbedingten Stickstoffeinträge (Material E) durch eine Ergänzung in der Skizze dar. 10

III.4 Fassen Sie die Untersuchungsergebnisse der Messpunkte zusammen (Material D) und ermitteln Sie für *Parmelia sulcata* den Zusammenhang zwischen Häufigkeit, Verkehrsbelastung und Stickstoffgehalt (Material C, Tabelle 2 und Material E). 8

III.5 Erläutern Sie, warum sich die Flechte *Phaeophyscia orbicularis* besonders als Indikator für hohe Ammoniakbelastungen eignet (Material C, Tabelle 2 und Material E). 10

Material A: Flechten

Flechten wachsen auf Erde, Steinen und Baumrinde. Ein Pilz lebt mit mindestens einer Algenart in so engem Kontakt zusammen, dass sie äußerlich als ein Lebewesen erscheinen. Oft besitzen Flechten mit keinem der sie aufbauenden Partner eine Ähnlichkeit. Sie sind zu zahlreichen Leistungen fähig, z. B. der Synthese bestimmter Inhaltsstoffe, die weder von dem Pilz noch der Alge allein erbracht werden können.

Innerhalb der Flechte erhält der Pilz, der selber keine Photosynthese betreiben kann, die zu seiner Existenz notwendigen Kohlenhydrate von der Alge. Die Alge ist in der Umhüllung durch das Pilzgeflecht vor raschem Wasserverlust, vor intensiver Sonneneinstrahlung und vor algenfressenden Tieren geschützt. Das Pilzgeflecht der Markschicht verläuft überwiegend parallel zur Oberfläche und besitzt ausgiebige Lufträume. Flechten können Standorte besiedeln, die weder Pilz noch Alge erfolgreich einnehmen könnten. Die Algenarten kommen auch frei lebend (außerhalb der Flechte) vor, während die Pilzarten nur gemeinsam mit der jeweiligen Algenart gedeihen können.
Ein und dieselbe Algenart kann in verschiedenen Flechtenarten zu finden sein.
Flechten nehmen Wasser und Nährsalze über die gesamte Oberfläche meist direkt aus der Luft auf. Flechten werden als Bioindikatoren für die Luftqualität verwendet. Bioindikatoren sind Organismen, die auf eine Veränderung in der Schadstoffbelastung mit einer deutlichen und eindeutigen Veränderung ihrer Lebensfunktionen antworten und dadurch eine bestimmte Umweltqualität anzeigen.

verändert nach: Kirschbaum, Ulrich, Wirth, Volkmar (1997), S.8/9

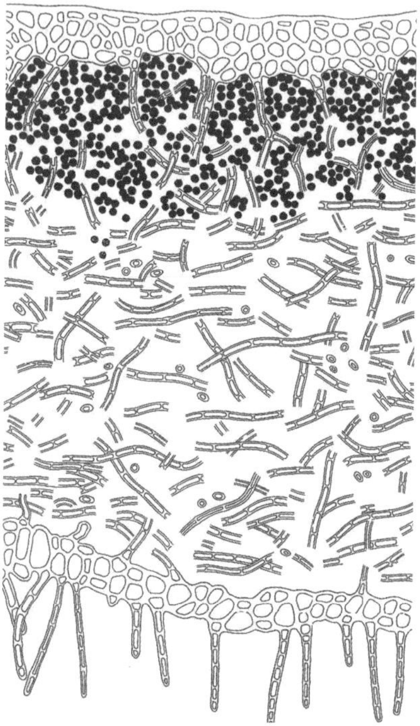

Abb. 1: Mikroskopischer Querschnitt durch eine Blattflechte (von oben nach unten):
- obere Rinde aus festem Pilzgeflecht,
- Algenschicht (schwarz),
- Markschicht aus lockerem Pilzgeflecht, untere Rinde mit Rhizinen (Haftorgane).

nach: Kirschbaum, Ulrich, Wirth, Volkmar (1997). S. 28

Material B: Interspezifische Beziehungen

In einem Schulbuch findet man folgende Definitionen für Beispiele interspezifischer Beziehungen:
Unter Parasitismus versteht man die Beziehung zwischen zwei Arten zum Nutzen der einen und zu Lasten der anderen.
Eine Symbiose ist „eine Beziehung zwischen artverschiedenen Lebewesen, die für beide Partner vorteilhaft und durch enges räumliches Zusammenleben gekennzeichnet ist."

Definition „Symbiose" nach: Jaenicke, J. & Paul, A. (2004). S. 484

Material C: Flechtenkartierung in Düsseldorf

Im Jahr 2003 wurde das Vorkommen von Flechten auf Bäumen im Stadtgebiet von Düsseldorf mittels eines standardisierten Verfahrens systematisch erfasst. Diese Untersuchung ermöglichte Rückschlüsse auf die Luftqualität. Die folgenden Graphiken zeigen zwei 9 bzw. 10 km lange, nebeneinander liegende Ausschnitte des Stadtgebiets. Sie verlaufen vom nördlichen Stadtrand durch die Innenstadt zum gegenüberliegenden südlichen Stadtrand. Die einzelnen Rasterquadrate haben jeweils eine Seitenlänge von 1 km. Der Straßenverkehr ist im Stadtzentrum am intensivsten und nimmt zum Stadtrand hin ab.

Tabelle 1: Luftbelastung in Düsseldorf und Anzahl bzw. N-Zahl (Stickstoffzahl nach Ellenberg) der im gleichen Raum kartierten Flechtenarten

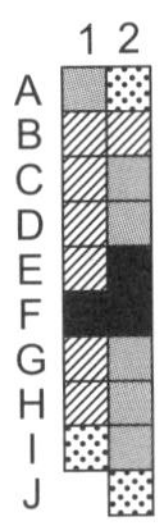	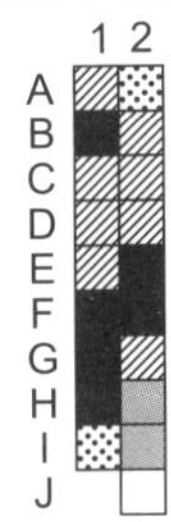	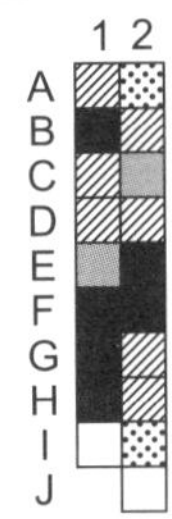
C1: Luftbelastung durch gasförmige Substanzen sowie mit Nähr- und Schadstoffen beladenen Stäuben	**C2:** Anzahl der Flechtenarten pro Baum und Rasterquadrat; Mittelwerte	**C3:** N-Zahl der Flechten; Mittelwerte (Erläuterung siehe unten)
hoch bis sehr hoch hoch noch hoch mäßig gering bis mäßig 	3,4–5,9 6,0–8,5 8,6–11 11,1–13,6 13,7–16,3 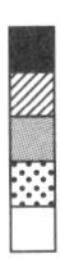	> 5,7–6,3 > 5,4–5,7 > 5,1–5,4 > 4,7–5,1 > 4,3–4,7 

zusammengestellt nach: Stapper, Norbert & Kricke, Randolph (2004). S. 187–208

Stickstoffzahl nach Ellenberg (Erläuterung verändert):
N-Zahl der Flechte: Nährsalzversorgung der Baumrinde
1 = Baumrinde sehr mineralarm
2 = Baumrinde mineralarm
3 = Baumrinde mäßig mineralreich, keine Eutrophierung
4 = Baumrinde mäßig mineralreich, sehr geringe Eutrophierung
5 = Baumrinde mineralreich, mäßig mit nährsalzreichem Staub behaftet
6 = Baumrinde mineralreich, mit nährsalzreichem Staub behaftet
7 = nährsalzreiche Baumrinden, häufige Staubanhaftung
8, 9 = kommen auf Baumrinde nicht vor

Tabelle 2: Vorkommen von Flechtenarten in Düsseldorf an Straßen mit verschiedener Verkehrsbelastung

Flechtenart	N-Zahl	Mittlere Häufigkeit des Vorkommens in Rasterquadraten	
		an gering befahrenen Wirtschaftswegen und Nebenstraßen	an zwei- bis mehrspurigen Hauptstraßen bzw. Autobahnen
Hypogymnia physodes	2	0,75	0,48
Melanelia subaurifera	4	1,89	0,85
Parmelia sulcata	4	3,27	1,39
Phaeophyscia nigricans	7	0,20	1,69
Phaeophyscia orbicularis	7	3,95	6,29
Physcia tenella	6	14,04	11,17

N-Zahl: Stickstoffzahl der einzelnen Flechtenart nach ELLENBERG, siehe Tabelle 1
gekürzt nach: Stapper, Norbert & Kricke, Randolph (2004). S. 187–208

Material D: Verkehrsbelastung, Flechtendiversität und dazugehörige Stickstoffzahl sowie Stickstoffgehalt der Flechte Parmelia sulcata an verschiedenen Messpunkten in Düsseldorf

Tabelle 3: Verkehrsbelastung, Flechtendiversität und dazugehörige Stickstoffzahl sowie Stickstoffgehalt der Flechte *Parmelia sulcata* an verschiedenen Messpunkten in Düsseldorf

Messpunkt in Düsseldorf	Verkehrs-belastung	Flechten-diversitäts wert (FDW*)	mittlere Stickstoffzahl (N-Zahl) aller Flechten am Messpunkt	Stickstoffgehalt der Flechte *Parmelia sulcata* am jeweiligen Messpunkt in Prozent des Trockengewichts
Stadion	gelegentlich, kurzzeitig hoch	44,3	4,6	2,47
Messegelände	gelegentlich, kurzzeitig hoch	45,7	4,7	2,62
Mörsenbroich	permanent hoch	25,4	5,4	4,10
Corneliusstraße/ Fürstenwall	permanent hoch	17,1	6,0	4,08
Lessingplatz	mäßig/Parken	33,8	4,8	2,85
Benrath	gering	38,2	4,9	2,24

neu zusammengestellt nach: Stapper, Norbert, Franzen-Reuter, Isabelle & Frahm, Jan-Peter, (2005) S. 84–89, Erich Schmidt Verlag

*** FDW = Flechtendiversitätswert**
Der FDW ist ein Maß für die durchschnittliche Artenzahl am Standort: Zur Bildung dieses Wertes wird die Artenanzahl an der Nord-, Ost-, Süd- und Westseite der jeweiligen Bäume ermittelt und summiert. Dadurch werden manche Arten mehrfach erfasst und der Diversitätswert ist unter Umständen höher als die eigentliche Artenzahl.
Werte < 20: geringe Diversität
Werte zwischen 20 und 40: geringe bis mäßige Diversität
Werte > 40: mäßige bis hohe Diversität

Material E: Verkehrsbedingter Eintrag von Stickstoffverbindungen und die Aufnahme von Stickstoffverbindungen durch Flechten

Stickoxide (NO_x) und Ammoniak (NH_3) werden durch den Betrieb von Benzinmotoren freigesetzt. Die bevorzugte Stickstoffquelle von Flechten sind Ammoniumionen (NH_4^+), aus der Reaktion zwischen Wasser und Ammoniak). Ammoniak reagiert in der Luft sehr schnell mit Stickoxiden (NO_x) oder Schwefeldioxid (SO_2) zu festem Ammoniumnitrat (NH_4NO_3) bzw. Ammoniumsulfat ($(NH_4)_2SO_4$). Diese beiden Verbindungen sind Düngesalze, wie sie auch in Gartencentern erhältlich sind. Diese Salze bilden einen Teil des Staubs in der Luft.

verändert nach: Frahm, Jan-Peter (2006). 164–167; Frahm, Jan-Peter (2008), S. 94–101

weitere Materialgrundlage:

Frahm, Jan-Peter (2006). Der Einfluss von Ammoniak auf Stickstoff liebende Flechten in verkehrsbelasteten Gebieten. Immissionsschutz (4), 164–167

Frahm, Jan-Peter (2008). Nitrophile Moose und Flechten nehmen zu – Überdüngung und Versalzung durch Katalysatoren? Biologie in unserer Zeit 38: 94–101

Jaenicke, Joachim & Paul, Andreas (2004). Biologie Heute entdecken SII, Schroedel Verlag, S. 484

Kirschbaum, Ulrich, Wirth, Volkmar (1997). Flechten erkennen – Luftgüte bestimmen. 2. Aufl., Ulmer, Stuttgart. S. 8–9 (gekürzt und verändert)

Masuch, G. (1993). Biologie der Flechten. Quelle & Meyer, Heidelberg

Stapper, Norbert & Kricke, Randolph (2004). Epiphytische Moose und Flechten als Bioindikatoren von städtischer Überwärmung, Standorteutrophierung und verkehrsbedingten Immissionen. Limprichtia 24: 187–208 (Transekte aus Kartenmaterial)

Stapper, Norbert, Franzen-Reuter, Isabelle & Frahm, Jan-Peter (2005). Stickstoffgehalte in der Blattflechte Parmelia sulcata als Indikator atmosphärischer Stickstoffeinträge in einer Großstadt am Beispiel Düsseldorf. Immissionsschutz (3), 84–89 (Tabelle neu zusammengestellt) Erich Schmidt Verlag

Lösungsvorschlag

In der Aufgabe thematisierte Unterrichtsinhalte sind:
Symbiose, Parasitismus, Flechte, Bioindikator, Vegetationsaufnahmen, Standortfaktoren, Zeigerwerte, Beziehungen zwischen Organismengruppen, Habitatfaktoren, Konkurrenz, Koexistenz, biogeochemischer Stickstoffkreislauf, Düngesalze

III.1 *Bei diesem Aufgabenteil steht die Textanalyse im Vordergrund. Mit unterschiedlichen Farben können Sie die Informationen zu Pilz und Alge jeweils für sich kenntlich machen. Dies hilft Ihnen bei der geforderten Beschreibung und der Abgrenzung der Lebensgemeinschaft Flechte zwischen Symbiose und Parasitismus.*

Flechten stellen ein Zusammenleben eines Pilzes mit mindestens einer Algenart dar. Pilz und Alge bilden dabei eine morphologische und physiologische Einheit. Bei der Betrachtung ihres Aufbaus ist festzustellen, dass eine Blattflechte sich aus mehreren Schichten zusammensetzt. Auf eine obere Rinde aus festem Pilzgeflecht, die dem Schutz dient, folgt eine Schicht, in der die Algen angesiedelt sind. An diesen fotosynthetisch aktiven Bereich schließt sich eine umfangreiche Markschicht aus lockerem Pilzgeflecht an, in der zahlreiche Lufträume existieren. Ihre Aufgabe ist es, den Gasaustausch (CO_2/O_2) zu gewährleisten. Eine weitere Rindenschicht mit Rhizinen als Haftorgane schließt die Blattflechte nach unten hin ab. Das Zusammenleben von Alge und Pilz bietet beiden Partnern einige Vorteile: So erhält der Pilz, der selber nicht zur Fotosynthese befähigt ist, Kohlenhydrate von den Algen. Diese wiederum sind durch ihre Lage im Pilzgeflecht vor Austrocknung, zu intensiver Sonneneinstrahlung und Fraß geschützt. Für eine Flechte gilt, dass das Ganze mehr ist als nur die Summe der Teile, denn eine Flechte kann Stoffe synthetisieren, die jeder der beiden Partner alleine nicht produzieren kann. Zusammen können sie auch Lebensräume erobern, die ihnen als einzelne Arten verschlossen bleiben. Mit Blick auf die ernährungsphysiologische Seite der Zweierbeziehung muss allerdings kritisch angemerkt werden, dass die Algen einen Teil der von ihnen produzierten Kohlenhydrate an den Pilz abgeben müssen. Dieser Nachteil wiegt aber die eben beschriebenen Vorteile keinesfalls auf und so kann von der Beziehung Alge – Pilz als einer echten Symbiose gesprochen werden. Aus diesem symbiotischen Verband zweier Lebewesen kann jeder der Partner für sich Vorteile ziehen. Bei der Frage, warum sich Flechten gut als Bioindikatoren für die Luftqualität eignen, kann die Lebensweise dieses Organismus für die Begründung herangezogen werden. Flechten nehmen sowohl Wasser als auch die von ihnen benötigten Nährsalze über ihre gesamte Oberfläche direkt aus der Umgebungsluft auf. Dadurch ist es ihnen möglich, auf Veränderungen in ihrer Umgebung, z. B. auf eine Veränderung in der Schadstoffbelastung, direkt zu reagieren. Sie zeigen dies „mit einer deutlichen und eindeutigen Veränderung ihrer Lebensfunktionen".

III.2 *Sie sollten zunächst im Material C die Tabelle 1 genau betrachten und die Grundaussagen verbalisieren. Gleiches gilt für Tabelle 2. Die Teilaufgabe besteht aus drei Unterpunkten, die Sie jeweils einzeln abarbeiten müssen. Hierbei sollten Sie, wenn es sich anbietet, auch Beispiele für Ihre Aussagen anführen.*

Die Untersuchungen im Stadtgebiet von Düsseldorf können wie folgt zusammengefasst werden: Die Messergebnisse aus Material C lassen klar erkennen, dass die Luftbelastung durch gasförmige Substanzen und Stäube vom Stadtrand zur Stadtmitte hin deutlich zunimmt. Aber auch am Stadtrand ist die Luft nie gering, sondern immer mindestens mäßig belastet – im Abschnitt 1 A sogar „noch hoch". Je näher die Messpunkte in beiden untersuchten Abschnitten an der Stadtmitte liegen, desto geringer wird die Anzahl der dort anzutreffenden Flechtenarten pro Baum und km^2. In einem Fall (Abschnitte 1 G – H bzw. 1 B) findet sich auch in Stadtrand-Nähe eine geringe Flechtendiversität. Bezogen auf die N-Zahl, d. h. das Vorhandensein von Stickstoff für die Flechten, können eindeutige Parallelen zur Anzahl der Flechtenarten festgestellt werden. Auch hier ist der Zeigerwert für den Stickstoff in der Stadtmitte am höchsten; der gleiche Wert ist aber auch in den Abschnitten 1 G – H bzw. 1 B zu finden. Betrachtet man einzelne Flechtenarten gesondert, so kommen – von den in Tabelle 2 angegebenen Arten – zwei häufiger dort vor, wo die Verkehrsdichte an mehrspurigen Hauptstraßen und Autobahnen hoch ist. Diese sind *Phaeophyscia nigricans* und *Phaeophyscia orbicularis*. Die übrigen vier angegebenen Arten bevorzugen geringbefahrene Wirtschaftswege und Nebenstraßen als Lebensraum. An verkehrsreichen Straßen sind sie eher selten anzutreffen.

Zwischen der Verkehrsdichte und der Nährsalzversorgung von Flechten kann am vorliegenden Beispiel folgender Zusammenhang abgeleitet werden: In der Stadtmitte von Düsseldorf herrscht ein sehr hohes Verkehrsaufkommen, das zu entsprechenden Emissionen in die Luft führt. Die emittierten Stickoxide werden in Nährsalze umgewandelt, welche sich dann auf den Rinden der Bäume ablagern können. Für die beiden oben genannten *Phaeophyscia*-Arten ist damit in der City von Düsseldorf eine gute Verfügbarkeit von „Düngesalzen" gewährleistet, eine Bedingung, die sie für ein ideales Gedeihen (bei N = 7) an ihren Lebensraum stellen.

Die räumliche Verteilung der Artenzahl der Flechten in Düsseldorf kann wie folgt begründet werden: Wie aus Tabelle 1 / C2 zu ersehen ist, liegt im Stadtzentrum (1 F, 1 G, 2 F, 2 E) die geringste Artenvielfalt an Flechten vor. Zu den Stadträndern hin nimmt die Frequenz der Flechtenarten mit einem fallendem Mittelwert für die N-Zahl stetig zu (Ausnahme s. o.). Als Erklärung kann das jeweilige Verkehrsaufkommen im Kernbereich und am Stadtrand herangezogen werden. Eine hohe Verkehrsdichte führt zu einer Eutrophierung, einem Überangebot an „Düngesalzen", welche für die meisten Arten der Flechten eine erschwerende Lebensbedingung darstellt. Betrachtet man die Abschnitte 1I sowie 2 A, 2 H, 2 I und 2 J in Tabelle 1 / C2, so stellt man fest, dass in den Stadtrandbereichen eine hohe Artenzahl an Flechten verzeichnet ist. Gleichzeitig herrscht dort eine geringe Verkehrsdichte und die Gefahr einer Eutrophierung ist hier geringer als in der City. Insgesamt sind damit die Lebensbedingungen für die meisten Flechtenarten – aber nicht für alle – in den Randbezirken günstiger.

III.3 *Die von Ihnen verlangte Skizze sollte alle wesentlichen Elemente des Stickstoffkreislaufs enthalten. Bedenken Sie für den zweiten Teil dieser Aufgabe, dass Ammoniumnitrat und Ammoniumsulfat feste Substanzen sind, die direkt bei der Stickstoffassimilation durch die Pflanzen verwendet werden können.*

Die folgende Skizze stellt den natürlichen Stickstoffkreislauf in den Grundzügen dar:

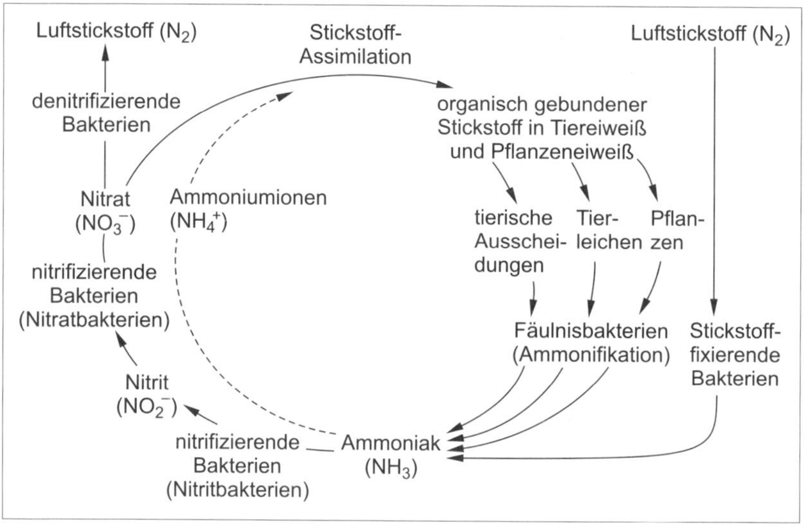

Die verkehrsbedingten Stickstoffeinträge können durch folgende Ergänzung der obigen Skizze verdeutlicht werden:

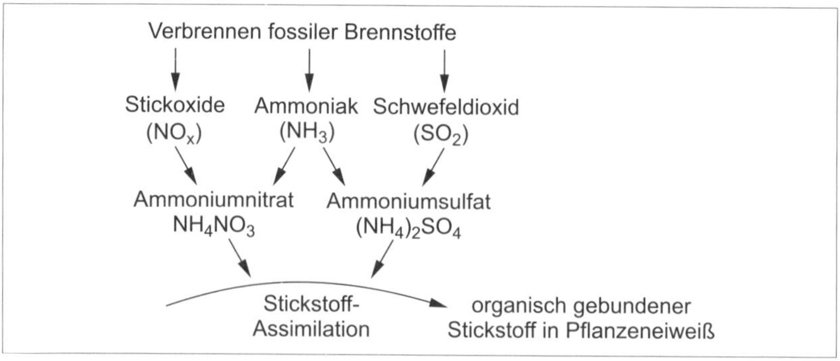

III.4 *Hier müssen Sie die Informationen mehrerer Tabellen bzw. Materialien kombinieren, um die richtigen Rückschlüsse ziehen zu können. Denken Sie bei Ihrer Bearbeitung daran, dass sie die Informationen* ***aller*** *in der Aufgabenstellung genannten Materialgrundlagen verwenden müssen.*

Bei einer Zusammenfassung der in Düsseldorf an verschiedenen Messpunkten für *Parmelia sulcata* ermittelten Werte können die folgenden Aussagen aus Tabelle 3 abgeleitet werden: Liegen die Messpunkte in stark frequentierten Bereichen wie Mörsenbroich (Autobahnabfahrt) oder Corneliusstraße/Fürstenwall (Durchgangsstraße), so nimmt die Flechtendiversität gegenüber Messpunkten in weniger befahrenen Gegenden, wie dem Lessingplatz (Parkplatz) oder Benrath (Parklandschaft), deutlich ab. Werden die Werte in Gegenden ermittelt, die nur gelegentliche oder kurzzeitig hohe Verkehrsbelastungen aufweisen, wie im Stadionbereich oder auf dem Messegelände, ist dort interessanterweise eine sehr hohe Flechtenartenzahl zu verzeichnen. Nimmt die Verkehrsbelastung an den Messpunkten zu, erhöht sich damit auch die mittlere Stickstoffzahl aller Flechten an diesem Ort. Die gleiche Tendenz ist zu beobachten, wenn der Stickstoffgehalt von *Parmelia sulcata* prozentual zum Trockengewicht ermittelt wird. Je verkehrsreicher die Gegend um den Messpunkt herum ist, desto höher ist der jeweilige Anteil von N_2 am Trockengewicht der Probe. Werden die drei gerade angesprochenen Parameter (Flechtenhäufigkeit, Verkehrsverhältnisse und Stickstoffgehalt) nun für *Parmelia sulcata* in einen Zusammenhang gebracht, kann für diese Flechte Folgendes festgehalten werden: An häufig befahrenen Straßen und Autobahnen als Stickstoffquelle kann sie offensichtlich mehr Ammoniumionen aufnehmen. Wie Tabelle 2 verdeutlicht, bedeutet dies aber nicht, dass die Flechtenart durch ihre vermehrte Aufnahme von Ammoniumionen an verkehrsbelasteten Messpunkten dort auch mengenmäßig häufiger vertreten ist. Hier sind andere Flechtenvertreter, wie *Phaeophyscia orbicularis* und *Physcia tenella*, z. T. deutlich erfolgreicher bei der Besiedelung dieses Lebensraumes.

III.5 *In der letzten Teilaufgabe sollten Sie die Materialien in Bezug auf Phaeophyscia orbicularis nochmals genau analysieren und sich die Frage stellen, auf welcher Grundlage gerade ihr Vorkommen an belasteten Standorten beruhen kann.*

Betrachtet man die Daten, welche in Düsseldorf zu verschiedenen Flechtenarten an unterschiedlichen Standorten ermittelt wurden, so kann hier vor allem die Art *Phaeophyscia orbicularis* als Bioindikator dienen. Dies ist mit folgenden Fakten zu belegen: Die Blattflechte *Phaeophyscia orbicularis* weist mit dem Wert 7 eine sehr hohe Stickstoffzahl auf, was bedeutet, dass sie vor allem dort gut existieren kann, wo nährsalzreiche Baumrinden vorkommen, an denen häufig Straßenstaub anhaftet. Damit kann die Flechte gerade dort am besten existieren, wo eine Belastung der Umwelt mit Ammoniak besonders hoch ist. Legt man die berechtigte Annahme zugrunde, dass es sich beim Stickstoff um einen Faktor handelt, der das Wachstum der Flechte limitiert (Minimumfaktor), so ist folgende Annahme wahrscheinlich: Je höher die Konzentration von Ammoniumionen in der Umgebung ist, desto größer ist die Wahrscheinlichkeit für ein Vorkommen und üppiges Wachstum von *Phaeophyscia orbicularis*. Daraus kann eine weitere Vermutung abgeleitet werden: *Phaeophyscia orbicularis* wird an diesen Standorten sehr wahrscheinlich über einen Konkurrenzvorteil gegenüber anderen, nicht so anpassungsfähigen Flechtenarten verfügen.

Leistungskurs Biologie (NRW) – Abitur-Prüfung 2011
Aufgabe 1: Evolution

Aufgabenstellung: Punkte

Thema: Tabakpflanzen wehren sich gegen Raupenfraß

I.1 Beschreiben Sie die in Material A dargestellten Ergebnisse der Versuche zur Ausbildung von Morgenblüten sowie die wesentlichen Eigenschaften von Nacht- und Morgenblüten und interpretieren Sie diese vor dem Hintergrund der unterschiedlichen Bestäuber (Materialien A und B). 17

I.2 Erläutern Sie das in Material C dargestellte Experiment und deuten Sie die Ergebnisse unter Berücksichtigung der an Tabakpflanzen vorkommenden Bestäuber und unter Berücksichtigung der in Abbildung 3 dargestellten Versuchsergebnisse. Nennen Sie Auswirkungen der geänderten Blühinduktion auf die Fitness der untersuchten Tabakpflanzen gegenüber Tabakpflanzen, die überwiegend Nachtblüten produzieren (Materialien B und C). 18

I.3 Fassen Sie die Versuchsergebnisse des in Material D beschriebenen Experiments zur Regulation der Blütenproduktion mit normalen und gentechnisch veränderten Tabakpflanzen zusammen. Entwickeln Sie eine Hypothese zur Regulation der Produktion von Morgenblüten über den Fraßdruck. 15

I.4 Erklären Sie, welche Evolutionsmechanismen zur Entwicklung der unterschiedlichen Blütenformen (nachtblühend/tagblühend) bei Tabakpflanzen geführt haben könnten (Materialien A bis D). Diskutieren Sie dabei, ob die Tabakpflanze auf lange Sicht nur noch Morgenblüten produzieren wird, indem Sie die verschiedenen Bestäuber der Tabakpflanze mit in Ihre Überlegungen einbeziehen. 16

Material A: Produktion von Morgenblüten bei Tabakpflanzen

Zahlreiche Pflanzenarten locken mit den Farben und Formen ihrer Blüten sowie mit Nektar und Duftstoffen Schmetterlinge zur Bestäubung und Fortpflanzung an. Weibliche Schmetterlinge können jedoch eine große Gefahr für die Pflanze darstellen: Einmal angezogen durch den Duft der Blüten, legen sie ihre Eier ab, aus denen schließlich gefräßige junge Raupen schlüpfen.

Wissenschaftler beobachteten im Verlauf von Freilanduntersuchungen im sogenannten „Großen Becken“ in Utah (USA) ein massives Auftreten von Raupen des Tomatenschwärmers *(Manduca quinquemaculata)*. Fast jede Tabakpflanze der dort heimischen Art *Nicotiana attenuata* war am Versuchsort von diesen Schädlingen befallen.

Die Gruppe von Wissenschaftlern widmete sich den befallenen Tabakpflanzen genauer und bemerkte, dass diese – im Gegensatz zu nicht befallenen Pflanzen – viele Blütenknospen aufwiesen, die sich erst nach Sonnenaufgang öffneten („Morgenblüten“). Ursprünglich ist die oben genannte Tabakart aber nachtblühend und öffnet die Knospen nach Sonnenuntergang.

Um herauszufinden, ob ein Zusammenhang zwischen Raupenbefall und der Bildung von Morgenblüten besteht, führten Wissenschaftler des Max-Planck-Instituts Jena 2010 weitere Untersuchungen durch. Sie verwendeten dazu Tabakpflanzen der oben genannten Art sowie Raupen des Tabakschwärmers *(Manduca sexta)*; dieser ist mit dem in den Freilandbeobachtungen aufgetretenen Tomatenschwärmer verwandt. Er ähnelt ihm in den entscheidenden Eigenschaften und kann deshalb für die Versuche anstelle des Tomatenschwärmers verwendet werden.

Nachfolgende Abbildungen zeigen das Ergebnis der Untersuchungen:

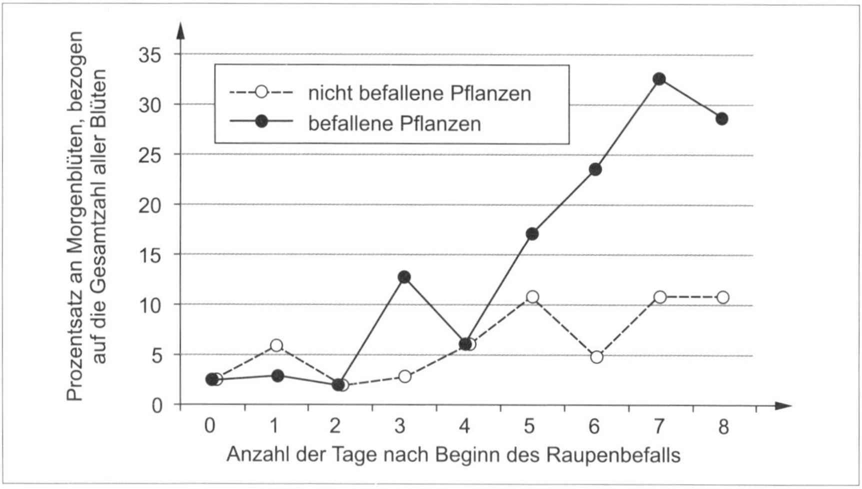

Abb. 1: Produktion von morgens öffnenden Blüten bei von Raupen befallenen und nicht befallenen Tabakpflanzen (bezogen auf die Gesamtzahl aller Blüten).
verändert nach: Kessler, Danny, Diezel, Celia, Baldwin, Ian T. (2010)

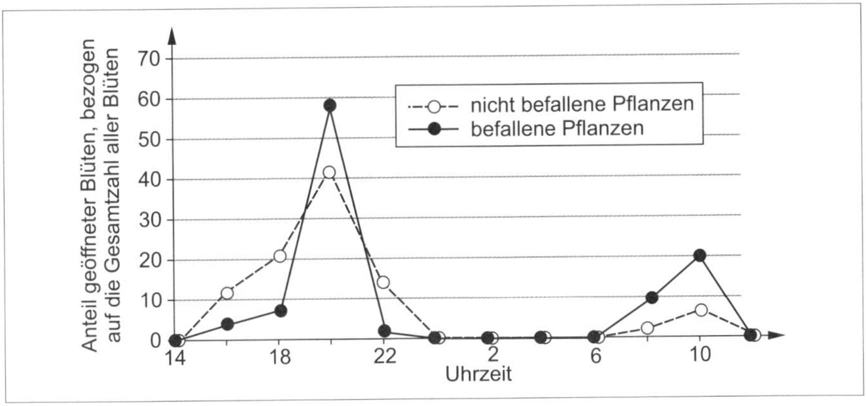

Abb. 2: Anteil geöffneter Blüten zu verschiedenen Tageszeiten bei von Raupen befallenen und nicht befallenen Pflanzen (bezogen auf die Gesamtzahl aller Blüten).
verändert nach: Kessler, Danny, Diezel, Celia, Baldwin, Ian T. (2010)

Weitere Untersuchungen an morgens und nachts geöffneten Blüten
Weiterhin stellten die Wissenschaftler in Versuchen fest, dass die Öffnung der Blütenblätter der morgens öffnenden Blüten um zwei Drittel gegenüber den nachts öffnenden Blüten reduziert ist und dass der Zuckergehalt in den morgens öffnenden Blüten deutlich geringer ist als in den sich nachts öffnenden Blüten. Beide Blütenformen geben nur am Abend und in der Nacht den Duftstoff Benzylaceton ab.

Material B: Bestäuber der Tabakpflanze

Tomatenschwärmer *(Manduca quinquemaculata)* und **Tabakschwärmer** *(Manduca sexta)* sind Schmetterlinge aus der Familie der Schwärmer *(Sphingidae)*. Beide Arten kommen in weiten Teilen Nord- und Südamerikas vor.

Die nachtaktiven Falter saugen Nektar von Blüten und können wie alle Schwärmer auf der Stelle fliegen. Die Raupen beider Arten ernähren sich von Nachtschattengewächsen, insbesondere von Tabakpflanzen. Sie vertragen das darin enthaltene Nikotin und können es im Körper anreichern, was sie für Fressfeinde ungenießbar macht. Die Tabakpflanzen dienen den Raupen als Lebensgrundlage, die ausgewachsenen Schwärmer ernähren sich außerdem von deren Nektar.

Tabak- und Tomatenschwärmer werden durch die Duftabgabe der Tabakblüten über sehr weite Strecken angelockt. Beide Schwärmerarten können grundsätzlich weite Strecken zurücklegen.

Neben den Schwärmern beobachteten die Wissenschaftler an den stark von Raupen befallenen Tabakpflanzen zunehmend auch **Kolibris** (Familie der *Trochilidae*) als Bestäuber. Kolibris sind sehr kleine Vögel, die sich vorwiegend von Blütennektar ernähren. In den Blüten sammeln sich zudem Insekten, die ebenfalls von den Kolibris gefressen werden. Kolibris sind tagaktiv. Sie verlassen die unmittelbare Umgebung ihrer Nester in der Regel nicht.

Material C: Bestäuber an befallenen und nicht befallenen Tabakpflanzen

Um zu untersuchen, welche der Bestäuber – Schwärmer oder Kolibris – die verschiedenen Blüten der Tabakpflanze aufsuchen und welche Auswirkungen dies hat, führten die Wissenschaftler weitere Freilandexperimente durch.
Dafür wurden zunächst aus den Blütenknospen der untersuchten Tabakpflanzen die Staubfäden entfernt. Dann wurde eine nicht von Raupen befallene und eine von Raupen befallene Pflanze mit einem netzumspannten Drahtkäfig von 20.00–06.00 Uhr zugedeckt, um nachtaktive Bestäuber auszuschließen. Ein zweites solches Paar befallener und nicht befallener Pflanzen blieb über Nacht unverdeckt und war so nachtaktiven Bestäubern zugänglich.

Noch vor der Morgendämmerung wurden die Käfige getauscht, sodass die nachts unverdeckten Pflanzen nun tagsüber verdeckt waren (von 06.00–20.00 Uhr) und die des Nachts verdeckten Pflanzen am Tage für Bestäuber zugänglich wurden.

Raupen des Tabakschwärmers wurden entfernt, bevor die Tabakpflanzen möglichen Bestäubern ausgesetzt wurden.

Am Abend wurden die Käfige auf alle Versuchspflanzen gesetzt und verblieben zugedeckt bis zur Bildung von Samenkapseln an den Blüten.

Die folgende Abbildung 3 zeigt die Ergebnisse der Untersuchung. In Abbildung 4 sind die Ergebnisse eines Kontrollversuchs dargestellt.

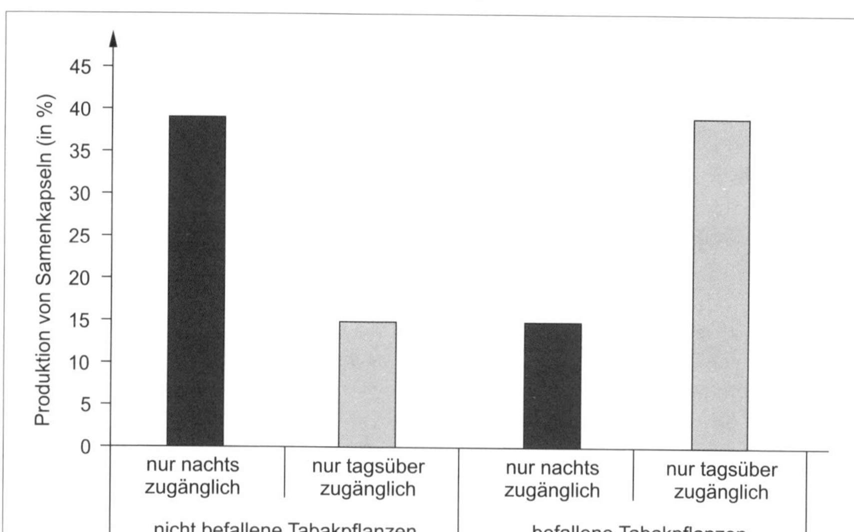

Abb. 3: Samenkapselproduktion bei befallenen und bei nicht befallenen Tabakpflanzen, die zu unterschiedlichen Tag- bzw. Nachtzeiten für Bestäuber unzugänglich waren. Angegeben ist für jeden Versuchsansatz, aus wie viel Prozent der vorhandenen Blüten sich Samenkapseln entwickelten.
verändert nach: Kessler, Danny, Diezel, Celia, Baldwin, Ian T. (2010)

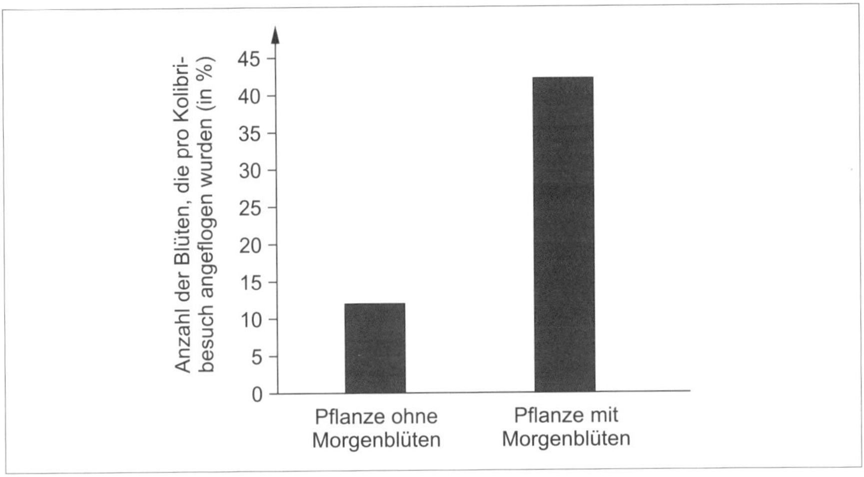

Abb. 4: Anzahl der Blüten von Pflanzen mit und ohne Morgenblüten, die pro Kolibribesuch angeflogen wurden (Kontrollversuch).
verändert nach: Kessler, Danny, Diezel, Celia, Baldwin, Ian T. (2010)

Material D: Regulation der Blütenproduktion

In weiteren Versuchen wurde überprüft, wie die von Raupen befallenen Pflanzen deren Fraß „bemerken" und wie die Produktion von Morgenblüten bei den Tabakpflanzen stimuliert wird. Statt junge Raupen auf die Blätter der Tabakpflanzen zu setzen, verwundeten die Forscher ein Blatt durch kleine Einstiche und verteilten darauf Speichel von Larven des Tabakschwärmers. Zusätzlich zum Wildtyp von *Nicotiana attenuata* wurde mit gentechnisch veränderten Tabakpflanzen gearbeitet, die nicht das Pflanzenhormon Jasmonat herstellen können.

Ein Teil der untersuchten Pflanzen wurde alle 2 Tage mit dem Pflanzenhormon Jasmonat besprüht, ein anderer Teil wurde nicht besprüht.

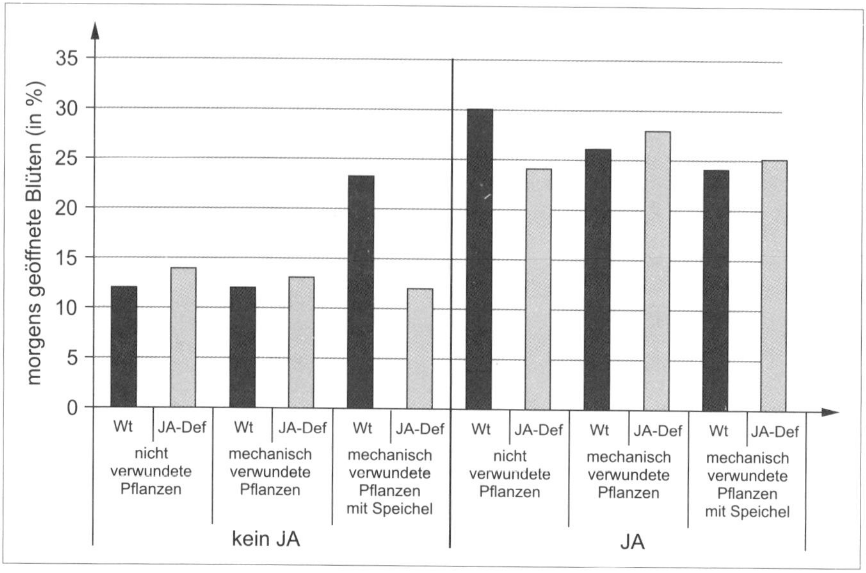

Wt = Wildtyp *N. attenuata* (Jasmonat-herstellend)
JA-Def = gentechnisch veränderte Tabakpflanzen ohne Jasmonat-Produktion (Jasmonat-Defizit)
JA = Pflanzen wurden alle zwei Tage mit Jasmonat besprüht
kein JA = Pflanzen wurden nicht besprüht

Abb. 5: Anteil an morgens geöffneten Blüten (bezogen auf die Gesamtzahl aller Blüten) bei nicht behandelten und bei mechanisch verwundeten Tabakpflanzen.
verändert nach: Kessler, Danny, Diezel, Celia, Baldwin, Ian T. (2010)

weitere Materialgrundlage:

Kessler, Danny, Diezel, Celia, Baldwin, Ian T. (2010). Supplemental Information: Changing Pollinators as a Means of Escaping Herbivores. Current Biology 20, Februar 9, 2010, 237–242

Max-Planck-Gesellschaft, Referat für Presse- und Öffentlichkeitsarbeit (Hrsg.) (2010) Kolibris bevorzugt. http://www.ice.mpg.de/main/news/prelease/Pressem_Kessler2010_de.htm (12. 04. 2011)

Kessler, A., Baldwin, Ian T. (2002). Plant responses to insect herbivory: The emerging molecular analysis. Annu. Rev. Plant Biol. 53, 299–328

Halitschke, R., Schittko, U., Pohnert, G., Boland, W., and Baldwin, Ian T. (2001). Molecular interactions between the specialist herbivore Manduca sexta (Lepidoptera, Sphingidae) and its natural host Nicotiana attenuata. III. Fatty acid-amino acid conjugates in herbivore oral secretions are necessary and sufficient for herbivore-specific plant responses. Plant Physiol. 125, 711–717

Lösungsvorschlag

In der Aufgabe thematisierte Unterrichtsinhalte sind:
Grundlagen evolutiver Veränderung in Struktur und Verhalten, genotypische Variabilität von Populationen, Fitness, Anpassung, Art und Artbildung, Selektionsvorteile

I.1 *Vor der Beschreibung der Versuchsergebnisse sollten Sie die allgemeinen Zusammenhänge, die zu den Untersuchungen geführt haben, kurz zusammenfassend schildern. Bei den Tabellen müssen Sie nicht auf jeden einzelnen Messwert eingehen. Wenn Sie die allgemeine Tendenz klar herausarbeiten und mit exemplarischen Werten belegen, genügt dies völlig. Unstimmigkeiten sollten Sie dennoch zumindest erwähnen. Auf der Grundlage der erarbeiteten Daten können Sie diese dann in Bezug auf die Bestäuber interpretieren.*

Tabakpflanzen der Art *Nicotiana attenuata* stellen die Nahrung der Raupen des Tomatenschwärmers *Manduca quinquemaculata* dar. Untersuchungen der befallenen Pflanzen ergaben, dass sie „viele Blütenknospen aufwiesen, die sich erst nach Sonnenaufgang öffneten". Derartige Morgenblüten waren bei nicht befallenen Pflanzen kaum vorhanden, zumal *Nicotiana attenuata* nachtblühend ist und ihre Blütenknospen normalerweise erst nach Sonnenuntergang öffnet. In weiterführenden Experimenten wurde das Verhältnis von Tabakpflanze und Schwärmerraupen genauer untersucht. Dabei verwendete man eine mit dem Tomatenschwärmer eng verwandte Art, die die gleichen Eigenschaften wie dieser besitzt, den Tabakschwärmer (*Manduca sexta*). Die Experimente brachten die folgenden Ergebnisse, die in zwei Abbildungen wiedergegeben sind:
Abbildung 1 gibt auf der Ordinate (y-Achse) den Prozentsatz an Morgenblüten bezogen auf die Gesamtzahl aller Blüten an; auf der Abszisse (x-Achse) ist die Anzahl der Tage nach Beginn des Raupenbefalls angetragen. Dargestellt ist jeweils die Entwicklung der Anzahl der befallenen bzw. nicht befallenen Tabakpflanzen. Bei den befallenen Tabakpflanzen konnte man bereits ab dem 3. Tag einen deutlichen Anstieg der Produktion von Morgenblüten (von ca. 2 auf etwa 14 %) beobachten. Diese Tendenz setzte sich bis zum 7. Tag fort, an dem ein Drittel aller Blüten Morgenblüten waren. Lediglich am 4. Tag der Untersuchungsreihe war ein „Ausreißer" in den Messwerten zu erkennen, hier fiel die Produktion der Morgenblüten für einen Tag ab. Bei den nicht von Tabakschwärmern befallenen Pflanzen zeigte sich ein deutlich anderes Bild. Hier schwankte der Wert bis zum 4. Versuchstag um die 5 % und danach zwischen 5 % (Tag 6) und 11 % (Tag 5, 7 und 8).
In der zweiten Abbildung wird der Anteil geöffneter Blüten bezogen auf die Gesamtzahl aller Blüten (Ordinate / y-Achse) in Relation zur Tageszeit (Abszisse / x-Achse) dargestellt. Von den Schwärmern befallene Tabakpflanzen öffneten ihre Blüten bevorzugt gegen 20 Uhr (beinahe 60 %) und gegen 10 Uhr am Morgen (20 %). Nicht befallene Exemplare von *Nicotiana attenuata* öffneten ihre Blüten deutlich länger, und zwar ab 14 Uhr bis 22 Uhr, mit einem Spitzen-

wert von 41 % um ca. 20 Uhr. Um 16, 18 und 22 Uhr waren bei ihnen mehr Blüten geöffnet als bei den befallenen Artgenossen.

In Bezug auf die wesentlichen Eigenschaften von Nacht- und Morgenblüten kann anhand der Informationen aus Material A das Folgende festgehalten werden: Der Durchmesser der Öffnung der Blüten unterschied sich bei den Blütentypen. Waren die Blütenblätter morgens geöffnet, so war deren Öffnung um zwei Drittel kleiner als bei Blüten, die sich nachts öffneten. Ebenso wiesen Morgenblüten einen deutlich verringerten Zuckergehalt auf als diejenigen, die nachts blühten. Beide Blütentypen gaben einen spezifischen Duftstoff, Benzylaceton, ab, und zwar nur am Abend und in der Nacht.

Mit Blick auf die unterschiedlichen Bestäuber der Tabakpflanze (nachtaktive Schwärmer/tagaktive Kolibris) lassen sich die Eigenschaften von *Nicotiana attenuata* wie folgt interpretieren: Aufgrund ihres Lebensrhythmus besuchen Schwärmer und Kolibris die Pflanzen zu unterschiedlichen Tageszeiten. Um die Schwärmer anzulocken, ist es für den Tabak günstig, seinen Duftstoff gegen Abend und im Laufe der Nacht abzugeben und damit seine Insektenbestäuber in einem weiten Umkreis auf sich aufmerksam zu machen. So ist zu vermuten, dass die Schwärmer vor allem die nachts geöffneten Blüten besuchen und bestäuben. Demgegenüber ist der Kolibri ein – zudem noch sehr ortstreuer – tagaktiver Vogel. Er wird wahrscheinlich die am Morgen geöffneten Blüten besuchen. In diesem Zusammenhang ist eine evolutive Anpassung der Pflanzen zu beobachten. Da es für Morgenblüten eine Energie- und Ressourcenvergeudung darstellt, tagsüber Benzylaceton zu verströmen, spart sich die Tabakpflanze im wahrsten Sinne des Wortes diese Mühe. Nur Insekten lassen sich damit anlocken. Diese fliegen aber über Tage nicht und tagaktive Kolibris reagieren auf den weitreichenden Duftstoff nicht.

I.2 *Hier sollten Sie zunächst kurz auf das Experiment eingehen und es erst anschließend erläutern. Dies gibt Ihnen die Sicherheit, alles Wesentliche an der Versuchsdurchführung erkannt zu haben. Lassen Sie sich von den vorgegebenen Formulierungen und den Grafiken nicht verwirren! Arbeiten Sie das Material gewissenhaft durch und ordnen Sie Zusammengehörendes einander zu. Selbst wenn Sie den Begriff „Blühinduktion“ nicht kennen, erschließt er sich sinngemäß aus dem Material.*

In Freilandexperimenten gingen Forscher der Frage nach, welche Auswirkungen der Blütenbesuch durch die verschiedenen Bestäuber auf die Blütenbildung hat. Bei den verwendeten Versuchspflanzen (zwei von Raupen befallene und zwei nicht befallene Exemplare) wurde zunächst eine Selbstbestäubung durch das Entfernen der Staubfäden ausgeschlossen. In einem aufwendigen Experiment setzte man je eine befallene und eine nicht befallene Pflanze den gleichen Bedingungen aus. Während das eine Paar nachts von 20 Uhr bis 6 Uhr von Nektar suchenden Bestäubern angeflogen werden konnte, verhinderte man dies bei dem zweiten Paar durch einen abschirmenden Drahtkäfig. In der Zeit von 6 Uhr bis 20 Uhr herrschten die umgekehrten Versuchsbedingungen, indem die

Drahtkäfige nun über das zweite Pflanzenpaar gestülpt wurden. Bevor die Tabakpflanzen möglichen Bestäubern ausgesetzt wurden, hatte man die Tabakschwärmerraupen von ihnen entfernt. 24 Stunden nach Versuchsbeginn wurden alle Versuchspflanzen mit Drahtkäfigen abgeschirmt. Unter diesen Bedingungen konnten die Pflanzen anschließend Samenkapseln an ihren Blüten bilden. Die Grundüberlegung, welche hinter dieser Versuchsanordnung stand, war zu überprüfen, wie wirksam sich die Blütenproduktion der Tabakpflanzen in Abhängigkeit von den jeweiligen Bestäubern gestaltet. Der Maßstab für die Wirksamkeit war in diesem Fall die Menge produzierter Samenkapseln. Als Kontrolle diente eine Versuchsanordnung mit Kolibris als alleinigen Bestäubern. Abbildung 3 in Material C verdeutlicht das erzielte Versuchsergebnis. Waren nicht befallene Tabakpflanzen nur nachts für Bestäuber zugänglich, so lag ihre Samenkapselproduktion bei fast 40 %. Konnten sie nur tagsüber bestäubt werden, lag dieser Wert bei lediglich 15 %. Die nachtaktiven Schwärmer sorgten also dafür, dass mehr als doppelt so viele Samenkapseln entstehen konnten. Das prozentual genau umgekehrte Bild zeigt sich, wenn man die Ergebnisse der Pflanzen vergleicht, die von *Manduca sexta* befallen waren. Hier lag die Produktion der Samenkapseln bei den ausschließlich tagsüber zugänglichen Exemplaren bei 40 % und bei den nur nachts zugänglichen bei 15 %. In diesem Fall erklärt sich das Ergebnis aus der Tatsache heraus, dass die Kolibris, die hier als Bestäuber wirken, tagsüber aktiv sind. Diese Feststellungen lassen sich auch gut mithilfe des Kontrollversuchs (Abbildung 4 in Material C) belegen. Bei diesem Experiment wurde die Anzahl der Blüten von Pflanzen mit und ohne Morgenblüten ermittelt, die bei jedem Besuch des Vogels angeflogen wurden. Dabei stellte sich heraus, dass ca. 42 % der Pflanzen mit und nur ca. 12 % der Pflanzen ohne Morgenblüten angeflogen wurden. Beides deckt sich mit den Erkenntnissen über die Samenkapselproduktion unter den verschiedenen Versuchsbedingungen.

Betrachtet man die Ergebnisse, so zeigt sich, dass *Nicotiana attenuata* je nach den Außenbedingungen (Raupenbefall oder kein Raupenbefall) unterschiedliche Blüten bildet. Wodurch dies ausgelöst wird bzw. wonach entschieden wird, welche Blühinduktion zum Tragen kommt, hängt mit der reproduktiven Fitness der Tabakpflanzen zusammen. Wie aus Material A hervorgeht, ist *Nicotiana attenuata* normalerweise ein Nachtblüher, der seine Blütenknospen erst nach Sonnenuntergang öffnet. Die nachts ausschwärmenden Tomaten- und Tabakschwärmer dienen dann als Bestäuber. Sie können die Pflanze, die sie bestäuben, aber auch gleichzeitig als „Kinderstube" für ihren gefräßigen Raupennachwuchs nutzen und so einen deutlichen Fraßdruck auf die Tabakpflanze ausüben. Dies macht sich in der Blühinduktion bemerkbar. Ist eine Pflanze, die sowohl Nacht- als auch Morgenblüten ausbildet, bereits von Schmetterlingsraupen befallen, so bildet sie vermehrt Morgenblüten aus. Dadurch werden keine weiteren nachtaktiven Schmetterlinge mehr angelockt und die tagaktiven Kolibris sorgen mit ihrer Bestäubungstätigkeit für eine Fortpflanzung und Vermehrung von *Nicotiana attenuata*. So ist die enorme Produktion an Samenkapseln derjenigen Pflanzen zu erklären, die während des Versuchs nur tagsüber angeflogen werden konnten. Damit gelingt den Tabakpflanzen, die tagsüber blühen und unter Fraßdruck stehen, eine deutliche Fitnesssteigerung während ihrer Reproduktionsphase. Sie haben die Möglichkeit, durch die Bildung von Morgenblüten einen Bestäuber anzulocken, der sie – im Gegensatz zu den Schwärmern – nicht potenziell schädigt. Unter den Bedingungen des Fraßdrucks haben Tabakpflanzen mit einer derartigen Blühinduktion einen evolutiven Vorteil gegenüber ihren Artgenossen, die als weiterhin nachtblühende Pflanzen überwiegend Nachtblüten ausbilden.

I.3 *Auch die in Material D vorgegebene Abbildung 5 ist nicht auf den ersten Blick zu durchschauen. Hier gilt Gleiches wie bei der vorigen Teilaufgabe (s. o.). Bei der Entwicklung von Hypothesen sollen Sie nicht frei spekulieren, sondern kontextbezogen und anhand von Aussagen im Arbeitsmaterial überlegt argumentieren.*

In Material D sind die Ergebnisse eines Experimentes dargestellt, bei dem der prozentuale Anteil am Morgen geöffneter Blüten (bezogen auf die Gesamtblütenzahl) von *Nicotiana attenuata* ermittelt wurde. Die einzelnen Tabakpflanzen unterschieden sich zum einen in ihrer genetischen Ausstattung und zum anderen in der Art und Weise, wie mit ihnen verfahren wurde.
Verwendet wurde entweder der Wildtyp oder eine gentechnisch veränderte Form der Tabakpflanze, die das Phytohormon Jasmonat nicht bilden kann. Mit den einzelnen Exemplaren verfuhr man auf dreierlei Weise. Die Pflanzen wurden entweder nicht manipuliert oder man fügte ihnen mechanische Verletzungen durch kleine Einstiche zu, wodurch die Forscher Raupenfraß imitierten. Von den letzteren Pflanzen wurde ein Teil der Exemplare an den Einstichstellen zusätzlich noch mit Speichel von Tabakschwärmerlarven bestrichen. Eine Hälfte aller so behandelten bzw. unbehandelten Pflanzenexemplare besprühte man schließlich alle zwei Tage mit Jasmonat, die andere Hälfte wurde nicht dem Pflanzenhormon ausgesetzt.
Insgesamt ergab sich für die Forscher nach Auswertung der Versuche das folgende Bild: Betrachtet man die Versuchsansätze, die nicht mit Jasmonat besprüht worden waren, so wiesen alle bis auf einen ähnliche Prozentwerte an Morgenblüten auf (zwischen 12 und 14 %). Die deutliche Ausnahme bildeten Wildtyppflanzen, die verletzt und mit Speichel versehen worden waren. Hier lag der prozentuale Anteil morgens geöffneter Blüten bei ca. 23 %. Besonders interessant an diesen Versuchsergebnissen ist, dass die gentechnisch veränderten Verlustmutanten trotz Verletzung und aufgebrachtem Speichel keine vermehrte Ausbildung von Morgenblüten aufwiesen.
Wurden die Pflanzen mit dem Phytohormon Jasmonat besprüht, veränderten sich fast alle gemessenen Werte, mit einer Ausnahme: Der Prozentwert bei den verletzten und eingespeichelten Wildtypexemplaren blieb mit ca. 25 % annähernd gleich. Dies bedeutet, dass eine zusätzliche Benetzung mit Jasmonat auch einen maximal geschädigten Wildtyp (Verletzung + Speichelgabe) nicht

zu einer vermehrten Morgenblütenproduktion veranlasste. Bei allen anderen Exemplaren von *Nicotiana attenuata* war dagegen eine deutliche Steigerung – z. T. mehr als eine Verdoppelung – des Prozentsatzes der sich am Morgen öffnenden Blüten zu beobachten. Insgesamt ist zu erkennen, dass zwischen den Wildtyppflanzen einerseits und den Jasmonat-Defizitmutanten andererseits nur eine geringe Schwankungsbreite in den einzelnen Prozentzahlen vorkam. Eine sich generell abzeichnende, eindeutige Tendenz kann hieraus aber nicht abgelesen werden.

Legt man die hier mit verschiedenen experimentellen Ansätzen gewonnenen Erkenntnisse zugrunde, so lassen sich folgende Überlegungen zur Regulation der Produktion von Morgenblüten über den Fraßdruck anstellen: Ausgangspunkt ist, dass eine Raupe des Tabakschwärmers auf der Tabakpflanze aus dem Ei schlüpft und beginnt, an den Blättern der Pflanze zu fressen. Dadurch wird die Tabakpflanze verletzt, zusätzlich gelangt dabei Speichel der Schmetterlingsraupe in das Blattgewebe. Wie die Reaktion der nicht besprühten Wildtyppflanze, die mit Speichel bestrichen wurde, vermuten lässt, produzieren die Blätter der Tabakpflanze unter Fraßbedingungen Jasmonat. Dieses Phytohormon ist für die Blühinduktion in Richtung einer vermehrten Ausbildung von Morgenblüten verantwortlich. Hieraus ergibt sich eine direkte Abhängigkeit zwischen der Verletzung der Tabakpflanze durch eine Tabakschwärmerraupe einerseits und der Produktion des Pflanzenhormons Jasmonat andererseits. Die Ausbildung des Phytohormons bewirkt wiederum eine vermehrte Produktion von Morgenblüten, wodurch eine weitere Nektarsuche der nachtaktiven Schmetterlinge auf der Tabakpflanze eingeschränkt wird.

I.4 *Vergegenwärtigen Sie sich bei der Bearbeitung dieser Teilaufgabe noch einmal alle von Ihnen erarbeiteten Grundaussagen über das Zusammenwirken von Blütenform und Bestäubern. Ihre Deutung der Verhältnisse muss auf evolutive Erklärungsmuster ausgelegt sein. Bei der abschließenden Diskussion müssen Sie Vor- und Nachteile für die Überlebenschancen der Tabakpflanzen gegeneinander abwägen.*

Die Ausbildung der unterschiedlichen Blütenformen bei der Tabakpflanze *Nicotiana attenuata* ist das Ergebnis evolutiver Prozesse. Bei der Erklärung, welche Evolutionsmechanismen zur Entwicklung der unterschiedlichen am Tag und in der Nacht blühenden Formen bei Tabakpflanzen geführt haben, können die folgenden Überlegungen angeführt werden: Die Ausgangsform von *Nicotiana attenuata* war nachtblühend, d. h., es existierten nur oder fast nur Nachtblüten an den Pflanzen. Ihre Bestäuber, Tomaten- bzw. Tabakschwärmer, nutzten die Pflanzen aber nicht nur als Nahrungsquelle, sondern auch um ihre Eier an den Blättern des Tabaks abzulegen. Die schlüpfenden Raupen fraßen an der Pflanze und schädigten sie. Da nicht alle Individuen der Tabakpflanze genetisch gleich ausgestattet sind, konnten durch spontane, ungerichtete und vererbbare Mutationen und Rekombinationen Exemplare entstehen, die sich gegenüber dem Wildtyp unterschieden. Diese Mutanten waren in der Lage, sobald

Speichel der Schwärmerraupen in das Blattgewebe gelangte, Jasmonat zu produzieren. Dieses Pflanzenhormon veranlasste dann eine dahingehende Blühinduktion, dass vermehrt sich tagsüber öffnende Blüten ausgebildet wurden. Diese Morgenblüten wurden nun nicht mehr von nachtaktiven Schmetterlingen, sondern von tagsüber fliegenden Kolibris bestäubt, die im Kelch der Tabakpflanze Nektar und kleinere Insekten als Nahrung fanden. Damit hatten diese Pflanzen einen deutlichen Selektionsvorteil. Die mutierten Tabakpflanzen konnten ihr Erbgut vermehrt an die Nachkommenschaft weitergeben, weil sie eine größere Fitness besaßen als der Wildtyp, der keine Morgenblüten ausbilden konnte.

Im Zusammenhang mit der verbesserten Fitness der mutierten Tabakpflanzen stellt sich die Frage, ob *Nicotiana attenuata* dann auf Dauer ausschließlich Blüten produziert, die sich am Morgen öffnen. Für die Beantwortung dieser Frage muss man sich die Bedingungen vergegenwärtigen, unter denen der Tabak Morgenblüten ausbildet. Dies geschieht unter Phytohormonproduktion, die durch Raupenfraß induziert wird. Werden aber nur noch Morgenblüten ausgebildet, so sinkt die Wahrscheinlichkeit, dass die Pflanze von den Schmetterlingsraupen befallen wird. Dies führt zu einem Ausbleiben der Jasmonatproduktion, was eine Abnahme der Morgenblüten und wieder eine vermehrte Bildung von Nachtblüten zur Folge hat. Mehr Nachtblüten an der Pflanze bedeuten aber gleichzeitig auch wieder einen vermehrten Schwärmerbesuch mit der bekannten Folgeerscheinung der Produktion von Jasmonat und der vermehrten Ausbildung von Morgenblüten. Gedanklich wiederholt sich ab hier das „Wechselspiel" zwischen Raupenfraß, Blühinduktion und Wandel der Öffnungszeit der Tabakblüten. Trotz der Problematik, die auf die nächtlichen Bestäuber zurückgeht, bringt den Tabakpflanzen der Besuch des Tomaten- und des Tabakschwärmers auch einen Selektionsvorteil. Der Aktionsradius der Schmetterlinge ist sehr groß, da sie – wie aus Material B hervorgeht – weite Strecken zurücklegen können. Sie bringen der Tabakpflanze dadurch u. U. Pollen von entlegenen Standorten mit. Dies ist den Kolibris nicht möglich, da sie die unmittelbare Umgebung ihrer Nester in der Regel nicht verlassen. Indem die Art *Nicotiana attenuata* Schwärmer als Bestäuber nutzt, erhält sie die Aussicht auf neues genetisches Material und damit die Möglichkeit einer größeren genetischen Variabilität ihrer Nachkommen. Insofern ist die Ausbildung von Nachtblüten für die Tabakpflanzen nur bedingt als negativ anzusehen. Was letztendlich dem Tabak mehr Vorteile bringt (größere genetische Variabilität oder mehr Nachkommen durch weniger Raupenfraß), kann hier nicht entschieden werden.

Leistungskurs Biologie (NRW) – Abitur-Prüfung 2011
Aufgabe 2: Genetik

Aufgabenstellung: Punkte

Thema: Blütenfarbe bei Petunien

II.1 Beschreiben Sie zusammenfassend und vereinfacht die in Abbildung 1 dargestellten Prozesse sowie den Syntheseweg des violetten Blütenfarbstoffs Anthocyan bei der Petunie unter Einbezug der beteiligten Strukturen und Orte. Erklären Sie die dem beschriebenen Experiment zur Farbvertiefung (Material A) zu Grunde liegende Hypothese, dass durch das Einschleusen zusätzlicher Kopien des Gens für das Enzym Chalkon-Synthase die Blütenfarbe intensiviert werden könnte. 20

II.2 Beschreiben Sie anhand der Abbildungen 3a und 3b den Einbau einer zusätzlichen Kopie des Gens für das Enzym Chalkon-Synthase und leiten Sie begründet die Folgen für die Struktur der mRNA ab (Material B). 12

II.3 Erklären Sie den Bau und die Funktion eines Primers und vergleichen Sie ihn mit dem Bau und der Funktion der si-RNA bei der Petunie (Material C). 10

II.4 Zeichnen Sie aus den Informationen in den Materialien B und C ein Fließdiagramm, welches den Anstieg der si-RNA-Konzentration in Petunienzellen veranschaulicht. Erklären Sie die Tatsache, dass die Einführung einer zusätzlichen Genkopie für die Chalkon-Synthase bei den genetisch veränderten Petunien zu weißen Blüten oder Blüten mit weißen Bereichen, aber nicht zur gewünschten Farbvertiefung geführt hat (Material A, B, C). 16

II.5 Beurteilen Sie, ob die im Material C dargestellten Zusammenhänge als Gen-Regulationsmechanismus (im Sinne von Material D) bezeichnet werden können. 8

Material A: Experiment zur Intensivierung der Blütenfarbe

Die violette Blütenfarbe bei der Balkonpflanze der Gattung *Petunia*, im Folgenden Petunie genannt, wird durch den Farbstoff Anthocyan hervorgerufen.
1990 versuchte man, bei der Petunie die violette Blütenfarbe gentechnisch zu intensivieren. Dazu führte man zusätzliche Kopien des Gens für das an der Farbstoffsynthese beteiligte Enzym Chalkon-Synthase in die Pflanzenzellen ein. Die genaue Anzahl und Ausrichtung der Kopien lässt sich bei diesen zusätzlich in die Pflanzenzelle eingeschleusten Genkopien allerdings nicht steuern.
Erstaunlicherweise zeigten einzelne der so genetisch veränderten Pflanzen weiße Bereiche auf den Blütenblättern oder ganz weiße Blüten (Abbildung 2); die erwünschten dunkleren Pflanzen traten aber nie auf.

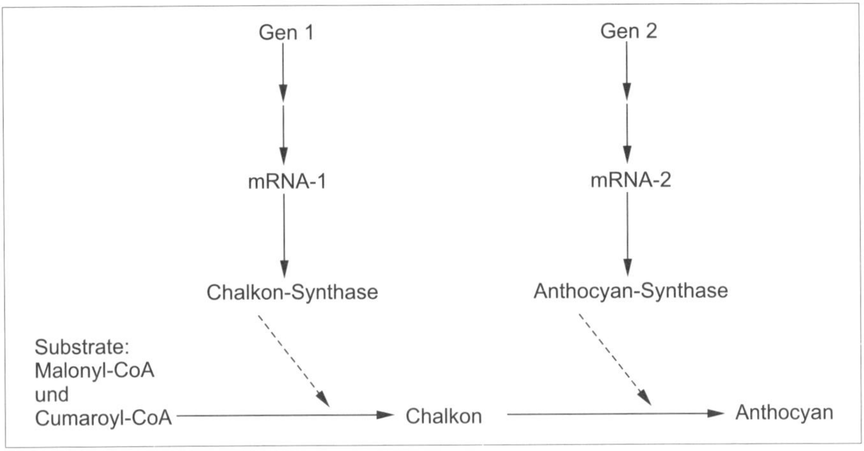

Abb. 1: Die Anthocyan-Synthese bei der Petunie
aus: Kuhlmann, M. (2004)

Abb. 2: Links die violette Wildform der Petunien-Blüten, in der Mitte und rechts genetisch veränderte Varianten, die die zusätzliche Genkopie für das Enzym Chalkon-Synthase enthalten
aus: Kuhlmann, M. (2004)

Material B: Einfügen einer Genkopie der Chalkon-Synthase in die DNA und resultierende Folgen

An der Sojabohne hat man den Einbau einer Genkopie und die daraus resultierenden Folgen für das Enzym Chalkon-Synthase erforscht.

Die folgenden Abbildungen illustrieren beispielhaft, wie sich eine Genkopie in den Genort der Chalkon-Synthase der Sojabohne integrieren kann und welche Folgen dies für die Transkription und Struktur der mRNA hat.

DNA	3'	…… **T G G G C A C T G**	5'
	5'	…… *A C C C G T G A C*	3'

Abb. 3a: DNA, Genausschnitt (Exon) aus dem Gen der Chalkon-Synthase der Sojabohne

DNA	3'	…… **T G G G C A C T G**	*C A G T G C C C A* ……	5'
	5'	…… *A C C C G T G A C*	**G T C A C G G G T** ……	3'

Abb. 3b: DNA am Genort (s. Abb. 3a) nach Einfügen einer Genkopie

mRNA-Moleküle	5'	…… A C C C G U G A C	G U C A C G G G U ……	3'
	3'	…… U G G G C A C U G	C A G U G C C C A ……	5'

Abb. 3c: Am gleichen Genort gebildete mRNA-Moleküle

ds-mRNA	5'	…… A C C C G U G A C	G U C A C G G G U ……	3'
	3'	…… U G G G C A C U G	C A G U G C C C A ……	5'

Abb. 3d: Möglichkeit der Bildung eines neuen Moleküls (doppelsträngige „ds"-mRNA)

Abb. 3a bis 3d: Einfügen einer Genkopie in die DNA und dessen Folgen für die Bildung der mRNA der Chalkon-Synthase.
erstellt nach: Akada, S. (1993) und Kooter (2010)

Material C: Abschalten von Genen durch RNA-Wechselwirkung

Die Expression von Genen kann verhindert werden, indem nach erfolgter Transkription die mRNA abgebaut wird.

Dabei spielen kurze, doppelsträngige RNA-Moleküle, die si-RNAs (short interfering RNA) eine große Rolle. Sie sind hinsichtlich der Basenabfolge unterschiedlich aufgebaut und haben immer eine Länge von ca. 21 bp.

Die si-RNA-Moleküle binden sich an spezielle RNA-Polymerasen (RdRP: RNA-directed RNA Polymerases) und werden danach in Einzelstränge aufgetrennt, so dass letztlich Verbindungen aus einem Einzelstrang der si-RNA und jeweils einem RNA-Polymerase-Molekül entstehen (abgekürzt: RdRP*).

Durch die jeweilige Basenabfolge der mit ihnen verbundenen si-RNA-Einzelstränge haben die RNA-Polymerase-Moleküle (RdRP*) jeweils eine sehr hohe Spezifität.

Einzelsträngige RNA, z. B. eine m-RNA, die komplementär zu einem si-RNA-Molekül-Einzelstrang ist, der mit einem RNA-Polymerase-Molekül verknüpft ist, wird zu einem **d**oppel**s**trängigen (ds-)RNA-Molekül ergänzt.

Diese doppelsträngige RNA wird in der Zelle abgebaut, indem sie durch das Enzym Dicer in kurze, ca. 21 bp lange Fragmente geschnitten wird, die wiederum als si-RNAs bezeichnet werden.
Die si-RNAs sind also Bruchstücke der ds-RNA-Moleküle, die unterschiedliche Sequenzen, aber jeweils die ungefähr gleiche Länge aufweisen. Diese neu entstandenen si-RNA-Moleküle können wieder mit den RNA-Polymerase-Molekülen reagieren.

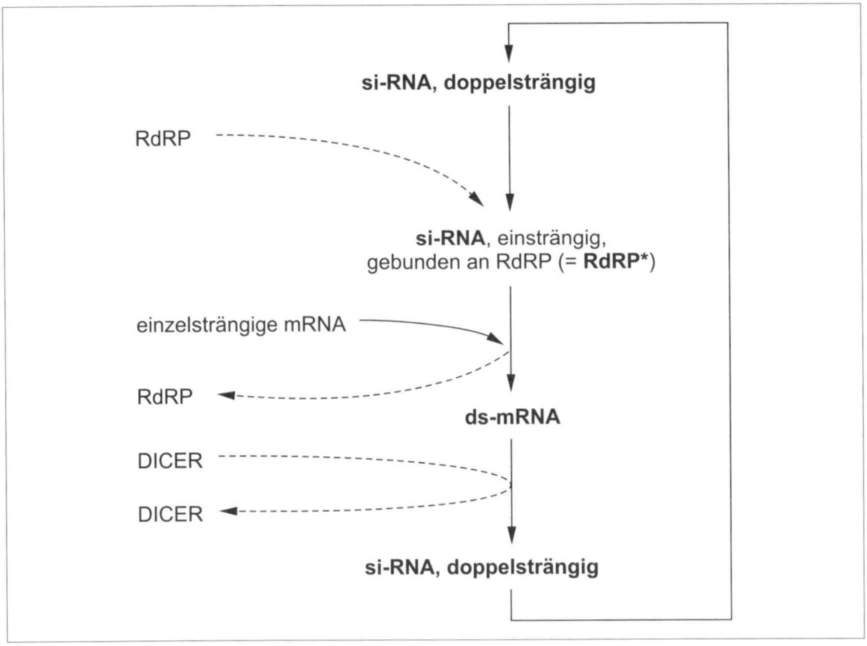

Abb. 4: Fließdiagramm zum Text Material C
aus: Kuhlmann, M. (2004)

Beim Versuch, die Blütenfarbe der Petunie durch die Einführung weiterer Genkopien für das Enzym Chalkon-Synthase zu intensivieren, traten weiße Blüten oder Blüten mit weißen Bereichen auf (Material A, Abbildung 2). In Zellen dieser weißen Blüten oder Blütenbereiche ließ sich keine vollständige mRNA für die Chalkon-Synthase nachweisen. Man findet aber einen Anstieg von si-RNA. In ihrer Basensequenz entsprechen diese si-RNAs Bruchstücken der mRNA für Chalkon-Synthase.

Material D: Das Prinzip einer Regelung

Als Regelung bezeichnet man die Aufrechterhaltung eines bestimmten Zustandes gegenüber verändernd wirkenden Einflüssen; der Ausgleich von Störungen und die Einstellung eines Gleichgewichts erfolgen meist durch negative Rückkopplung.
Beyer, Irmtraud, S. 462

weitere Materialgrundlage:

Akada, Shinji et al.: Nucleotide Sequence of a Soybean Chalcone Synthase Gene with a Possible Role in Ultraviolet-B Sensitivity, Gmchs6. In: Plant Physiology 1993, Nr. 102, 699–701

Beyer, Irmtraud et al.: Natura. Biologie für Gymnasien, Stuttgart 2008

Kanazawa, A., O'Dell, M., Hellens, R. P.: Epigenetic inactivation of chalcone synthase-A transgene transcription in petunia leads to a reversion of the post-transcriptional gene silencing phenotype. In: Plant Cell Physiol. 2007 (48) Nr. 4, 638–47. Epub 2007 Feb 21.

Kooter, J., Epigenetics. Gene silencing: RNA degradation and DNA methylation. http://www.bio.vu.nl/vakgroepen/genetica/Research-projects-new/Projects_Kooter/Projects_ J.Kooter.htm (23. 02. 2010)

Kuhlmann, Markus, Nellen, Wolfgang: Gen, sei still! RNAinterferenz. In: Biologie unserer Zeit 2004 (34) Nr. 3. S. 142–150

Napoli, Carolyn et al.: Introduction of a Chimeric Chalcone Synthase Gene into Petunia Results in Reversible Co-Suppression of Homologous Genes in trans. In: The Plant Cell, Vol. 2, 279–289, April 1990

Vaucheret, Hervé: Post-transcriptional small RNA pathways in plants: mechanisms and regulations. In: Genes & Development 2006, Vol. 20, 759–771 http://genesdev.cshlp.org/content/20/7/759.full.pdf + html (22. 02. 2010)

Vaucheret, Hervé et al.: Transgene-induced gene silencing in plants. In: The Plant Journal 1998, Vol. 16, Nr. 6, 651–659

Lösungsvorschlag

In der Aufgabe thematisierte Unterrichtsinhalte sind:
Proteinbiosynthese, Genregulation, Rückkopplungsmechanismen, Gentechnik, Entwicklungssteuerung

II.1 *Da die Abbildung 1 aus Material A nur geringfügig beschriftet ist, lässt Ihnen die Bearbeitung des ersten Teils dieser Aufgabe viele Freiheiten. Sie sollten sich aber trotzdem nicht in Ihrer Darstellung verzetteln, sondern nur die wirklich wichtigen Schritte und Vorgänge darlegen. Für die weitere Bearbeitung brauchen Sie sich nur konsequent an diese Abbildung zu halten.*

An der Synthese des Farbstoffs Anthocyan, welcher den Petunien ihre violette Farbe verleiht, sind zwei Gene beteiligt. Über den Prozess der Proteinbiosynthese werden beide Gene exprimiert, wobei die Enzyme Chalkon-Synthase und Anthocyan-Synthase gebildet werden. Für beide Gene läuft dieser Prozess zunächst gleich ab. Er beginnt mit der Transkription der Strukturgene im Zellkern. Nachdem die DNA-Doppelhelix an den betreffenden Stellen entwunden und in ihre Einzelstränge aufgespalten wurde, schreibt die RNA-Polymerase in 3' $\rightarrow$ 5'-Richtung die Nukleotidfolge der DNA in einen RNA-Einzelstrang um. Der entstandene prä-mRNA-Einzelstrang wird anschließend dem Prozess des Spleißens unterworfen. Dabei werden Introns, Bereiche der Erbinformation, die keine genetische Information für das spätere Enzym beinhalten, aus dem Einzelstrang entfernt. Die so entstandene reife mRNA enthält ausschließlich informationstragende Exons und gelangt über die Porenkomplexe des Zellkerns in das ihn umgebende Zytoplasma. Dort findet der zweite Teil der Proteinbiosynthese statt, die Translation, bei der die Nukleotidsequenz der mRNA an den Ribosomen mithilfe der tRNA in die Aminosäuresequenz von Polypeptiden übersetzt wird. Der mRNA-Einzelstrang lagert sich dabei zunächst an die kleinere Untereinheit des Ribosoms an. In Vertiefungen der größeren ribosomalen Untereinheit lagern sich dann nach der Komplementaritätsregel nacheinander Aminosäure tragende tRNA-Moleküle an die mRNA an. Die einzelnen Aminosäuren werden dabei nacheinander miteinander verknüpft, sodass am Ende der Translation ein linearer Polypeptidstrang entstanden ist. Dieser wird in einem sich anschließenden Vorgang im Zytoplasma zur spezifischen Tertiärstruktur der funktionstüchtigen Chalkon-Synthase (Genprodukt des Gens 1) bzw. der katalysierenden Anthocyan-Synthase (Genprodukt des Gens 2) gefaltet.

Die so gebildeten Enzyme Chalkon-Synthase und Anthocyan-Synthase katalysieren Reaktionsschritte auf dem Syntheseweg hin zum Blütenfarbstoff Anthocyan. Ausgangspunkt der Synthese sind die beiden Substanzen Malonyl-CoA und Cumaroyl-CoA, die als Substrate von der Chalkon-Synthase zum Zwischenprodukt Chalkon umgesetzt werden. Dieses Zwischenprodukt ist nun das Substrat für das zweite beteiligte Enzym. Die Anthocyan-Synthase katalysiert die Umsetzung von Chalkon zum Endprodukt der Synthesekette, dem Anthocyan.

Bei den Versuchen, die Blütenfarbe der Petunie zu intensivieren, setzten die Forscher beim Zwischenprodukt der Anthocyan-Synthesekette an. Dabei leitete sie die Überlegung, dass weitere Kopien des Gens 1 über die Proteinbiosynthese zu einer größeren Menge des Enzyms Chalkon-Synthase im Zytoplasma der Pflanzenzellen führen müsse. Dadurch würden vermehrt Chalkon-Moleküle produziert, die Ausgangsstoff für eine wiederum vermehrte Anthocyan-Produktion wären. Da so mehr violetter Blütenfarbstoff vorhanden wäre, so die Überlegungen, müsse der Farbton der genmanipulierten Petunie intensiver ausfallen.

II.2 *Achten Sie bei den Abbildungen 3a und b auf den Fettdruck. Er hilft Ihnen, auf den ersten Blick die zugrunde liegenden Sachverhalte zu erkennen.*

Der Einbau einer Genkopie für das Enzym Chalkon-Synthase ist am Beispiel der Sojabohne genauer untersucht worden. Der Ausschnitt eines Exons in Abbildung 3b (Material B) zeigt, dass es gelang, eine Kopie des Gens 1 am gleichen Genlocus einzufügen wie das Original. Allerdings gelang es nicht, die codogene Sequenz der Genkopie direkt hinter die codogene Abfolge des dort bereits befindlichen Gens zu platzieren. Die Kopie wurde um 180° gedreht hinter das Originalgen eingefügt. Die Kopie des codogenen Strangs wurde also an den nicht codogenen Strang des Originalgens angelagert und umgekehrt. Dadurch kommen bei der genmanipulierten Pflanze in beiden DNA-Strängen codogene DNA-Teile zu liegen. Die Abbildung 3c verdeutlicht, dass bei der Transkription durch die RNA-Polymerase beide Stränge, das Originalgen und dessen eingefügte Kopie, abgelesen werden (können). Da beide DNA-Stränge zueinander komplementär sind, sind es auch ihre transkribierten mRNA-Einzelstränge. Dies führt dazu, dass sich die Struktur der entstandenen mRNA grundlegend von der bei einer nicht manipulierten Sojabohne unterscheidet. Es kann zu einer Paarung der komplementären mRNA-Einzelstränge zu einer doppelsträngigen mRNA kommen (Abb. 3d), die als „ds"-mRNA bezeichnet wird.

II.3 *Am Anfang könnten Sie die unterschiedlichen, z. T. ähnlich klingenden Begriffe etwas verwirren. Wenn Sie aber beim Durcharbeiten des Textes aus Material C immer die zugehörige Abbildung 4 zu Rate ziehen, dürften einer erfolgreichen Bearbeitung keine Hindernisse mehr im Wege stehen.*

Ein Primer ist ein unerlässliches, kleines Stück RNA (RNA-Oligonukleotid), ohne das die Replikation der DNA am 3'→5'-Strang nicht möglich wäre. Der Primer, der spezifisch für einen DNA-Abschnitt ist, wird von einem Enzym, der Primase, synthetisiert. Er liefert der DNA-Polymerase das fehlende freie 3'-OH-Ende als Ansatzpunkt, damit eine DNA-Replikation in 5'→3'-Richtung möglich wird. Der 3'→5'-Strang wird in mehreren Abschnitten synthetisiert (Okazaki-Stücke) und für jeden DNA-Abschnitt existiert ein spezifischer Primer. Sobald die DNA-Replikation begonnen hat, ist der RNA-Primer nicht mehr notwendig. Er wird vom Enzym Ligase abgebaut, welches gleichzeitig die noch existierende Lücke im 3'→5'-Strang durch den Einbau von DNA-Nukleotiden schließt.

Der Vergleich eines Primers mit der si-RNA bei der Petunie verdeutlicht einige Gemeinsamkeiten beider Strukturen: Primer sowie si-RNA kommen in unterschiedlichen, aber jeweils für sie typischen Sequenzen vor. Außerdem bestehen sowohl der Primer als auch die si-RNA aus Ribonukleinsäure und beide Strukturen werden zum Verdoppeln von Nukleinsäuren verwendet.
Ein Unterschied ist bei der Art der zu verdoppelnden Nukleinsäure gegeben. Primer kommen bei der DNA-Replikation vor und werden jeweils neu synthetisiert, si-RNA bindet sich an RNA-Polymerasen, die RdRPs. Primer sind immer einsträngig, wohingegen si-RNA als Abbauprodukte von 21 bp Länge auch doppelsträngig vorkommen kann. In ihrer einsträngigen Form legt si-RNA, wenn sie an RdRP gebunden ist (RdRP*), fest, für welche einsträngigen RNA-Moleküle eine sehr hohe Spezifität besteht. Nach Paarung komplementärer Basen können dann RNA-Doppelstränge synthetisiert werden.

II.4 *Bei der grafischen Umsetzung in einem Fließdiagramm sollten Sie die wesentlichen Komponenten zueinander in Beziehung setzen. Dies erfordert allerdings einen guten Überblick über* ***alle drei*** *Materialien. Die anschließende Ursachenerklärung für den Fehlschlag des Experiments kann mit einem Überblick zur Ursache und zu den Folgen des Geneinbaus beginnen. Hieran sollte sich dann die Darlegung der konkreten Wechselwirkungen der einzelnen beteiligten Moleküle anschließen.*

Die Informationen aus Material B und C, warum ein Anstieg der si-RNA-Konzentration in den Zellen genmanipulierter Petunien erfolgt, können in einem Fließdiagramm (siehe rechts) zusammenfassend dargestellt werden.

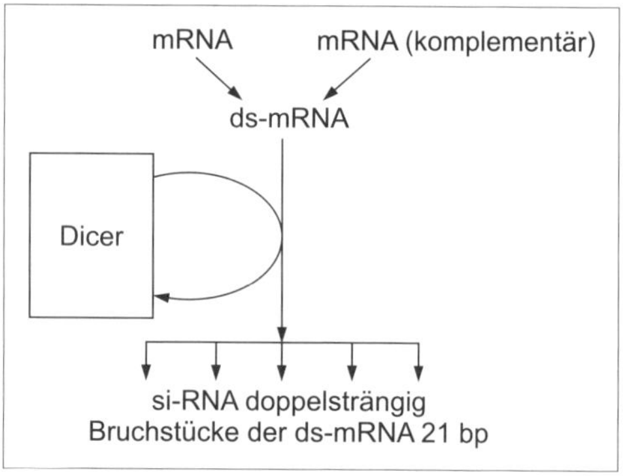

Aufgrund der Erkenntnisse über die Wechselwirkungen zwischen der si-RNA und RdPR einerseits und der „ds"-mRNA und dem Dicer andererseits können folgende Überlegungen darüber angestellt werden, warum bei diesem Experiment der von den Forschern gewünschte Effekt ausgeblieben ist: Ausgangspunkt ist der ungewöhnliche Einbau einer Kopie des für die Chalkon-Synthase codierenden Gens hinter das eigentliche Strukturgen der Chalkon-Synthase. Dies ist der Auslöser dafür, dass letztendlich keine einsträngige mRNA zur Bildung dieses Enzyms in der Pflanzenzelle vorliegt und damit das erste Enzym in der Synthesekette zum Farbstoff Anthocyan nicht gebildet werden kann. Denn somit kann das Zwischenprodukt Chalkon nicht synthetisiert werden und der Anthocyan-Synthase fehlt ihr Substrat, um daraus den blauen Farbstoff aufzubauen. Infolgedessen bleiben die Blüten weiß. Der unmittelbare

Grund hierfür liegt im Zusammenspiel und im Eingreifen der Moleküle „ds"-mRNA, si-RNA und RdPR in den Prozess der Proteinbiosynthese. Dabei ist als Erstes zu erwähnen, dass durch den beschriebenen Einbau der Genkopie letztendlich keine einsträngige mRNA vorhanden ist, da sich die Einzelstränge nach der Transkription zur „ds"-mRNA des Gens 1 aneinanderlagern. Diese so entstandenen doppelsträngigen RNA-Moleküle zerlegt das Enzym Dicer in 21 bp lange Fragmente, die si-RNAs. Die Bildung dieser si-RNA verhindert über ihren Zusammenschluss mit der spezifischen RNA-Polymerase RdRP, dass überhaupt noch einsträngige mRNA des Gens 1 in der Pflanzenzelle vorkommt. RdPR*, die Verbindung aus si-RNA und RdPR, synthetisiert jeden zugehörigen mRNA-Einzelstrang zu „ds"-mRNA. Solange einsträngige mRNA des Gens noch in der Zelle vorhanden ist, hält sich dieser Prozess über die gebildete si-RNA selbst in Gang. Dadurch sind bei den genmanipulierten Pflanzen so gut wie keine freien mRNA-Einzelstränge vorhanden, die zur Chalkon-Synthase translatiert werden könnten.

II.5 *Bedenken Sie bei Ihrer Bearbeitung der Teilaufgabe 5, dass Ihnen mit Material D eine Vorgabe zur Verfügung steht, was Sie unter dem Begriff „Regelung" zu verstehen haben. Vor allem sollten Sie Ihr Augenmerk auf den Aspekt „negative Rückkopplung" richten, denn er weist Ihnen den Weg zu einer richtigen Aufgabenlösung.*

Ein Genregulationsmechanismus sollte derart wirken, dass ein bestimmter Zustand gegenüber verändernd wirkenden Einflüssen beibehalten wird. Der Normalzustand wäre in diesem Beispiel, dass während der Proteinbiosynthese über eine Genwirkkette der violette Blütenfarbstoff Anthocyan produziert wird. Im vorliegenden Fall, bei dem eine zusätzliche Kopie des Gens 1 (zur Bildung der Chalkon-Synthase) in das Genom der Pflanzen eingebracht wurde, müssen zunächst die Wechselwirkungen der einzelnen RNA-Moleküle berücksichtigt werden. Durch die Kopie des Gens 1 wird das normalerweise existierende zelluläre Gleichgewicht bei der Synthese des funktionellen Proteins Chalkon-Synthase erheblich gestört. Dies zeigt sich zum einen an der Bildung der „ds"-mRNA und zum anderen daran, dass das Enzym Dicer eingreifen und diese Struktur wieder zerlegen muss, indem si-RNA gebildet wird. Letztendlich funktioniert von der gesamten Proteinbiosynthese nur der erste Teil, die Transkription des originären Stukturgens 1 und dessen hinzugefügter Kopie. Eine Genexpression aus der mRNA heraus findet aber nicht statt, da die hierfür notwendige freie, einsträngige mRNA niemals ein Ribosom erreicht. Sie wird sofort zu einer „ds"-mRNA verbunden. Dies bedeutet, dass dauerhaft keine Genexpression mehr stattfindet und die Chalkon-Synthase, ein wesentliches Enzym der Anthocyan-Synthese, überhaupt nicht mehr gebildet werden kann. Das Fließdiagramm in Abbildung 4 (Material C) verdeutlicht, dass es sich bei den in der genmanipulierten Pflanze ablaufenden Prozessen um eine positive Rückkopplung handelt, d. h. um einen sich selbst verstärkenden Vorgang. Die durch das Wirken von Dicer entstandenen si-RNAs sind wieder Ausgangs- und Ansatzpunkt für die RNA-Polymerase-Moleküle. Der Prozess des „ds"-mRNA-Abbaus kann auf diese Weise erneut beginnen und verstärkt sich dadurch selber in seiner Wirkung. Mit Blick auf die in Material D gegebene Definition und der darin herausgestellten Tatsache, dass „die Einstellung eines Gleichgewichts [...] meist durch negative Rückkopplung" erfolgt, kann im vorliegenden Fall unter keinen Umständen von einem Genregulationsmechanismus gesprochen werden.

Leistungskurs Biologie (NRW) – Abitur-Prüfung 2011
Aufgabe 3: Genetik/Ökologie

Aufgabenstellung: Punkte

Thema: Die Ökologie des Bienenwolfs

III.1 Nennen Sie Faktoren der ökologischen Nische des Bienenwolfs (Material A). Beschreiben Sie die interspezifischen Beziehungen des Bienenwolfs und begründen Sie das gehäufte Vorkommen des Bienenwolfs in der Nähe von Bienenstöcken (Material A). 18

III.2 Werten Sie die Untersuchungen eins bis drei (Material B) aus und beurteilen Sie, inwiefern die Produktion und Verteilung der weißen Substanz als Angepasstheit des Bienenwolfs betrachtet werden kann (Materialien A und B). 21

III.3 Werten Sie die Versuchsergebnisse zur Untersuchung der Abwehrreaktion in Tabelle 1 und die Ergebnisse der Untersuchungen von Chitinpanzer-Extrakten in Tabelle 2 aus (Material C). Bewerten Sie die Gültigkeit der beiden Hypothesen aus Material C (Materialien A und C). 17

III.4 Nennen Sie die Angepasstheiten der Goldwespe und erläutern Sie die Selektionsfaktoren, die zu einer Angepasstheit der Goldwespe an die Verhaltensweisen und den Lebenszyklus des Bienenwolfs beitragen (Materialien A und C). 10

Material A: Der Bienenwolf

Der Bienenwolf *(Philanthus triangulum),* im Folgenden Bienenwolf genannt, ist eine Grabwespe. Die Körpergröße der Weibchen beträgt 13–17 mm. Das Weibchen gräbt mehrere Gänge in sandigen Boden oder in Steilhänge, auch in sonnenbeschienene Ritzen von Wegsteinen oder in südexponierte sandige Ritzen von Hausfassaden. Im hinteren Abschnitt eines jeden 0,2–1,0 m langen Ganges zweigen fünf bis zehn Brutzellen ab, in denen es bis zu 30 °C warm und feucht ist. Der weibliche Bienenwolf überfällt Honigbienen (Körpergröße 15 mm) auf Blüten, lähmt sie mit seinem Giftstachel und transportiert sie zu den Brutzellen. In jede Brutzelle werden entweder zwei bis drei Bienen eingebracht und darauf ein unbefruchtetes Ei abgelegt, aus dem sich ein männlicher Nachkomme entwickelt, oder aber es werden drei bis sechs Bienen eingetragen und auf diesen wird ein befruchtetes Ei abgelegt, aus dem sich ein weiblicher Nachkomme entwickelt. Drei Tage nach der Eiablage schlüpft die Larve, die für ca. 72 Stunden unbeweglich ist. Sie frisst zunächst das Fettgewebe und dann die Organe der gelähmten Biene. Nach einigen Wochen hat sie den Nahrungsvorrat aufgebraucht und sich in einen Kokon eingesponnen. Die Larven befinden sich 9 Monate in einem Ruhezustand und überwintern gut geschützt in der Bruthöhle. Sie verpuppen sich im nächsten Frühjahr und schlüpfen im Juni. Die adulten Bienenwölfe ernähren sich von Nektar. Das Weibchen presst auch Nektartropfen aus erbeuteten Bienen und nutzt diese als Nahrung.

Der Bienenwolf fällt insektenfressenden Spinnen, Vögeln, Kleinsäugern oder Raubinsekten zum Opfer. In den 50er- und 60er-Jahren des 20. Jahrhunderts wurden Bienenwölfe von Imkern stark bekämpft.

Die Kleine Goldwespe *(Hedychrum rutilans),* im Folgenden Goldwespe genannt, ist nur 5 mm groß. Sie legt ihre Eier in Bienen ab, die der Bienenwolf gelähmt hat. In Versuchen und in Freilandbeobachtungen wurde die Eiablage der Goldwespe beobachtet. Sie wartet in der Nähe des Nesteingangs des Bienenwolfes, um dann blitzschnell ihr Ei abzulegen und sich wieder zu entfernen. Man beobachtete das Weibchen der Goldwespe bei der Eiablage, sowohl noch bevor das Bienenwolf-Weibchen die Biene in die Höhle schleppt als auch im Zentralgang der Höhle. Hier lagert das Bienenwolf-Weibchen die einzelnen Bienen zwischen, bis wieder eine neue Brutzelle mit mehreren Bienen befüllt und das Bienenwolf-Ei abgelegt wird. Das Bienenwolf-Weibchen reagiert nicht auf das sehr viel kleinere Weibchen der Goldwespe. Schlüpft vier Tage nach der Eiablage die sehr viel mobilere Larve der Goldwespe, frisst sie zunächst die unbewegliche Bienenwolflarve und dann die gelähmten Bienen von innen auf. Selten kommt es vor, dass die Larve der Goldwespe einige Tage nach dem Schlüpfen abstirbt. Meist entwickelt sie sich erfolgreich.

verändert nach: http://www.insektenbox.de/hautfl/biewol.htm (30. 03. 2010)
Strohm, Erhard et al., 2002. Schmid-Egger, C. (Hrsg.), 1995

Material B: Die weiße Substanz des weiblichen Bienenwolfs

Untersuchung 1

Bevor das Bienenwolf-Weibchen das Ei an die gelähmte Biene legt, bestreicht es die Wände der Brutzelle und die Biene mit einer weißen, wachsartigen Substanz aus speziellen Drüsen, die an den Antennen der Weibchen sitzen. Die Larven nehmen beim Fressen kleine Mengen von der Substanz auf und verteilen sie auch im Kokon. Man hat die Bedeutung der Substanz an zwei verschiedenen Gruppen von Larven untersucht. Der Versuch lief über die Dauer der Larvenentwicklung. Die Larven der Kontrollgruppe wuchsen an Bienen, die ganz normal mit weißer Substanz behandelt waren, die anderen Larven hatten keinen Zugang zur weißen Substanz (Abbildung 1). Aus letzterer Gruppe überlebte ein weiblicher Bienenwolf. Dieses Weibchen konnte selbst kein weißes Sekret bilden. Im Folgejahr konnte es keine stabile Brutkammer bauen und sich nicht vermehren.

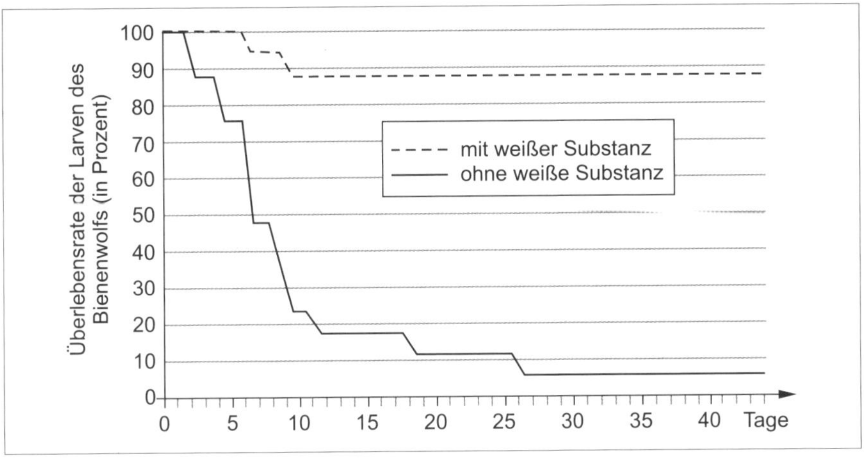

Abb. 1: Überlebensrate der Larven des Bienenwolfs (in Prozent) in Abhängigkeit vom Vorkommen der weißen Substanz an der Biene und in der Bruthöhle
verändert nach: Kaltenpoth, M. et al., Current Biology, 2005, Fig. 5

Untersuchung 2

In einer neuen Untersuchung am Max-Planck-Institut in Jena (2010) ermittelten Forscher Ursachen für die Wirkung der weißen Substanz. Hierzu stellten sie vom Bienenwolf-Weibchen einen Extrakt aus den Antennen mit ihren Drüsen und der weißen Substanz her. Außerdem züchteten sie eine Mischkultur aus verschiedenen Schimmelpilzen und Bakterien, die häufig Insekten befallen. Die Petrischalen dieser Mischkultur wurden dann mit dem Extrakt behandelt. Zum Vergleich testete man vier verschiedene Antibiotika.

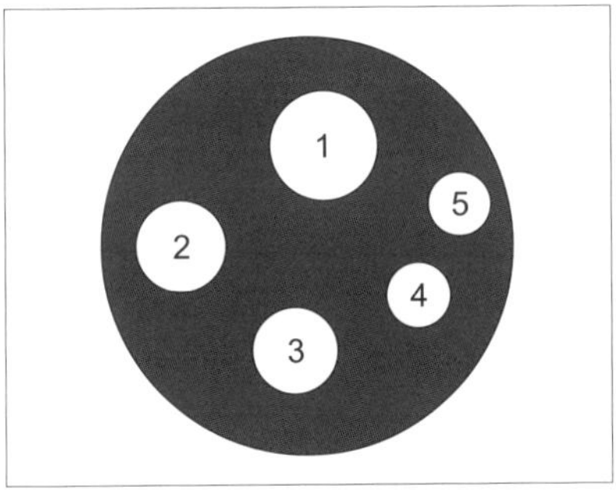

Filterpapiere getränkt mit Extrakt aus den Antennen des Bienenwolf-Weibchens mit ihren Drüsen und der weißen Substanz bzw. mit verschiedenen Antibiotika, s. u. Nr. 2–5
1: Extrakt
2: Streptochlorin
3: Piericidin A1
4: Piericidin B1
5: Glucopiericidin A
◯ Die hellen Kreise geben die Löcher im Rasen an.

Abb. 1: Petrischale mit der Mischkultur aus Schimmelpilzen und Bakterien. Diese Mikroorganismen bilden einen zusammenhängenden Rasen (in der Abbildung grau) auf Agar. Auf **gleichgroßen Filterpapieren** sind Wirkstoffe aufgetragen, die in die Umgebung diffundieren und unterschiedlich große Löcher (in der Abbildung hell) im Rasen erzeugen.
verändert nach: Kroiss, Johannes, Kaltenpoth, Martin, 2010, Fig. 2

Untersuchung 3
Mikroskopische Untersuchungen zeigen, dass Mikroorganismen zwischen den Antennenborsten am Kopf des Bienenwolf-Weibchens, in den Antennendrüsen und auf dem Kokon siedeln. Um die Art der Bakterien zu identifizieren, wurden von den kompletten Antennendrüsen des weiblichen Bienenwolfs DNA-Proben entnommen und mittels PCR vervielfältigt. Die PCR gelang, wenn die Forscher Primer für die PCR benutzten, die hochspezifisch für ribosomale RNA von Bakterien der Gattung Streptomyces waren. Streptomyces produziert Antibiotika, z. B. Streptochlorin und verschiedene Piericidine.

Kroiss, Johannes, Strohm, Erhard et al., 2008

Material C: Wie verbirgt der Brutparasit seine Anwesenheit?

Soziale Insekten, zum Beispiel Bienen, erkennen einander am „Nestgeruch". Dieser entsteht dadurch, dass die miteinander nahe verwandten Individuen in ihrem Chitinpanzer ein Gemisch flüchtiger Kohlenwasserstoffe fast identischer Zusammensetzung besitzen, das sie umgibt und sich im gesamten Nest verteilt. Fremde werden an ihrem andersartigen Geruch als Eindringlinge erkannt und bekämpft.

Biologen fragten sich, wie es dem Weibchen der Goldwespe gelingt, sich im Zentralgang der Bruthöhle vor dem Bienenwolf-Weibchen zu verbergen. Sie vermuteten, dass die Kleine Goldwespe eine „chemische Tarnung" besitzt. Dabei waren zwei Hypothesen auf dem Prüfstand:

1) Die Goldwespe tarnt sich, indem sie die Duftstoffe aus der Bruthöhle annimmt.
2) Die Goldwespe produziert Duftstoffe, die denen des Bienenwolfes ähnlich sind.

In diesem Zusammenhang testete man im ersten Versuch, ob Düfte bei Bienenwolf-Weibchen eine Abwehrreaktion auslösen. In die Bruthöhle eines jeden Weibchens legte man in drei Versuchen (A, B, C) je ein Filterpapier, das unterschiedlich behandelt war. In Versuch A war es das reine Lösungsmittel, in Versuch B ein Extrakt aus dem Chitinpanzer der Goldwespe und in Versuch C ein Extrakt aus dem Chitinpanzer einer Fliege, die weder nah mit der Goldwespe noch nah mit dem Bienenwolf verwandt ist. Man protokollierte, in welchem Ausmaß weibliche Bienenwölfe auf den Duft reagierten.

Tabelle 1: Ergebnisse von Versuch 1 zur Abwehr-Reaktion der Bienenwolf-Weibchen auf unterschiedliche Duftproben

Probe auf dem Filterpapier im Zentralgang der Bruthöhle	Anteil an jeweils reagierenden Bienenwolf-Weibchen (%)
A Reines Lösungsmittel (Hexan)	0
B Extrakt der Goldwespe	20
C Extrakt der Fliege	90

Im zweiten Versuch analysierte man dann die chemische Zusammensetzung der flüchtigen Kohlenwasserstoffe im Extrakt aus Chitinpanzern verschiedener Arten. Dabei bezog man die Arbeiterinnen der Honigbiene und eine verwandte Goldwespenart, die Sandgoldwespe *(Hedychrum nobile),* die nicht beim Bienenwolf parasitiert, in die Untersuchung ein.

Tabelle 2: Ergebnisse von Versuch 2: Prozentualer Anteil der flüchtigen Kohlenwasserstoffe im Extrakt aus Chitinpanzern verschiedener Insekten

Substanz-bezeichnung	Honigbiene Arbeiterin	Bienenwolf Weibchen	Kleine Goldwespe Weibchen	Sandgold-wespe Weibchen
a) C21	0,40	0	0	0,19
b) C23-7-en	0,30	0	0	0,21
c) C23	22,40	10,20	10,10	3,65
d) C24	0,51	0	0	0,21
e) C26:1	0	0,44	0,21	0
f) C28	0,15	0	0	0,25
g) C31	5,41	2,47	2,0	0

verändert nach: Kroiss, Johannes, Strohm, Erhard et al., 2008

weitere Materialgrundlage:

Kaltenpoth, M., Goettler, W., Herzner, G., Strohm, E., 2005. Symbiotic Bacteria Protect Wasp Larvae from Fungal Infestation, In: Current Biology, Vol. 15 (5), 475–479, March 8, 2005

Kroiss, Johannes, Kaltenpoth, Martin, 2010. Symbiotic streptomycetes provide antibiotic combination prophylaxis for wasp offspring, in: Nature Chemical Biology, Vol. 6, 261–263 (published online 28. 02. 2010)

MPG Presseinformation B/2010 (49) 28. Februar 2010, Bienenwolf schützt sich mit Antibiotika

Kroiss, Johannes, Strohm, Erhard, 2008. A cuckoo in wolves' clothing? Chemical mimicry in a specialized cuckoo wasp of the European beewolf (Hymenoptera, Chrysididae and Crabronidae), in: Frontiers in Zoology 2008, 5:2 doi:10.1186/1742-9994-5-2

Schmid-Egger, C. (Hrsg.), 1995, Hedychrum rutilans, Wie geschieht die Eiablage wirklich?, In: Rundbrief für alle Freunde der akuleaten Hymenopteren, bembiX Nr. 5, Dezember 1995, http://www.insektenbox.de/hautfl/biewol.htm (30. 03. 2010)

Lösungsvorschlag

In der Aufgabe thematisierte Unterrichtsinhalte sind:
Umweltfaktoren, ökologische Nische, Lebensraum, Habitatfaktoren, Beziehungen zwischen Organismengruppen, Anpassungen, Populations-Wechselbeziehungen, LOTKA-VOLTERRA-Regeln, Konkurrenz, Koexistenz

III.1 *Die erste Teilaufgabe erfordert von Ihnen ein exaktes Durcharbeiten des Materials im Hinblick auf die relevanten Gesichtspunkte Lebensraum, Beziehungsgeflecht und Vorkommen. Dabei können Sie u. U. geschickt Vorkommen und ökologische Nische der Tiere miteinander verbinden. Sollten Ihnen der Fachbegriff „Parasitoid" nicht bekannt sein, ist dies nicht problematisch. Es genügt, wenn Sie die parasitäre Lebensweise der Goldwespe erkennen und entsprechend benennen.*

Der Bienenwolf *(Philanthus triangulum)* besetzt eine ökologische Nische, an die er durch seine Lebensweise optimal angepasst ist. Eine Grundvoraussetzung hierfür ist ein sandiger Boden, in dem die 13 bis 17 mm große Grabwespe ihre feuchtwarmen Brutzellen anlegen kann. In solchen sonnenbeschienenen, südexponierten Lagen müssen in unmittelbarer Nähe der Bruthöhle Futterpflanzen für Honigbienen vorhanden sein. Hier jagt der Bienenwolf Bienen, die er als Nahrung für seine Larven benötigt und gelähmt in den Bruthöhlen ablegt. Aufgrund ihrer Lebensweise stehen Bienenwolf und Honigbiene in einer Räuber-Beute-Beziehung zueinander. Wie üblich bei derartigen Beziehungen, die mit dem LOTKA-VOLTERRA-Modell erklärt werden können, reguliert auch hier die Anwesenheit sehr vieler Beuteorganismen die Anzahl der in einem Biotop vorkommenden Räuber. Je mehr Bienen also vorhanden sind, desto besser sind die Aussichten für weibliche Bienenwölfe, eine ausreichende Nahrungsgrundlage für sehr viele Nachkommen zu erschließen. Dies kann zu einer Massenvermehrung von *Philanthus triangulum* führen. Die ausgewachsene Grabwespe ernährt sich von Nektar, den sie auf Pflanzen in der Nähe ihrer Behausung sammelt. Bienenwölfe sind ihrerseits Beutetiere von Insekten fressenden Spinnen, Vögeln, Kleinsäugern bzw. Raubinsekten wie den Hornissen. Des Weiteren besteht eine interspezifische Beziehung zwischen Bienenwolf und Mensch, wenn Imker die Tiere bejagen. Vor allem in den 50er- und 60er-Jahren des 20. Jahrhunderts wurden die Tiere bei massenhaftem Auftreten als mittelbare Nahrungskonkurrenten des Menschen angesehen. Verschleppte Bienen fielen als Honigsammler aus, wodurch sich der Honigertrag insgesamt verringerte. Eine besondere Beziehung hat die Grabwespe zur mit 5 mm Größe deutlich kleineren Goldwespe *(Hedychrum rutilans)*. Die Goldwespe ist ein Raubparasit (Parasitoid), der seinen Wirt, die Bienenwolflarve, befällt und tötet.

III.2 *Bedenken Sie, dass der Operator „auswerten" von Ihnen verlangt, Daten bzw. Ergebnisse in einen Zusammenhang zu stellen und ggf. zu einer Gesamtaussage zu verbinden. Daher sollten Sie zunächst die Abbildung 1 in Material B konkret beschreiben und anschließend aus der Beschreibung heraus die Versuchsergebnisse ableiten und erläutern.*

Abbildung 1 in Material B gibt die prozentuale Überlebensrate von Larven des Bienenwolfes (Ordinate / y-Achse) innerhalb von 44 Tagen (Abszisse / x-Achse) wieder. Die Tiere wurden bei zwei unterschiedlichen Ausgangsbedingungen gehalten. Eine Gruppe lebte auf Honigbienen, die mit der spezifischen weißen, wachsartigen Substanz überzogen waren, die auch unter natürlichen Bedingungen vom Muttertier auf den Bienen verstrichen wird. Die andere Gruppe hatte diese Substanz nicht zur Verfügung. Ab dem zweiten Versuchstag war ein stetiges Absterben der Larven dieser letzten Gruppe zu beobachten. Am 7. Tag lebte bereits mehr als die Hälfte der Tiere nicht mehr und bis zum 27. Tag waren noch ca. 6 % der Larven vorhanden. Dieser Wert änderte sich während der restlichen Versuchsdauer nicht mehr. In der Gruppe, die Kontakt zur weißen, wachsartigen Substanz hatte, starben vom 6. bis zum 9. Tag etwas mehr als 10 % der Versuchstiere. Danach war kein Todesfall mehr zu beobachten, sodass bis zum Ende des Versuchs fast 90 % der Versuchstiere überlebt hatten. Dieses Versuchsergebnis legt den Schluss nahe, dass die vom Muttertier auf der „Nahrungsquelle" Biene verteilte Substanz ein Stoff ist, der für das Überleben der heranwachsenden Larven sehr wichtig ist. Zwei weitere Untersuchungen bestätigen diese Annahme, indem sie zur Aufklärung der Beschaffenheit und Wirkungsweise der Substanz führten, die aus speziellen Drüsen an den Antennen des weiblichen Bienenwolfes abgegeben wird. Dazu wurde von Forschern ein Extrakt hergestellt, der „aus den Antennen mit ihren Drüsen und der weißen Substanz" bestand. Diesen Extrakt testeten die Forscher in Petrischalen auf seine antibakterielle und antimykotische Wirkung bei Bakterien und Schimmelpilzen, die häufig Insekten befallen. Im direkten Vergleich mit vier Antibiotika (u. a. Streptochlorin und zwei Piericidine) stellte sich heraus, dass der Extrakt deutlich wirksamer war als jedes der einzelnen getesteten Antibiotika. Eine weitere Untersuchung wandte sich u. a. der Anatomie des Kopfes der Bienenwolfweibchen zu. Bei diesen mikroskopischen Betrachtungen konnten zwischen den Antennenborsten, in den Antennendrüsen und auf dem Kokon der Larven Mikroorganismen entdeckt werden. Zur Identifizierung dieser Mikroorganismen wurde deren Erbsubstanz mithilfe der PCR-Methode untersucht. Dabei stellte sich heraus, dass es sich bei den Lebewesen um Bakterien der Gattung *Streptomyces* handelte. Mikroorganismen dieser Gruppe sind Antibiotika-Produzenten, sie stellen u. a. Streptochlorin und verschiedene Piericidine her. Damit konnte die von den weiblichen Bienenwölfen produzierte weiße, wachsähnliche Substanz dahingehend charakterisiert werden, dass ihre antibiotische Wirkung auf die darin befindlichen Bakterien der Gattung *Streptomyces* zurückzuführen ist. Die von diesen produzierten Antibiotika stellen die wirksame Komponente in der weißen Substanz der Bienenwolfweibchen dar.

Weibliche Bienenwölfe verteilen die von ihnen – bzw. mithilfe der sie besiedelnden Mikroorganismen – hergestellte weiße Substanz nicht nur auf den erbeuteten Bienen. Auch die Wände der Brutzellen werden mit ihr bestrichen. Dass die Larven kleine Mengen des weißen, wachsähnlichen Stoffes fressen und in ihren Kokons verteilen, weist bereits darauf hin, dass es sich um eine überlebenswichtige Substanz handeln muss, was Abbildung 1 signifikant verdeutlicht. Damit stellen Produktion und Verteilung dieser weißen Substanz eine Angepasstheit der Grabwespe an ihre Lebensbedingungen dar. Die Höhle des Bienenwolfs stellt mit einer Temperatur von bis zu 30 °C einen feuchtwarmen Lebensraum dar, in dem auch Mikroorganismen gut gedeihen können. Besonders in den Brutkammern, dem Aufenthaltsort der nächsten Grabwespengeneration, erweist sich das Vorkommen und die Weitergabe der antibakteriell und antimykotisch wirkenden weißen Substanz als Selektionsvorteil. Zum einen werden damit sowohl die Wände der Brutzellen (organisches Material) als auch die darin befindliche Nahrung (gelähmte Honigbienen) gegen eine Infektion durch Bakterien und Pilze abgesichert. Zum anderen ist auch die nächste Generation durch die Aufnahme und Verteilung der weißen Substanz innerhalb des Kokons vor entsprechenden Infektionen geschützt.

III.3 *Bei der hier geforderten Auswertung sollten Sie auf* ***alle*** *Versuchsergebnisse der Tabellen 1 und 2 eingehen und diese zueinander in Beziehung setzen. Auch hier ist eine Vermischung von Beschreibung und Deutung nicht angeraten. Bei der Bewertung der beiden Hypothesen ist es durchaus angebracht, die hier vorliegenden Sachverhalte auch in einen evolutiven Zusammenhang zu stellen. Eine derartige Thematisierung an dieser Stelle bringt Ihnen Zusatzpunkte.*

Der Brutparasit *Hedychrum rutilans* hält sich zeitweise in der Bruthöhle eines Bienenwolfweibchens auf, um dort sein Ei auf der eingeschleppten, gelähmten Biene abzulegen. Dabei wird die weibliche Goldwespe, sollte es zu einer Begegnung mit der Besitzerin der Bruthöhle kommen, im Normalfall ignoriert. In biologischen Experimenten wurde untersucht, wie es dem Parasitoid gelingt, im Zentralgang der Bruthöhle unentdeckt bzw. unerkannt zu bleiben. Ausgangspunkt für die Untersuchungen war die Annahme, dass sich die Kleine Goldwespe einer „chemischen Tarnung“ bedient. Diese führte zu zwei Hypothesen. Eine Vermutung war, dass die Tarnung des Brutparasiten darin besteht, die Duftstoffe aus der Bruthöhle anzunehmen. Eine konkurrierende Hypothese ging davon aus, dass die Goldwespe selbst Duftstoffe produziert, die denen des Bienenwolfes ähnlich sind. Zur Verifizierung bzw. Falsifizierung dieser Mutmaßungen wurden zwei Experimente (Material C) durchgeführt. In der einen Untersuchung (Tabelle 1) wurde die Abwehrreaktion des Bienenwolfweibchens auf Extrakte aus dem Chitinpanzer der Goldwespe und einer weder mit dem Parasiten noch mit seinem Wirt verwandten Fliegenart getestet. Die Duftproben wurden auf Filterpapier aufgebracht. Für einen Kontrollversuch wurde reines Lösungsmittel verwendet. Die Versuchsergebnisse zeigten, dass das Filterpapier mit dem reinen Lösungsmittel ignoriert wurde. Wie es für diese Kontrolle zu erwarten war, beeinflusst es die Experimente nicht. In 90 % der Fälle reagierte der weibliche Bienenwolf auf den Geruch des Fliegenextraktes, jedoch nur in 20 % auf den der Goldwespe. Dies bedeutet, dass der Duftstoff des Brutparasiten nur jedes fünfte Mal als artfremd erkannt wurde. Darauf aufbauend untersuchten die Biologen in einer zweiten Experimentreihe (Tabelle 2) die spezifischen Geruchsstoffe, flüchtige Kohlenwasserstoffverbindungen, in Extrakten aus Chitinpanzern unterschiedlicher Insektenarten. Insgesamt sieben Substanzen von vier Insektenarten wurden getestet. Zu den Testobjekten gehörten neben den weiblichen Exemplaren des Bienenwolfes und der Kleinen Goldwespe auch die Honigbiene (Arbeiterin) sowie eine weitere Goldwespenart, die Sandgoldwespe. Diese ist zwar mit *Hedychrum rutilans* verwandt, parasitiert aber nicht bei Bienenwölfen. Die chemische Analyse erbrachte, dass von den untersuchten sieben flüchtigen Kohlenwasserstoffen nur drei (C 23, C 26 : 1 und C 31) im Exoskelett des Bienenwolfs vorkommen. Genau die gleichen und nur diese Stoffe dünsten auch aus dem Chitinpanzer der Kleinen Goldwespe aus. Dabei ist der jeweilige mengenmäßige Anteil sehr ähnlich und unterscheidet sich nur zwischen 0,1 und 0,47 % von dem des weiblichen Bienenwolfs. Ein Vergleich der Verhältnisse bei den verwandten Goldwespenarten weist kaum noch Gemeinsamkeiten in Bezug auf die flüchtigen Kohlenwasserstoffe aus dem Chitinpanzer auf. Es zeigt sich hier die evolutive Anpassung des Brutparasiten an seinen Wirt, den Bienenwolf. Völlig aus dem Rahmen fallen auch die Werte der Honigbiene, die sich deutlich von denen des Bienenwolfs und der Kleinen Goldwespe unterscheiden.

Mithilfe der Versuchsergebnisse der beiden Experimente ist eine Bewertung der zwei zu Beginn geäußerten Hypothesen möglich. Die Ergebnisse aus den Experimenten 1 und 2 können dahingehend gedeutet werden, dass die Kleine Goldwespe eine Art „chemischer Mimikry" betreibt. Die Duftstoffkombination des Chitins des Bienenwolfs wird nahezu perfekt von der Kleinen Goldwespe nachgeahmt. Aufgrund ihres Fortpflanzungsverhaltens in den Nestern von *Philanthus triangulum* liegt hier eine spezifische, evolutive Anpassung von *Hedychrum rutilans* vor. Somit kann die zweite Hypothese verifiziert werden. Eine Falsifizierung der ersten Überlegung ist schon deswegen sehr wahrscheinlich, weil sich der Brutparasit nur sehr befristet in den Gängen und Bruthöhlen des Bienenwolfs aufhält. In dieser kurzen Zeitspanne Duftstoffe aufnehmen zu können erscheint – zumal eine deutlich bessere Erklärungsmöglichkeit zur Verfügung steht – sehr unwahrscheinlich.

III.4 *Bei dieser Teilaufgabe ist es nicht damit getan, noch einmal die bereits erarbeiteten Ergebnisse zu wiederholen. Sie sollten vielmehr in einen größeren Zusammenhang eingeordnet und mit Blick auf den Evolutionsfaktor Selektion erläutert werden.*

Bei der Kleinen Goldwespe, *Hedychrum rutilans,* haben in mehreren Bereichen ihres Lebenszyklus Anpassungen an den von ihr parasitierten Wirt *Philanthus triangulum* stattgefunden. Bereits der frühzeitige Schlupf einer mobilen Larve aus dem Ei gehört zu diesen Anpassungen. Dadurch, dass die Larve der Kleinen Goldwespe beweglicher ist als die des Bienenwolfs, kann sie diese töten und sie als Nahrungsquelle nutzen. Anschließend hat der Brutparasit für seine weitere Entwicklung noch die gelähmten Honigbienen, die eigentlich für die Bienenwolflarve vorgesehen waren, als Futter zur Verfügung. Das sofortige Ausschalten und Verzehren des (Nahrungs-)Konkurrenten ist demnach eine weitere evolutive Anpassung. Die entscheidende Angepasstheit des Goldwespenweibchens stellt seine Fähigkeit dar, eine Art „chemischer Tarnung" zu betreiben. Indem es im Bau seines Wirtes (durch die Chitinausdünstungen ähnlicher chemischer Komponenten wie die beim Bienenwolf) seine eigene Anwesenheit maskiert, kann es ungestört zur Eiablage an dem Ort kommen, der die Entwicklung einer nächsten Generation von Kleinen Goldwespen gewährleistet. All diese Verhaltensweisen haben sich im Laufe der evolutiven Anpassung der Kleinen Goldwespe an ihren Wirt herausgebildet.

Der Bienenwolf in seinen unterschiedlichen Entwicklungsstadien stellte einen entscheidenden Selektionsfaktor dar. Das Bienenwolfweibchen, das für seinen Nachwuchs Beute ins Nest einbringt, vertreibt alle von ihm erkannten Fremdorganismen. Ein vom Bienenwolfweibchen wahrgenommenes Goldwespenweibchen kann keine Eier im Nest seines Wirtes platzieren. Die Fitness eines solchen Goldwespenindividuums ist gegenüber der Fitness einer in ihrem Eiablageverhalten besser angepassten Artgenossin herabgesetzt. Die Bienenwolflarven wirken ihrerseits evolutiv dahingehend, dass alle Larven des Brutparasiten ausgemerzt werden, die sich nicht schnell genug entwickeln konnten. Beide Larven konkurrieren um die gelähmten Honigbienen als Nahrungsquelle für ihre weitere Entwicklung. Unterliegt die Larve der Kleinen Goldwespe, ist die Fitness der Art *Hedychrum rutilans* verringert, da sich die Larve nicht weiter zu einem adulten Tier entwickeln kann.

Leistungskurs Biologie (NRW) – Abitur-Prüfung 2012
Aufgabe 1: Evolution

Aufgabenstellung: Punkte

Thema: Die Evolution der Vögel

I.1 Vergleichen Sie die Fingerknochen und Mittelhandknochen von Theropoden, *Archaeopteryx* und *Gallus* und prüfen Sie anhand der Homologiekriterien, ob diese Strukturen homolog sind (Material A, Abbildung 1). Begründen Sie, inwieweit das Ergebnis die vorgelegte Stammbaumkonstruktion (Material A, Abbildung 2) bestätigt. 19

I.2 Beschreiben Sie die Veränderungen im Aufbau der Hand während der Individualentwicklung des Vogels (Material B, Abbildung 3). Vergleichen Sie Abbildung 3c (Material B) mit Abbildung 1f (Material A) und erklären Sie, weshalb die Abstammung der Vögel von den Sauriern durch die neuen Befunde der Embryologie infrage gestellt wird. 15

I.3 Werten Sie die Ergebnisse der Sequenzanalyse der Kollagene aus (Material C, Tabelle 1). Zeichnen Sie einen möglichen Stammbaum ausschließlich auf der Grundlage der Untersuchungen der Kollagene, der die Verwandtschaft von *Tyrannosaurus rex* mit den überprüften Wirbeltieren veranschaulicht, und begründen Sie Ihren Stammbaumvorschlag. 22

I.4 Diskutieren Sie, ob die Stammesgeschichte der Vögel mithilfe der hier vorliegenden morphologischen, embryologischen und biochemischen Befunde endgültig aufgeklärt werden kann. 10

Material A: Sind Dinosaurier die Vorfahren der Vögel?

Vögel sollen von Dinosauriern abstammen. Diese Hypothese wird durch den Vergleich fossil erhaltener Handskelette verschiedener Theropoden mit dem Handskelett rezenter Vögel (z. B. *Gallus*) gestützt. Theropoden (Abbildung 1a–d) waren Dinosaurier mit extrem kurzen Vorderbeinen, sie waren biped, d. h. sie liefen nur auf den Hinterbeinen.

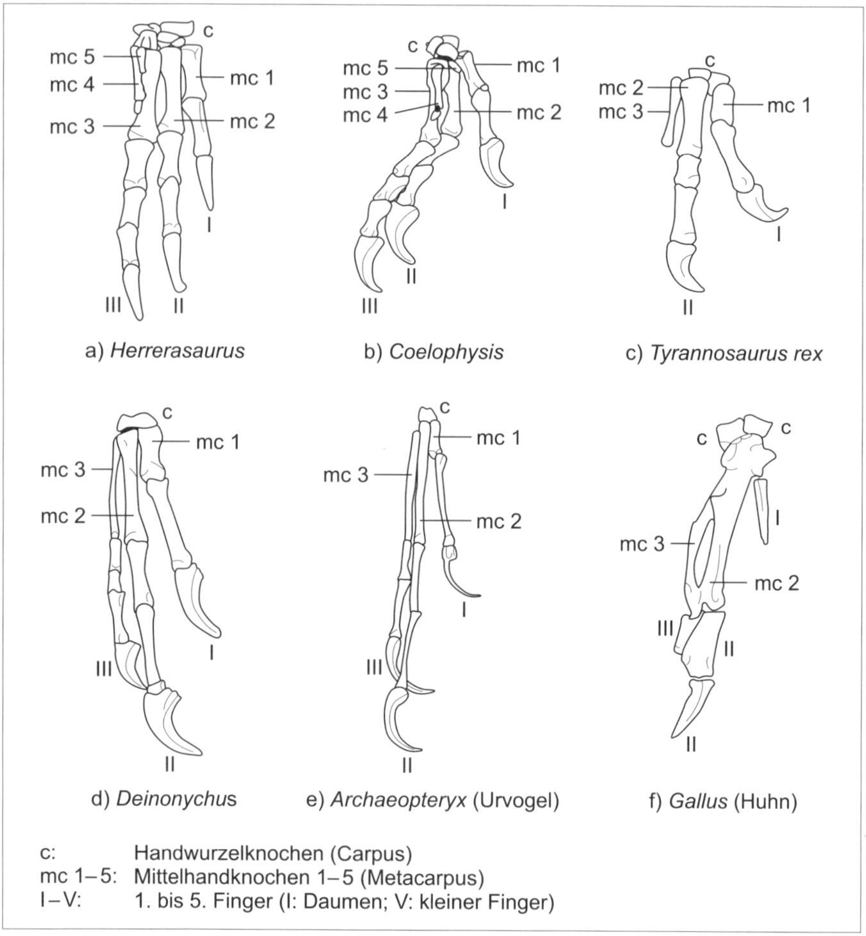

Abb. 1: Handskelette von fossilen Theropoden (a–d), vom Urvogel (e) und vom Huhn (f)
Anmerkung: Die verschiedenen Handskelette sind zur besseren Vergleichbarkeit ähnlich groß gezeichnet (Maßstäbe jeweils unterschiedlich).
verändert jeweils nach: a) Feduccia (2005). Fig. 16, S. 148; b) Burke (1997); d), e) Wagner (1999). Fig. 2; f) Galis (2003). Fig. 1. Vollständige Quellenangaben unter „weitere Materialgrundlage"

Nach der Auswertung weiterer anatomischer Merkmale und mithilfe der Altersbestimmung der Fossilfunde wurde ein Stammbaum der Theropoden konstruiert, in deren Gruppe auch die rezenten Vögel (z. B. *Gallus*) und der Urvogel *Archaeopteryx* mit einbezogen wurden:

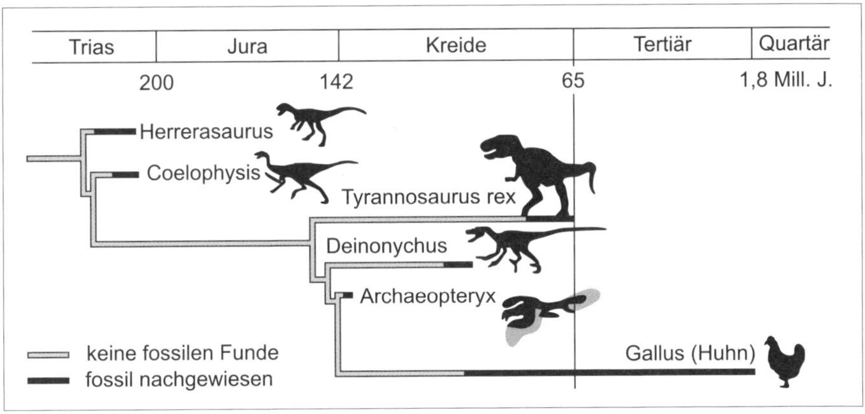

Abb. 2: Stammbaum ausgewählter Theropoden unter Einbeziehung rezenter Vogelarten (z. B. *Gallus*)
verändert und vereinfacht nach: Sereno, P. (1999). Fig. 4

Material B: Neue Erkenntnisse aus der Entwicklung der Vögel: nicht I, II, III, sondern II, III, IV?

Seit über einem Jahrhundert gibt es über die Abstammung der Vögel von den Dinosauriern heftige wissenschaftliche Auseinandersetzungen. Aktuelle Untersuchungen zur Entwicklung des Handskeletts während der Embryonalentwicklung der Vögel haben diesen Streit wieder neu entfacht:

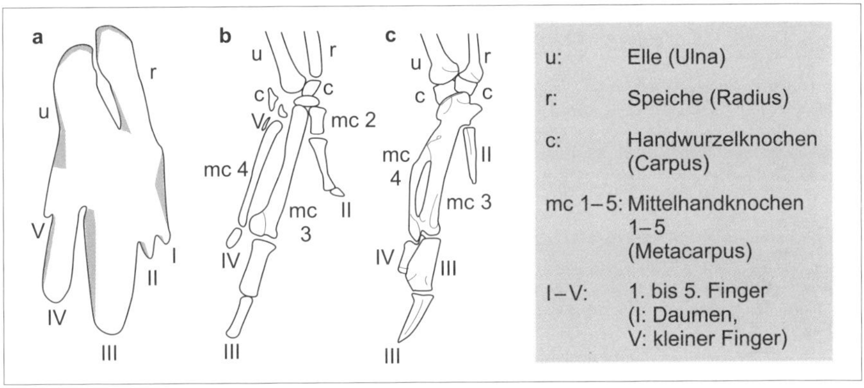

Abb. 3: Entwicklung des Vogelflügels (Maßstäbe jeweils unterschiedlich)
a) 29 Tage alter Embryo; b) 35 Tage alter Embryo; c) ausgewachsener Vogel
verändert nach: Galis (2003). Fig. 1

Material C: Fossiles Kollagen von *Tyrannosaurus rex*

2003 wurde in Montana ein 68 Millionen Jahre alter Knochen von *Tyrannosaurus rex* entdeckt. Forscher von der Staatsuniversität North Carolina untersuchten den Fund und stellten fest, dass trotz des hohen Alters innerhalb des Oberschenkelknochens Weichgewebe und Blutgefäße noch erhalten waren. Sie konnten Reste von Kollagen isolieren, welches Haut, Sehnen und Knochen aufbaut.
Erstmalig konnten derart alte Proteine untersucht werden. Der Forscher CHRIS ORGAN von der Harvard University in Cambridge und sein Team sequenzierten vier kurze Fragmente dieser Proteine. Die Aminosäuresequenz der beiden Kollagene *ColA1* und *ColA2* von *Tyrannosaurus rex* wurde mit Aminosäuresequenzen entsprechender Kollagene von heute lebenden Wirbeltieren verglichen:

Tabelle 1: Fragmente aus den Proteinen *ColA1* und *ColA2* von *Tyrannosaurus rex* im Vergleich mit Sequenzen von heute lebenden Wirbeltieren

	Position der Aminosäuren im Kollagen von *T. rex*	**Übereinstimmung bei**
1	1–18 *ColA1*	*Gallus* (Huhn), *Alligator*
2	289–300 *ColA1*	*Gallus* (Huhn), *Alligator,* *Opossum* (Beuteltier)
3	469–485 *ColA1*	*Gallus* (Huhn), verschiedene Säugetiere
4	1–18 *ColA2*	*Gallus* (Huhn)

Materialgrundlage: Asara (2007). Tab. 2
Sequenzen der Kollagene aus: http://www.ncbi.nlm.nih.gov/protein/P0C2W4.1 (28. 04. 2011)
http://www.sciencemag.org/content/suppl/2008/04/24/320.5875.499.DC1/Organ.SOM.pdf (12. 04. 2012)

weitere Materialgrundlage:

Asara, J. M., Schweitzer, M. H., Freimark, L. M., Phillips, M., Cantley, L. C. (2007). Protein Sequences from Mastodon and Tyrannosaurus Rex Revealed by Mass Spectrometry. Science 13 (316), 280–285

Benton, M. (2005). Vertebrate Paleontology. Blackwell Publishers, 256–263

Burke, A. C., Feduccia, A. (1997). Developmental Patterns and the Identification of Homologies in the Avian Hand. Science 278, 666–668. Reprinted with permission from AAAS

Feduccia, A., Lingham-Soliar, T., Hinchliffe, J. R. (2005). Do Feathered Dinosaurs Exist? Testing the Hypothesis on Neontological and Paleontological Evidence. Journal of Morphology 266 (2), 125–166

Galis, F., Kundrat, M., Sinervo, B. (2003). An Old Controversy Solved: Bird Embryos have Five Fingers. Trends in Ecology and Evolution 18 (1), 7–9

Middleton, K. M., Gatesy, S. G. (2000). Theropod Forelimb Design and Evolution. Zool. J. of the Linnean Society, 149–187

Norman, D. B., Weishampel, D. B. (1990). The Dinosauria: Iguanodontidae and Related Ornithopods. University of California Press, Berkeley, 510–533

Sereno, P. (1999). The Evolution of Dinosaurs. Science 284, 2 137–2 147

Vargas, A. O. (2005). Beyond Selection. 78 Revista Chilena de Historia Natural, 739–752

Vargas, A. O., Fallon, J. F. (2005). Birds have Dinosaur Wings: The Molecular Evidence. Journ. of Exp. Zool. (Mol. Dev. Evol.) 304, 86–90

Wagner, G. P., Gauthier, J. A. (1999). 1, 2, 3 = 2, 3, 4: A Solution to the Problem of the Homology of the Digits in the Avian Hand. Proc. Natl. Acad. Sci. USA 96, 5 111–5 116. © 1999 National Academy of Sciences, U.S.A.

Welten, C. M., Veerbek, F. J., Meijer, A. H., Richardson, M. K. (2005). Gene Expression and Digit Homology in Chicken Embryo Wing. Evolution and Development 7 (1), 18–28

Lösungsvorschlag

In der Aufgabe thematisierte Unterrichtsinhalte sind:
Vergleich rezenter und paläontologischer Hinweise (Homologie der Wirbeltiergliedmaßen), Homologiekriterien, phylogenetischer Stammbaum, Vergleich und Beurteilung der Ergebnisse unterschiedlicher Analysemethoden

I.1 *Die Aufgabenstellung strukturiert Ihre Vorgehensweise. Bei der Beschreibung der Handskelette muss der Begriff „Strahl" für Finger nicht unbedingt fallen. Denken Sie daran, dass es drei Homologiekriterien zu überprüfen gilt. Auch konstruktive Kritik zur Aufgabe ist möglich und kann Zusatzpunkte bringen.*

Ein Vergleich der Handskelette mit Handwurzelknochen, Mittelhandknochen und Fingern in Abb. 1 zeigt zunächst, dass bei *Herrerasaurus* und *Coelophysis* alle fünf Strahlen (Finger) der fünfstrahligen Wirbeltierextremität ausgebildet sind. Allerdings existieren die Strahlen IV und V bei beiden Tieren nur noch in stark reduzierter Form. Eine Reduktion der Fingerzahl auf Daumen (Strahl I) und Zeigefinger (Strahl II) hat bei *Tyrannosaurus rex* stattgefunden. Der dritte Strahl besteht als Rudiment nur noch aus dem Mittelhandknochen mc 3, die übrigen Finger (Strahl IV und V) sind nicht mehr ausgebildet. Die Handskelette von *Deinonychus* und *Archaeopteryx* weisen lediglich drei Strahlen (Finger I, II und III) auf, die Finger IV und V sind auch hier nicht mehr vorhanden. Ebenso liegen beim Haushuhn nur noch die Strahlen I bis III vor. Darüber hinaus lassen sich hier deutliche Reduktionen am Finger I und Verwachsungen bei den Mittelhandknochen und den Fingern II und III feststellen.
Das Knochenmaterial der Handskelette ist geeignet, um Verwandtschaftsbeziehungen anhand der drei Homologiekriterien untersuchen: Das **Kriterium der Lage** besagt, dass Strukturen verschiedener Lebewesen homolog sind, wenn sie in Anordnung und Anzahl einem gemeinsamen Bauplan zugeordnet werden können. Dies ist bei den sechs Handskeletten aus Abb. 1 der Fall. Sowohl ihre Position im Skelett (Vorderextremität) als auch die Anordnung der beteiligten Knochen weisen die geforderte Übereinstimmung auf. Das **Kriterium der Kontinuität oder Stetigkeit** besagt, dass Organe oder Körperteile verschiedener Arten homolog sind, wenn sie sich über (z. B. embryonale bzw. fossile) Zwischenformen verbinden lassen. Die Zwischenformen ihrerseits müssen dabei untereinander mithilfe des Lagekriteriums homologisierbar sein. Tatsächlich ist hier eine Reduktion der Strahlenanzahl von fünf (bei a und b), auf drei (bei d–f) bis zu lediglich zwei Fingern beim *Tyrannosaurus rex* festzustellen. Für eine generelle und allgemeingültige Verifizierung dieses Kriteriums zur Regression im Handskelett ist die Materialbasis aber zu schmal. Da komplex aufgebaute Strukturen immer dann als homolog angesehen werden, wenn sie in zahlreichen Einzelheiten ihres Baues übereinstimmen, ist auch das dritte **Kriterium der spezifischen Qualität** erfüllt: Die Substanz aller Handskelette ist bzw. war Knochengewebe. Dies kann beim rezenten Vogel ohne größere Hilfsmittel und bei Fossilien durch Ultradünnschnitte belegt werden.

Diese Befunde stützen die Stammbaumrekonstruktion in Abb. 2 aus mehreren Gründen. Da sich alle untersuchten Handskelette auf den Bauplan einer fünfstrahligen Wirbeltierextremität zurückführen lassen, kann hier ein gemeinsamer Ahne, der diese fünffingrige Hand besessen hat, für alle sechs Tierarten angenommen werden. Die beiden ältesten Theropoden verfügen noch über ein fünffingriges Handskelett, das aber bereits deutliche Reduktionen auf nur drei Finger aufweist. Die jüngeren Arten *T. rex, Deinonychus, Archaeopteryx* und auch *Gallus* haben gemeinsam, dass bei ihnen keine Rudimente der IV. und V. Finger des Handskeletts mehr vorhanden sind. Kritisch anzumerken bleibt aber, dass – wie aus Abb. 2 hervorgeht – über weite zeitliche Strecken keine fossilen Funde vorliegen. Ob hier bei der Stammbaumerstellung vielleicht zu stark spekuliert wurde, kann nicht eindeutig entschieden werden.

I.2 *Gehen Sie bei der Bearbeitung dieser Teilaufgabe gezielt auf die Widersprüche in der Beschriftung der Handskelette der Vögel ein. Gewichten Sie die Informationen bezüglich der postulierten Abstammung der Vögel entsprechend.*

Am 29. Tag des Embryonalstadiums des Vogels (a) fällt auf, dass zwar alle fünf Strahlen angelegt sind, ihre Ausbildung aber stark differiert. Während die Finger III und IV kräftig entwickelt sind, sind die Strahlen I, II und V nur sehr rudimentär angelegt. Am 35. Tag (b) ist der erste Strahl nicht mehr vorhanden – der Daumen wurde zurückgebildet. Auch der fünfte Strahl ist bis auf ein rudimentäres Knochenstück (V) fast vollständig verschwunden. Betrachtet man die Finger II–IV genauer, so ist festzustellen, dass sie aus einem (II und IV) bzw. zwei Gliedern (III) bestehen, die Mittelhandknochen liegen noch frei. Beim ausgewachsenen Vogel (c) treten jedoch Verwachsungen bzw. Verschmelzungen auf: Beim II. Strahl scheinen Mittelhand- und Fingerknochen miteinander verschmolzen. Auch mc 3 könnte prinzipiell reduziert worden sein. Ebenfalls zusammengewachsen sind vermutlich die beiden Mittelhandknochen des III. und IV. Strahls.

Abb. 3c und Abb. 1f stellen jeweils das Handskelett eines ausgewachsenen Vogels dar, Abb. 1f spezifisch das von *Gallus*. Während die Strahlen in Abb. 3c jedoch mit II, III und IV bezeichnet werden, sind sie in Abb. 1f mit I, II und III beschriftet. Damit widersprechen die auf Basis der Embryonalentwicklung gewonnenen aktuellen Erkenntnisse (Abb. 3) über die Zuordnung der Strahlen eindeutig der Zuordnung in Abb. 1. Nach den neuen Befunden müsste die Abstammung der Vögel von den Sauriern angezweifelt werden. Die Argumentation beruht darauf, dass bei den Vögeln Strahl I und V reduziert werden, während es beim Urvogel und den Dinosauriern *Tyrannosaurus rex* und *Deinonychus* der IV. und V. Finger sind. Die Abspaltung der Vögel von der Gruppe der Saurier müsste folglich früher stattgefunden haben als laut Abb. 2 angenommen.

I.3 *Arbeiten Sie zunächst die Aussagen von Tab. 1 heraus und setzen Sie sie dann mithilfe Ihrer Kenntnisse über die Aufstellung von Verwandtschaftsbeziehungen zeichnerisch um.*

Forschern der Staatsuniversität North Carolina gelang es im Jahre 2003, aus 86 Millionen Jahre alten Knochen von *Tyrannosaurus rex* Reste von Kollagen zu isolieren und davon vier kurze Fragmente zu sequenzieren. Die Aminosäuresequenz der Kollagene *ColA1* und *ColA2* verglichen sie anschließend mit entsprechenden Kollagenen rezenter Vertebraten. Dabei ergab sich, dass die vier Fragmente (drei aus *ColA1* und eines aus *ColA2*) jeweils Übereinstimmungen mit unterschiedlichen Wirbeltiergruppen aufweisen. Bei *T. rex* und *Gallus* sind die vier Kollagenfragmente identisch. Dagegen gleichen nur zwei *ColA1*-Fragmente von *T. rex* entsprechenden Sequenzen beim Alligator. Jeweils eine Übereinstimmung mit *ColA1* von *T. rex* weisen verschiedene untersuchte Säugetiere und das Opossum auf. Auf der Grundlage dieser Übereinstimmungen lassen sich folgende Verwandtschaftsbeziehungen zwischen dem Dinosaurier *T. rex*, dem Huhn, dem Reptil Alligator und den Säugetieren konstruieren:

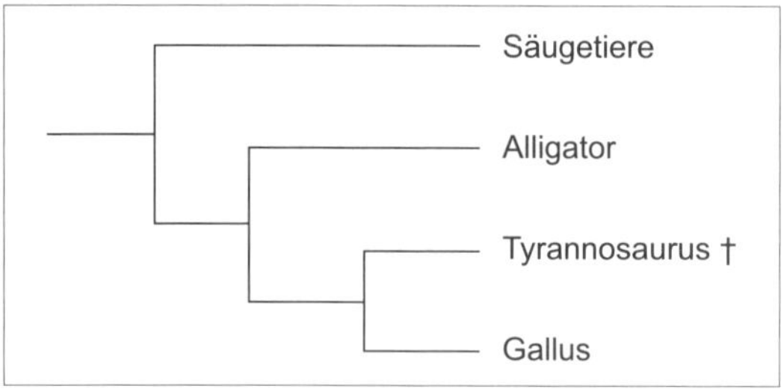

Sind die Aminosäuresequenzen im Kollagen identisch, kann auch auf eine entsprechende Übereinstimmung in der DNA, die ja die Reihenfolge der Aminosäuren codiert, geschlossen werden. Dabei weisen Übereinstimmungen in der Erbsubstanz DNA, die von Vorfahren an Nachkommen weitergegeben wird, darauf hin, dass gemeinsame Ahnen vorliegen. Bei der Stammbaumerstellung gilt der Grundsatz: Je mehr Übereinstimmungen vorhanden sind, desto näher stehen sich die Tiergruppen phylogenetisch. Die Übereinstimmungen bei den untersuchten Kollagenproben legen die Verwandtschaft des ausgestorbenen *T. rex* mit den rezenten Wirbeltieren nahe und lassen auf einen gemeinsamen Vorfahren schließen. Dabei stehen *T. rex* und *Gallus* einander verwandtschaftlich am nächsten (höchste Übereinstimmung in den Aminosäuresequenzen). Da Alligator und *T. rex* nur zwei identische Sequenzen besitzen, ist das Reptil nicht so nahe mit dem Dinosaurier verwandt wie der Vogel. Das geringste Maß an Übereinstimmungen liegt zur Tiergruppe der Säuger vor. Demnach sind die Säugetiere nur entfernt mit *Tyrannosaurus rex* verwandt.

I.4 *Die hier von Ihnen verlangte Einschätzung der Sachlage zur Stammesgeschichte der Vögel ist anspruchsvoll. Wenn Sie bei Ihrer Diskussion aber zunächst noch einmal die wesentlichen Befunde des Arbeitsmaterials zusammenfassen, wird Ihnen Ihre Argumentation leichter fallen. Es wird von Ihnen nicht erwartet, dass Sie eine endgültige Antwort in diesem Streit formulieren. Sie sollten aber das Für und Wider gegeneinander abwägen.*

Aus dem Arbeitsmaterial gehen drei verschiedene Ansichten zur Deutung der Stammesgeschichte der Vögel hervor. Material A, das von versteinertem Skelettmaterial und Handskeletten von *Gallus* ausgeht, legt eine enge Verwandtschaft zwischen Dinosauriern und Vögeln nahe. Material B argumentiert von der Entwicklungsbiologie der Vögel aus. Die embryologischen Befunde zur Reduktion einzelner Fingerknochen widersprechen der Ansicht der vergleichenden Anatomie und stellen die enge Verwandtschaft von Vogel und Saurier infrage. Material C wiederum legt auf der Basis gemeinsamer Aminosäuresequenzen in Kollagenen den Schluss nahe, dass *Tyrannosaurus rex* und die heute lebenden Vögel miteinander verwandt sind. Aber gerade diese Hinweise auf identische DNA-Sequenzen bei *T. rex* und *Gallus* müssen nicht zwingend zu dem Schluss führen, dass hier eine Verwandtschaft besteht: Die Menge des für einen Verwandtschaftsvergleich zur Verfügung stehenden Proteinmaterials ist äußerst gering. Hinzu kommt, dass keine vollständigen Übereinstimmungen vorliegen. Bei *ColA1* stimmen nur drei kurze Sequenzen mit gerade einmal 40 Aminosäuren bei beiden Vertretern überein; bei *ColA2* handelt es sich nur um eine Kette von 18 übereinstimmenden Aminosäuren. Auf einer derartig schmalen Datenbasis kann keine gesicherte Abstammungsbestimmung erfolgen. Außerdem kann die Zuordnung der Aminosäureabfolge zu einer DNA-Sequenz keinesfalls als gesichert angesehen werden. So könnte es sein, dass die kurzen gemeinsamen Sequenzen nur zufällig identisch sind und beispielsweise auf unterschiedlichen DNA-Basensequenzen beruhen (Degeneration des genetischen Codes). Hierauf lässt sich Verwandtschaft nicht eindeutig genug begründen.
Auch die Stammbaumrekonstruktion (Abb. 2) beruht nur auf einem kleinen Pool an fossilen Daten, der die gemeinsame Abstammung nicht eindeutig belegen kann. Die vorliegenden Versuchsergebnisse und Indizien reichen also nicht aus, um ein endgültiges Urteil zu fällen. Die Streitfrage, ob die heute lebenden Vögel von den Dinosauriern abstammen, ist – zumindest unter alleiniger Verwendung dieses Materials – noch lange nicht beantwortet.

Leistungskurs Biologie (NRW) – Abitur-Prüfung 2012
Aufgabe 2: Neurobiologie

Aufgabenstellung: Punkte

Thema: Erregungsleitung und -übertragung an Tintenfisch-Neuronen

II.1 Vergleichen Sie die Leitungsgeschwindigkeiten bei myelinisierten und nicht myelinisierten Axonen und erläutern Sie die Ursache für die Unterschiede (Material A). 16

II.2 Beschreiben Sie die Versuchsergebnisse von KATZ und MILEDI (Material B, Abbildung 2) und interpretieren Sie sie im Hinblick auf die Transmitterfreisetzung und den Beitrag der Na^+- und K^+-Ionen zur Transmitterfreisetzung an den Synapsen von Riesenaxonen des Tintenfisches. 12

II.3 Beschreiben Sie die Versuchsergebnisse der Untersuchung zur Rolle der Ca^{2+}-Ionen an der Synapse (Material B, Abbildungen 3 und 4). Werten Sie die Ergebnisse im Hinblick auf den Zusammenhang zwischen präsynaptischem Potenzial, postsynaptischem Potenzial und Einfluss der Ca^{2+}-Ionen aus. 26

II.4 Erläutern Sie, wie eine gleichzeitige Kontraktion der gesamten Mantelmuskulatur gesteuert werden kann (Materialien B und C). Entwickeln Sie eine Hypothese, welche Rolle die Ca^{2+}-Ionen dabei zusätzlich spielen können. 12

Material A: Erregungsleitung innerhalb von Nervenzellen

Bei Nervenfasern unterscheidet man zwischen Axonen mit Markscheide (markhaltige oder myelinisierte Nervenfasern) und Axonen ohne Markscheide (marklose oder nicht myelinisierte Nervenfasern). Die Leitungsgeschwindigkeit entlang verschiedener Axone wurde bestimmt (Tabelle 1).

Tabelle 1: Leitungsgeschwindigkeiten bei verschiedenen Axonen

	Herkunft	Durchmesser (µm)	Leitungsgeschwindigkeit (m/s)
Myelinisierte Fasern	Wirbeltier, motorisches Axon	13	70–120
	Wirbeltier, afferentes (sensorisches) Axon	8	30–70
	Wirbeltier, motorisches Axon (Muskelspindel)	5	15–30
	Wirbeltier, Axon aus dem Sympathicus	3	3–15

	Herkunft	Durchmesser (µm)	Leitungsgeschwindigkeit (m/s)
Nicht myelinisierte Fasern	Wirbeltier, langsames afferentes (sensorisches) Axon	<1	0,5–2
	Krebs, motorisches Axon	50	3
	Tintenfisch, Riesenaxon	800–1 000	22

verändert nach: Dudel, J. (Hgg.), Menzel, R. (Hgg.), Schmidt, R. F. (Hgg.) (2001). Neurowissenschaft: Vom Molekül zur Kognition. Springer Verlag, S. 110, Abb. 1

Material B: Erregungsübertragung an Synapsen des Tintenfisches

Tintenfische sind interessante Forschungsobjekte für die Neurobiologie. Sie besitzen bis zu einem Millimeter dicke, marklose Nervenfasern, sogenannte Riesenaxone. In diese Riesenaxone können Elektroden eingeführt werden, sodass die elektrischen Vorgänge direkt in der Nervenzelle und in den Riesensynapsen gemessen werden können. Bernhard Katz und Ricardo Miledi führten in den sechziger Jahren des 20. Jh. Untersuchungen an Synapsen von Riesenaxonen des Tintenfisches durch, da diese groß genug sind, um mehrere Elektroden einzuführen (Abbildung 1). Sie gingen u. a. der Frage nach, ob bzw. inwieweit Na^{+}-, K^{+}- und Ca^{2+}-Ionen die Transmitterfreisetzung beeinflussen.
Sie blockierten die Na^{+}- und K^{+}-Ionenkanäle in der präsynaptischen Membran durch Neurotoxine. Nach schrittweiser Erhöhung der Spannung wurden die prä- und postsynaptischen Potenziale gemessen (Abbildung 2).

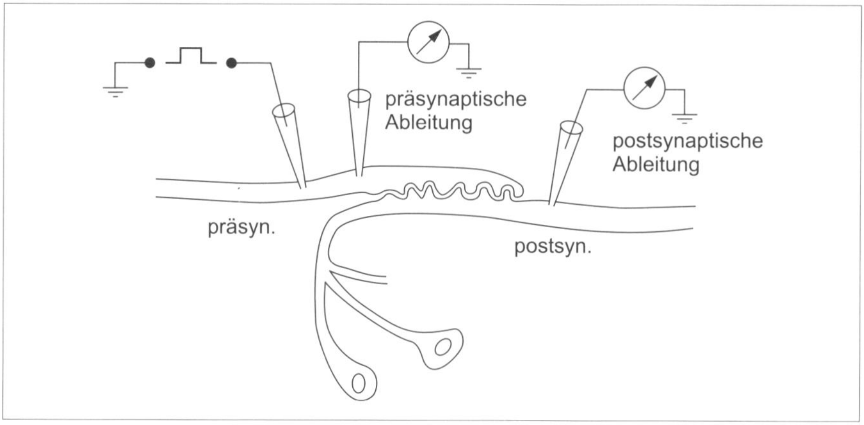

Abb. 1: Versuchsanordnung zur Messung der prä-und postsynaptischen Depolarisationen an der Synapse des Riesenaxons

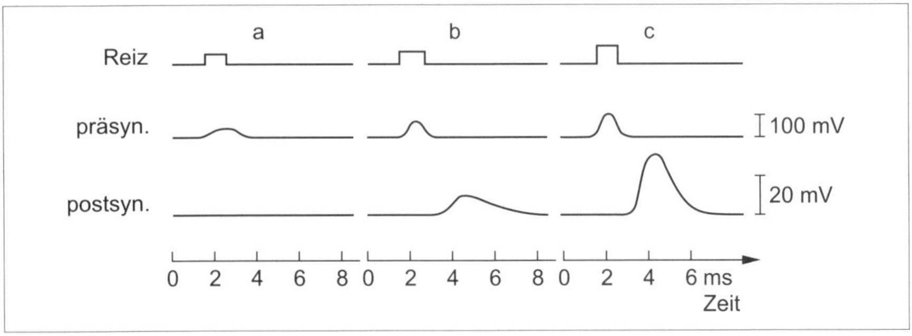

Abb. 2: Messung der prä- und postsynaptischen Depolarisationen bei zunehmend erhöhtem elektrischem Reiz; Messergebnisse bei drei verschiedenen Reizstromstärken (a–c)

In einem weiteren Experiment wurden ebenfalls die K^+- und Na^+-Kanäle blockiert. Nach der Injektion des Ca^{2+}-Indikators Äquorin in die präsynaptische Endigung wurde diese elektrisch gereizt. Das Protein Äquorin sendet in Anwesenheit von Ca^{2+} Licht aus. Prä- und postsynaptische Potenziale wurden über Mikroelektroden intrazellulär abgeleitet (Abbildungen 3 und 4).

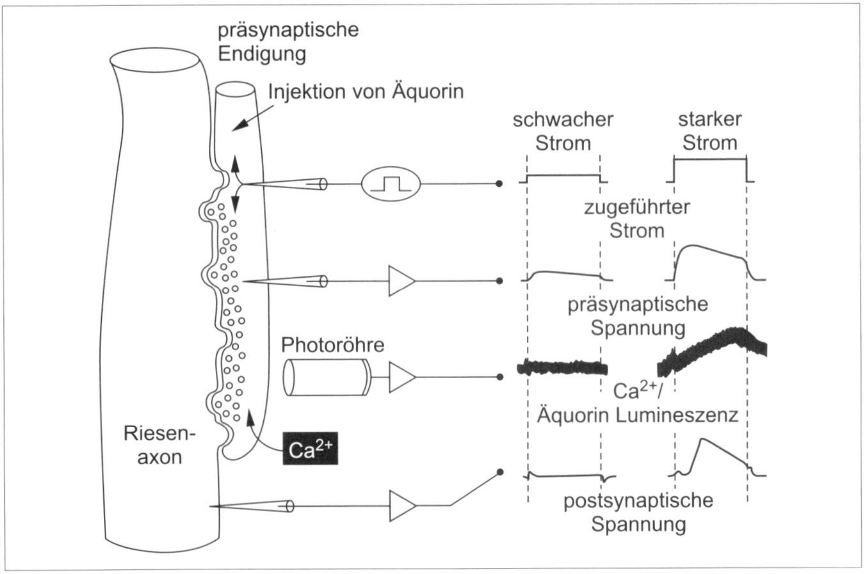

Abb. 3: Untersuchungen zur Rolle der Calciumionen an der Synapse (vereinfachte Darstellung)

In einem dritten Experiment wurde der Einfluss des präsynaptischen Potenzials auf das postsynaptische Potenzial bei verschiedenen Ca^{2+}-Konzentrationen untersucht.

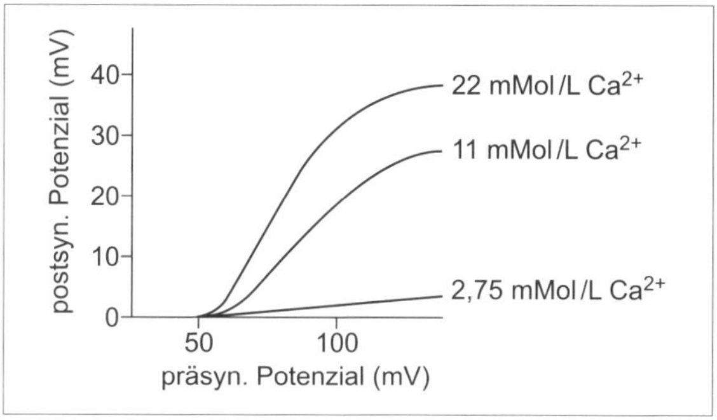

Abb. 4: Abhängigkeit des postsynaptischen Potenzials von der präsynaptischen Depolarisation bei unterschiedlichen Konzentrationen von Ca^{2+}-Ionen in der umgebenden Lösung (mMol/L ≙ Millimol/Liter)

Abb. 1–4 verändert nach: French, K., Randall, D., Burggren, W., Eckert, R. (2002). (Übers.: Ganslosser, U., Apfelbach, R.). Tierphysiologie. Thieme Verlag, Stuttgart, 4. Auflage, S. 192/194

Material C: Riesenaxone steuern den Rückstoß

Ein Tintenfisch kann sich nach dem Rückstoßprinzip fortbewegen, indem er seinen Mantel schlagartig über seine ganze Länge zusammenzieht und einen Wasserstrahl durch einen Trichter am Kopfansatz herausdrückt (Abbildung 5). Diese Art der Fortbewegung wird vor allem bei Beutefang und Fluchtverhalten eingesetzt. Nur die Neurone, die die Kontraktion der Muskulatur rund um die Mantelhöhle steuern, besitzen Riesenaxone.

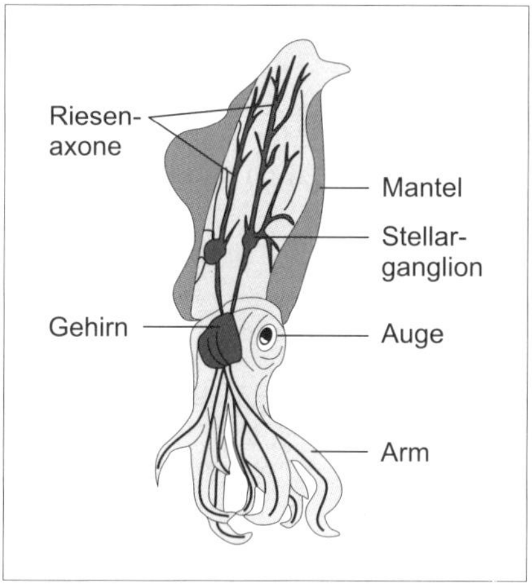

Abb. 5: Innervierung der Mantelmuskulatur beim Tintenfisch
verändert nach: http://www.mun.ca/biology/desmid/brian/BIOL2060/BIOL2060-13/13_02.jpg (08. 02. 2012)

weitere Materialgrundlage:

Katz, B., Miledi, R. (1970). Further Study of the Role of Calcium in Synaptic Transmission. J. Physiol 207, 789–801

French, K., Randall, D., Burggren, W., Eckert, R. (2002). (Übers.: Ganslosser, U., Apfelbach, R.). Tierphysiologie. Thieme Verlag, Stuttgart, 4. Auflage, 192–194

Kandel, E. R. (Hgg.), Schwartz, J. E. (Hgg.), Jessell, T. M. (1996). (Übers.: Benner, S.) Neurowissenschaften – eine Einführung. Spektrum Akademischer Verlag, Heidelberg, S. 174/278

Moyes, C. D., Schulte, P. M. (2007). Tierphysiologie. Pearson Deutschland 1996, S. 200

Dudel, J. (Hgg.), Menzel, R. (Hgg.), Schmidt, R. F. (Hgg.) (2001). Neurowissenschaft: Vom Molekül zur Kognition. Springer Verlag, 2. Auflage

Lösungsvorschlag

In der Aufgabe thematisierte Unterrichtsinhalte sind:
Leitungsgeschwindigkeit von Axonen, Aktionspotenzial, Erregungsleitung, chemische Synapsen, Neurotransmitter, neuromuskuläre Synapse

II.1 *Geben Sie ausgehend von Tab. 1 Ihr Wissen zur neuronalen Erregungsleitung reproduktiv wieder.*

Über die je nach Axontyp unterschiedliche Erregungsleitung in Nervenzellen geben die Messwerte in Tab. 1 Auskunft. Sie führt die Leitungsgeschwindigkeiten (in m/s) sowie Durchmesser (in µm) myelinisierter und nicht myelinisierter Nervenfasern auf. Generell steigt die Leitungsgeschwindigkeit mit zunehmendem Axondurchmesser an, wobei es keine Rolle spielt, ob es sich um motorische oder sensorische Axone handelt. Die Höhe der Leitungsgeschwindigkeit hängt jedoch stark von der Markhaltigkeit der Nervenfasern ab: Die Geschwindigkeit innerhalb myelinisierter Axone ist deutlich höher als innerhalb nicht myelinisierter Nervenfasern gleichen Durchmessers. Während im Riesenaxon des Tintenfisches für eine Leitungsgeschwindigkeit von 22 m/s ein Durchmesser von durchschnittlich 900 µm notwendig ist, erreichen motorische Axone der Muskelspindel von Wirbeltieren eine ähnlich hohe Geschwindigkeit (15–30 m/s) bei einem Durchmesser von lediglich 5 µm. Ähnliches gilt auch beim Vergleich von motorischen Axonen des Krebses mit Sympathicusaxonen von Wirbeltieren. Die Myelinisierung der Nervenfasern muss Wirbeltieren demnach den entscheidenden Vorteil beim Erreichen hoher Leitungsgeschwindigkeiten verschaffen. Bei Axonen, die keine Markscheide besitzen, ist die Erregungsleitung ein **kontinuierlicher** Prozess. Wird die Axonmembran überschwellig gereizt, öffnen sich spannungsgesteuerte Na^+-Ionenkanäle. Dies führt zu einer Depolarisierung der Membran, ein Aktionspotenzial wird ausgelöst. Benachbarte Membranbereiche werden durch ausgleichende Ströme ebenfalls depolarisiert, sodass auch hier Aktionspotenziale entstehen. Dieser Vorgang, der keine Abschwächung erfährt, wiederholt sich kontinuierlich entlang der marklosen Nervenfaser. Bei markhaltigen Fasern erfolgt die Weiterleitung der Erregung hingegen **saltatorisch**: Die komplett umhüllte, gut isolierte Membran der myelinisierten Axone wird in regelmäßigen Abständen von sog. Ranvierschen Schnürringen unterbrochen. Nur hier tritt die Nervenzelle mit dem extrazellulären Medium in Kontakt und nur an diesen Stellen sind spannungsgesteuerte Ionenkanäle vorhanden, sodass ausschließlich hier Aktionspotenziale entstehen können. Die Ausbreitung des Potenzials erfolgt innerhalb der Markscheide dann durch ein elektrisches Feld, d. h. passiv von Schnürring zu Schnürring. Diese Art der Impulsleitung ist in mehrfacher Hinsicht vorteilhaft: Die höhere Geschwindigkeit ermöglicht z. B. in einer Fluchtsituation eine schnellere Reaktion. Zudem spart der Organismus Stoffwechselenergie, wenn entlang des Axons nur noch wenige Membranbereiche depolarisiert werden müssen.

II.2 *Auch hier ist Ihnen die Herangehensweise an das Material klar vorgegeben. Wenn Sie in Abb. 3 Hilfslinien einziehen, können Sie mit ungefähren Zahlenwerten argumentieren. Achten Sie beim dritten Aufgabenteil genau auf die Versuchsbedingungen bezüglich der genannten Ionen.*

An der Kollaterale eines Tintenfischneurons wurden präsynaptisch Reize von unterschiedlicher Stromstärke gesetzt. Die präsynaptische Membran wurde dabei mit Neurotoxinen behandelt, die sowohl Na^+-Ionenkanäle als auch K^+-Ionenkanäle blockieren. Gleichzeitig führten die Forscher sowohl präsynaptisch nahe der Reizstelle als auch postsynaptisch eine Ableitung durch. Ein kleiner Reiz (a) führt dabei nur zu einer geringen präsynaptischen Depolarisation um ca. 50 mV und löst kein postsynaptisches Potenzial aus. Bei mittlerer Reizstromstärke (b, ca. das 1,5-fache von a) folgt sowohl eine prä- als auch eine postsynaptische Antwort. Die präsynaptische Depolarisation liegt bei 75 mV, die postsynaptische bei über 10 mV. Letztere verläuft in Form einer über ca. 5 ms hinweg langsam ansteigenden und flach auslaufenden Kurve. Bei hoher Stromstärke (c, ca. doppelt so hoch wie a) liegt das präsynaptische Potenzial bei einem Wert von gut 100 mV, die postsynaptische Depolarisation bei mehr als 30 mV. Versuche b und c zeigen, dass eine postsynaptische Depolarisation der Membran erst mit einer zeitlichen Verzögerung von ca. 1,5 ms erfolgt. Darüber hinaus wird deutlich, dass mit der präsynaptischen auch die postsynaptische Depolarisation ansteigt.
Diese Untersuchungen lassen folgende Interpretationen zu: Da die Antwort der postsynaptischen Zelle immer zeitlich verzögert auf die präsynaptische Depolarisation folgt, kann es sich bei der Erregungsübertragung von der prä- zur postsynaptischen Zelle nicht um ein elektrisches Phänomen handeln. Grundlage dafür muss ein chemischer Vorgang sein. Aus der präsynaptischen Membran werden Transmitter ausgeschüttet, die über den synaptischen Spalt hinweg diffundieren und einen Na^+-Ioneneinstrom an der postsynaptischen Membran bewirken. Ein solcher Vorgang benötigt Zeit, wie in den vorliegenden Experimenten deutlich wird. Nicht jede präsynaptische Depolarisation führt dazu, dass auch die postsynaptische Membran depolarisiert wird. Dies kann so interpretiert werden, dass nicht bei jeder Depolarisation an der präsynaptischen Membran (gleiche Mengen an) Neurotransmitter ausgeschüttet werden. Die Informationsübertragung an den Synapsen von Riesenaxonen des Tintenfisches kann demnach über die Menge an ausgeschüttetem Transmitter gesteuert werden. Unterschiedliche Höhen der präsynaptischen Depolarisation führen zu unterschiedlichen Mengen an Transmittern, die in den synaptischen Spalt abgegeben werden. Dadurch, dass bei diesem Experiment die Na^+- und K^+-Ionenkanäle blockiert sind, kann ausgeschlossen werden, dass Na^+- oder K^+-Ionen die Ausschüttung der Transmittersubstanzen in direkter Weise beeinflussen. Wie bereits dargelegt, hängt die Höhe des postsynaptischen Potenzials von der Reizstromstärke in der präsynaptischen Endigung ab. Na^+- oder K^+-Ionen sind an der Transmitterausschüttung folglich nicht beteiligt.

II.3 *Abb. 3 sieht auf den ersten Blick etwas kompliziert aus. Wenn Sie aber schrittweise an die Beschreibung und anschließende Auswertung gehen, wird Ihnen die Bearbeitung leicht fallen. Bei Abb. 4 setzen Sie konkret die einzelnen Kurven und ihren Aussagewert zueinander in Beziehung. In die abschließende Wertung sollte auch Ihr Wissen reproduktiv einfließen.*

In die präsynaptische Endigung wurden zwei unterschiedlich starke Stromstöße geleitet und sowohl das präsynaptische als auch das postsynaptische Potenzial mithilfe von Elektroden gemessen. Darüber hinaus injizierte man in die Präsynapse den Ca^{2+}-Indikator Äquorin, ein Protein, das bei Anwesenheit von Ca^{2+}-Ionen Licht aussendet. Es zeigt sich, dass nur nach einem starken Stromstoß, der eine hohe präsynaptische Spannung und infolgedessen auch eine hohe postsynaptische Depolarisation bedingt, Ca^{2+}-Äquorin-Lumineszenz mithilfe der Photoröhre gemessen werden kann. Wird ein schwacher Strom zugeführt, tritt nur eine geringe präsynaptische Spannung auf und eine postsynaptische Depolarisation bleibt ebenso wie die Lumineszenz aus. Das deutet auf einen Zusammenhang zwischen dem Ca^{2+}-Ioneninflux in die Präsynapse und der Reaktion der nachgeschalteten postsynaptischen Zelle hin. Lumineszenz tritt nur dann auf, wenn eine postsynaptische Depolarisation gemessen werden kann. Eine Freisetzung von Transmittersubstanzen – sie bewirkt an der postsynaptischen Membran eine Depolarisation – kann folglich mit dem Ca^{2+}-Ioneneinstrom in die präsynaptische Endigung in Verbindung gebracht werden.
Abb. 4 zeigt das postsynaptische Potenzial (Ordinate, y-Achse) in Abhängigkeit von der Höhe des präsynaptischen Potenzials (Abszisse, x-Achse) bei unterschiedlichen extrazellulären Ca^{2+}-Ionenkonzentrationen (in mMol/L). Unabhängig von der Ca^{2+}-Ionenkonzentration entsteht ein postsynaptisches Potenzial erst dann, wenn das präsynaptische Potenzial einen bestimmten Wert (ca. 55–65 mV) erreicht hat. Bei jeweils gleicher Ca^{2+}-Ionenkonzentration steigt mit dem präsynaptischen auch das postsynaptische Potenzial. Beträgt die Ca^{2+}-Ionenkonzentration 2,75 mMol/L, so steigt die Potenzialkurve – präsynaptisches gegen postsynaptisches Potential – linear und nur sehr langsam an. Bei Konzentrationen von 11 und 22 mMol/L Ca^{2+}-Ionen hingegen wächst mit dem präsynaptischem Potential das postsynaptische deutlich stärker. Ab ca. 100 mV (präsynaptisch) flachen die Kurven schließlich ab. Die Verdoppelung der Ca^{2+}-Ionenkonzentration (von 11 auf 22 mMol/L) führt zwar zu einem Anstieg, aber nicht zu einer Verdoppelung des postsynaptischen Potenzials (Steigerung von 27 auf 38 mV). Dieser Versuch zeigt, dass bei gleichbleibender Ca^{2+}-Ionenkonzentration die Höhe des postsynaptischen Potenzials von der Höhe der präsynaptischen Depolarisation abhängt. Auch fällt das postsynaptischen Potenzial umso höher aus, je mehr Ca^{2+}-Ionen extrazellulär vorhanden sind. Der Befund legt nahe, dass transmitterhaltige Vesikel unter dem Einfluss der Ca^{2+}-ionen zur präsynaptischen Membran gelangen, mit dieser fusionieren und die Transmitter in den synaptischen Spalt freisetzen. Die freigesetzte Menge hängt dabei erstens von der Höhe des präsynaptischen Potenzials und zweitens – als Folge davon – vom Einstrom an Ca^{2+}-Ionen ab.

II.4 *Denken Sie bei dieser Teilaufgabe auch an die Informationen aus Material A, um die Bedeutung der Riesenaxone korrekt in Ihre Überlegungen einzubeziehen. Bei der Hypothesenbildung müssen Sie auf Ihre Erkenntnisse aus Teilaufgabe 2 zurückgreifen. Setzen Sie sie anschließend in Beziehung zur Informationsübermittlung innerhalb des Tintenfischmantels.*

Ist ein Tintenfisch auf der Jagd oder auf der Flucht vor einem Fressfeind, bedient er sich bei seiner Fortbewegung des Rückstoßprinzips mittels koordinierter Kontraktion seines Mantels. Beim gleichzeitigen Zusammenziehen der vorderen und hinteren Mantelbereiche des Weichtieres spielen die beiden Stellarganglien eine entscheidende Rolle. Von diesen Schaltzentren werden motorische Signale über Mantelaxone (Motorneurone) zur Muskulatur (Zusammenziehen des Mantels) geleitet. Aus Tab. 1 geht hervor, dass die Leitungsgeschwindigkeit in nicht myelinisierten Nervenfasern von deren jeweiligem Durchmesser abhängig ist. Dabei gilt: Je größer der Axondurchmesser, desto schneller die Geschwindigkeit der Impulsleitung. Um eine möglichst schnelle und gleichzeitige Kontraktion und damit eine rasche Reaktion zu ermöglichen, müssen solche Axone, die die äußeren Mantelpartien innervieren, einen deutlich größeren Durchmesser besitzen. Der Kontraktionsimpuls darf hier ja nicht „zu spät ankommen". Bei Axonen, die zur vorderen Mantelregion führen, reichen hingegen geringere Durchmesser aus. Hier wird deutlich, wie koordiniert die Informationsübermittlung innerhalb der Muskulatur des Mantels ablaufen muss, damit eine wohl abgestimmte Bewegung des Tieres gewährleistet ist.
Die Erkenntnisse aus Tab. 1 erlauben Mutmaßungen über die Rolle der Ca^{2+}-Ionen bei der koordinierten Kontraktion des Mantels. Da eine höhere extrazelluläre Konzentration von Ca^{2+}-Ionen zu einem erhöhten postsynaptischen Potenzial führt, wird der Schwellenwert, der für die Auslösung eines Aktionspotenzials überschritten werden muss, bei hoher Ca^{2+}-Ionenkonzentration schneller erreicht. In Verbindung mit einem variablen Durchmesser der Axone im Tintenfischmantel – im hinteren Bereich deutlich größer als im vorderen – könnte die Reaktionsgeschwindigkeit so nochmals erhöht werden. Dafür müsste die Konzentration der Ca^{2+}-Ionen an den neuromuskulären Synapsen in den verschiedenen Mantelbereichen variieren. Je weiter die peripheren motorischen Endplatten von den Stellarganglien entfernt sind, desto höher sollte dort der mengenmäßige Anteil an Ca^{2+}-Ionen sein. Durch das Zusammenspiel beider Komponenten – Axondurchmesser und Ca^{2+}-Ionenkonzentration – wird damit nicht nur eine gleichzeitige, sondern auch eine deutlich schnellere Kontraktion der Mantelmuskulatur möglich. Auch eine Steigerung der Kontraktionsstärke und -dauer des Muskels ist durch die erhöhte Ca^{2+}-Ionenkonzentration denkbar.

Leistungskurs Biologie (NRW) – Abitur-Prüfung 2012
Aufgabe 3: Ökologie

Aufgabenstellung: Punkte

Thema: Die Bedrohung des Polarfuchses (Ökologie)

III.1 Analysieren Sie die Angepasstheit von Rotfuchs und Polarfuchs an den Lebensraum und diskutieren Sie, ob hier Klimaregeln anwendbar sind (Material A). Werten Sie Material A bezogen auf das Verhalten, die Nahrung und den Lebensraum von Rotfuchs und Polarfuchs umfassend in Hinblick auf die Wechselbeziehungen zwischen beiden Arten aus. 20

III.2 Geben Sie die Regeln von LOTKA-VOLTERRA an und überprüfen Sie, ob die Populationsentwicklungen in Abbildung 3 diesen Regeln entsprechen (Material B). Nennen Sie mögliche Ursachen, falls die Regeln nicht oder nur eingeschränkt gelten. 16

III.3 Stellen Sie mithilfe der Materialien A und C die Wechselbeziehungen zwischen Polarfuchs, Rotfuchs, Wühlmaus und der Höhe der Temperatur durch ein geeignetes Schema dar und beschreiben Sie dieses kurz. Leiten Sie anhand des Schemas eine Prognose für die Populationsentwicklung von Polarfuchs und Rotfuchs in der Arktis ab, wenn durch den globalen Klimawandel die Temperaturen in der Arktis weiter steigen (Materialien A und C). 16

III.4 Stellen Sie die Situation der skandinavischen Polarfüchse auf der Grundlage von Material D dar. Diskutieren Sie, welche Auswirkungen der drastische Rückgang der Polarfüchse in Skandinavien auf den Genpool und den Bestand der Populationen hat (Material D). 14

Material A: Rotfuchs und Polarfuchs im Vergleich

Abb. 1: a) Rotfuchs
b) Polarfuchs
http://www.biologie-abitur.de/Bilderoko/klimaregel%20fuchs.gif (25. 02. 2011)

Rotfuchs und Polarfuchs kommen beide auf der Nordhalbkugel vor. Der Polarfuchs *(Alopex lagopus)* beschränkt sich jedoch auf die Polargebiete. Diese werden unter anderem charakterisiert durch die im Winter extrem langen und im Sommer sehr kurzen Polarnächte. Hier lebt der Polarfuchs in der Tundra, einer baumlosen Landschaft mit Böden, die neun Monate im Jahr an der Oberfläche gefroren sind, sowie auf Eisfeldern, in tiefen Höhlen oder Schneelöchern. Die Temperaturen liegen hier ganzjährig unter 0 °C oder knapp darüber. Der Polarfuchs toleriert Temperaturen von –40 °C bis –50 °C, unterhalb dieser Grenze kann die Körpertemperatur nur durch erhöhte Stoffwechselaktivität konstant gehalten werden (kritische Temperatur).
Der Rotfuchs *(Vulpes vulpes)* findet sich auf der gesamten Nordhalbkugel bis zum südlichen Rand der Polargebiete und sogar im Süden Australiens. Er lebt in unterirdischen Bauen im Wald und auf offenen Feldern. Seine kritische Temperatur liegt bei –13 °C.
In dem gemeinsamen Lebensraum am südlichen Rand des Polarkreises greift der Rotfuchs bei zufälligen Begegnungen den Polarfuchs an und tötet diesen.
Das Fell des Rotfuchses ist im ganzen Jahr oberseits rostbraun. Der Anteil der Wollhaare, die der Isolierung gegen Kälte dienen, beträgt ca. 20 %. Der Polarfuchs besitzt ein Fell mit einem Anteil von 70 % an Wollhaaren. Im Sommer ist es braun, im Winter weiß gefärbt. Beim Allesfresser Polarfuchs erstreckt sich das Nahrungsspektrum auf Kleinsäuger (z. B. Wühlmäuse), Beeren, Eier und Aas, wobei er tag- und nachtaktiv ist. Der Rotfuchs geht ausschließlich nachts auf die Jagd nach nachtaktiven Kleinsäugern und Vögeln. Eine Jagd unter der Schneedecke ist beiden Fuchsarten nicht möglich.

Abb. 2: Silhouetten von Rotfuchs (links) und Polarfuchs (rechts) im gleichen Maßstab

verändert nach: http://images.vector-images.com/clp/187502/clp113281.jpg (15. 01. 2012)

Material B: Populationsentwicklung von Polarfuchs und Wühlmaus

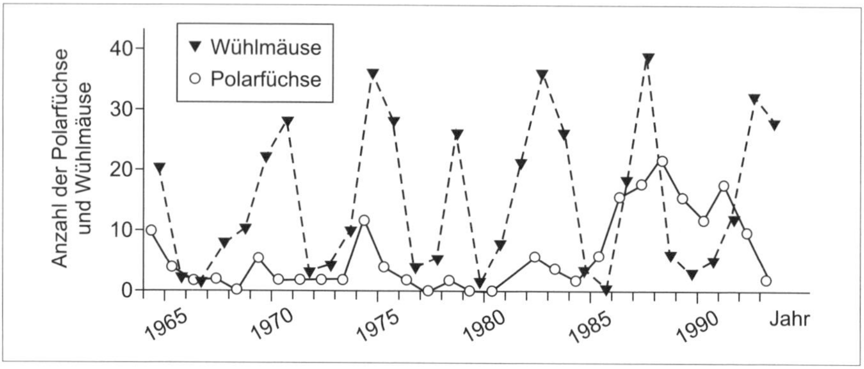

Abb. 3: Populationsgröße von adulten Polarfüchsen (○) und Wühlmäusen (▼) in Nordfinnland; dargestellt ist die Gesamtzahl der Polarfüchse im Untersuchungsgebiet und die Anzahl der dort in Fallen gefangenen Wühlmäuse.
verändert nach: Kaikusalo, A., Angerbjörn, A. (1995). The arctic fox population in Finnish Lapland during 30 years, 1964–1993. Ann. Zool. Fennici 32, 69–77, Helsinki

Material C: Polarfüchse und Klimawandel

a) Im Jahr 1918 wurde die kanadische Insel Baffin Island in der arktischen Tundra zum ersten Mal dauerhaft von Rotfüchsen besiedelt. Von einem festen Beobachtungspunkt im Süden registrierte man ihre Ausbreitung nach Norden und den Anstieg der Sommertemperaturen in dieser Region (Abbildung 4).

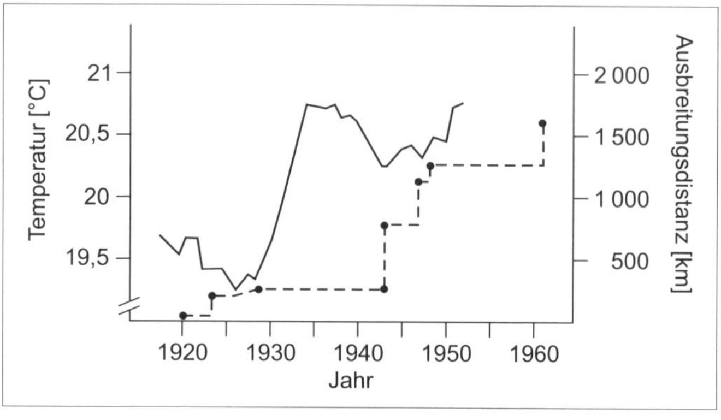

Abb. 4: Nördliche Ausbreitung der Rotfüchse auf Baffin Island (Kanada) [– – –] und die mittlere Sommertemperatur [——]

verändert nach: Hersteinsson, P., Macdonald, D. W. (1992). Interspecific competition and geographical distribution of red and arctic fox. OIKOS 64, 505–515, Copenhagen

Hinweis: Ab 1930 erhöhten sich mit der zunehmenden Temperatur erst allmählich die Populationsdichten der Beutetiere des Rotfuchses!

b) In den Jahren 1994–1997 untersuchte man eine Population von kontrolliert eingesetzten Wühlmäusen in der arktischen Tundra in Norwegen in einem eingezäunten Gebiet. Die Überlebensrate der Wühlmäuse sank, je größer die Anzahl der Tage mit Temperaturen über 0 °C war.

c) In einem 450 km^2 großen Areal in Nordschweden wurde der Einfluss von Rotfüchsen auf die Populationsentwicklung der Polarfüchse in einem Modellversuch über einen Zeitraum von 15 Jahren beispielhaft erforscht. In einem Bereich des Areals kamen beide Fuchsarten vor, in einem anderen nur die Polarfüchse. Die Populationsgröße ermittelte man durch die Anzahl der bewohnten Fuchsbaue (Abbildung 5).

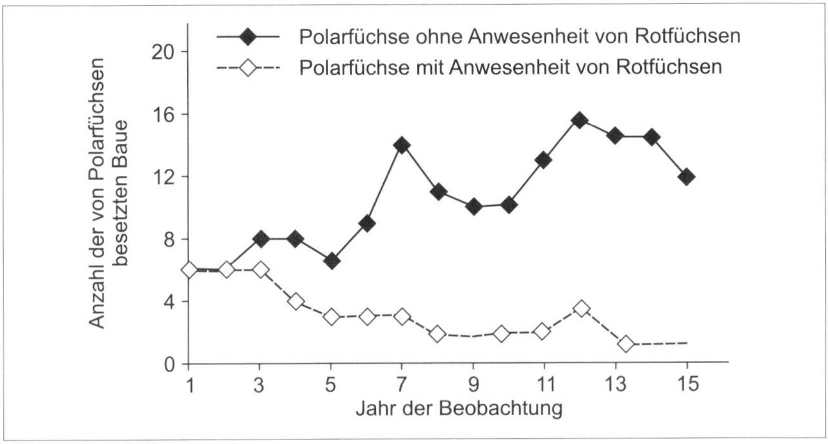

Abb. 5: Populationsentwicklung von Polarfüchsen mit bzw. ohne Anwesenheit von Rotfüchsen
verändert nach: Elmhagen, B. (2003). Interferences Competition between Arctic and Red foxes. Doctoral dissertation, Stockholm, Sweden

Material D: Die Population des Polarfuchses in Skandinavien

Im 19. Jahrhundert umfasste die Anzahl der Polarfüchse in Skandinavien bis zu 10 000 Tiere. Trotz gesetzlicher Schutzmaßnahmen nahm die Größe dieser Population auf 120 Polarfüchse ab. Genetische Analysen aus dem Jahr 2004 ergaben, dass sie in vier unterschiedliche skandinavische Populationen zerfällt, die in Abbildung 6 durch die gestrichelten Linien gekennzeichnet sind: Nordskandinavien (50 Tiere), Zentralskandinavien (40 Tiere), Südskandinavien (20 Tiere) und Südwestskandinavien (10 Tiere). Diese Tiere leben in Gebieten der gebirgigen Tundra mit geringem Nahrungsangebot. Die Gebiete sind durch Wälder voneinander isoliert, die von den Polarfüchsen nicht durchquert werden.
Eine weitere genetisch unterschiedliche Population bewohnt die Grenzgebiete des benachbarten Russlands und Teile von Finnland (Abbildung 7). Von dieser „russischen" Population wandern immer wieder Polarfüchse nach Skandinavien ein.

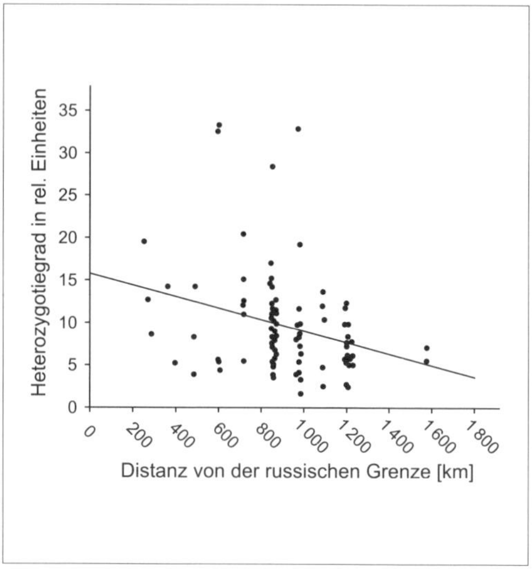

Abb. 6: Verteilung von Populationen der Polarfüchse in Skandinavien und der russischen Grenzregion im Jahr 2004; die dunklen Bereiche geben die Verbreitungsgebiete der Teilpopulationen an.

Abb. 7: Genetische Variabilität der skandinavischen Polarfüchse; als Punkte angegeben sind untersuchte Einzeltiere, die Gerade stellt den durchschnittlichen Grad der Heterozygotie in Abhängigkeit von der Entfernung zu Russland dar.

verändert nach: Dalén L., et al. (2006). Population structure in a critically endangered arctic fox population: does genetics matter? Molecular Ecology 15, 2 809 – 2 819

weitere Materialgrundlage:

Dalén L., et al. (2006). Population structure in a critically endangered arctic fox population: does genetics matter? Molecular Ecology 15, 2 809 – 2 819, Jun 23, 2006. © 2006, John Wiley and Sons

Elmhagen, B. (2003). Interferences Competition between Arctic and Red foxes. Doctoral dissertation, Stockholm, Sweden

Grzimek, B. (Hgg.): Enzyklopädie des Tierreichs. Kindler Verlag Stuttgart 1972

Hersteinsson, P., Macdonald, D. W. (1992). Interspecific competition and geographical distribution of red and arctic fox. OIKOS 64, 505 – 515, Copenhagen

Ims, R. A., Fulei, E. (2005). Trophic Interaction Cycles in Tundra Ecosystems and the Impact of Climate Change. BioScience 55 (4)

Kaikusalo, A., Angerbjörn, A. (1995). The arctic fox population in Finnish Lapland during 30 years, 1964 – 1993. Ann. Zool. Fennici 32, 69 – 77, Helsinki

Kleesattel, W. (1999). Überleben in Eis, Wüste und Tiefsee. WBG Darmstadt, S. 54 ff.

Pflumm, W. (1996). Biologie der Säugetiere. Parey Verlag, 2. Auflage, Berlin, S. 117

Lösungsvorschlag

In der Aufgabe thematisierte Unterrichtsinhalte sind:
Angepasstheit an Lebensräume, ALLEN'sche Regel, BERGMANN'sche Regel, interspezifische Konkurrenz, Räuber-Beute-Beziehung, LOTKA-VOLTERRA-Regeln und deren Voraussetzungen, abiotische und biotische Faktoren, ökologische Nische, Populationsentwicklung, Evolutionsfaktoren Mutation, Rekombination, Gendrift

III.1 *Dank der klaren Vorgaben in der Aufgabenstellung können Sie Material A in drei Schritten (Analyse der Angepasstheit, Überprüfung der Klimaregeln und Auswertung der Wechselbeziehung beider Arten) gezielt bearbeiten. Denken Sie bei den Klimaregeln daran, dass Sie hier nur auf die beiden wesentlichen Regeln, die ALLEN'sche und die BERGMANN'sche Regel, eingehen müssen.*

Alopex lagopus und *Vulpes vulpes* sind beide auf der Nordhalbkugel beheimatet. Das Vorkommen des Polarfuchses *Alopex lagopus* ist – wie der Name bereits verrät – auf die Gebiete im Polarkreis der Arktis beschränkt. Sein Lebensraum ist die baumlose Landschaft der Tundra, wo die Böden 3/4 des Jahres gefroren sind. Die Tiere leben sowohl auf den Eisflächen als auch in Schneelöchern oder in tiefen Höhlen. Unter diesen äußeren Bedingungen sind die Füchse aufgrund ihrer weißen Fellfarbe während der Wintermonate bestens vor Fressfeinden und bei der Beutejagd getarnt. Ein Wechsel der Fellfarbe hin zu einem Braunton ermöglicht dem Polarfuchs auch in den Sommermonaten eine optimale Anpassung an seinen Lebensraum Tundra. Für *Vulpes vulpes* besteht hingegen keine Notwendigkeit für einen Wechsel der Fellfarbe. Mit seiner rostbraunen Färbung ist er in seinem Lebensraum südlich der arktischen Gebiete, in dem während der Wintermonate nicht immer Schnee liegt, bestmöglich getarnt. Auch bezüglich ihrer Fellstruktur sind beide Fuchsarten an ihren Lebensraum angepasst: Während die wärmenden Wollhaare beim Rotfuchs nur einen Anteil von 20 % ausmachen, beträgt ihr Anteil bei *Alopex lagopus* 70 %. So übersteht der Polarfuchs auch Temperaturen bis –50 °C; er toleriert damit wesentlich niedrigere Temperaturen als der Rotfuchs. Da dessen kritische Temperatur (–13 °C) während der meist milden Winter in seinem Lebensraum nur sehr selten erreicht wird, besteht beim Rotfuchs für eine stärkere Wärmeisolierung keine Notwendigkeit. Beide Arten können aber auch unterhalb ihres kritischen Temperaturbereiches existieren. Dies ist dann allerdings nur durch eine erhöhte Stoffwechselaktivität möglich.

Polar- und Rotfuchs sind nahe miteinander verwandte Arten, die überwiegend in klimatisch unterschiedlichen Lebensräumen angesiedelt sind. Prinzipiell könnten hier die Klimaregeln von ALLEN und BERGMANN Anwendung finden. Die **Proportionsregel von ALLEN** besagt, dass bei gleichwarmen Organismen, die in kälteren Klimazonen leben, die Größe der Extremitäten und der Körperanhänge (Nase, Ohrmuschel, Schwanz) im Vergleich zu ihren verwandten Arten in wärmeren Klimazonen reduziert ist. Bei *Alopex lagopus* sind die exponierten Körperstellen tatsächlich schwächer ausgeprägt als bei *Vulpes vulpes*.

Abb. 1b) illustriert die deutlich kleineren Ohrmuscheln und die kürzere Schnauze des arktischen Tieres. Auch dessen Schwanzlänge ist mit 35–50 cm im Durchschnitt geringer als diejenige des Rotfuchses mit 30–60 cm. Der Polarfuchs hat auch deutlich kürzere Beine als sein Verwandter. Diese Befunde deuten darauf hin, dass die ALLEN'sche Regel zutrifft. Der Polarfuchs ist damit in den kalten Regionen vor übermäßigem Wärmeverlust geschützt, während der Rotfuchs in wärmeren Klimaten ggf. vermehrt Wärme abgeben kann.
Laut der **BERGMANN'schen Regel** sind Vertreter verwandter gleichwarmer Tiere, die in kälteren Klimazonen leben, großwüchsiger als solche Individuen, die in wärmeren Klimaten beheimatet sind. Grundlage für diese Regel ist die Tatsache, dass beim Wachstum eines Körpers sein Volumen mit der dritten Potenz zunimmt (cm^3), während seine Oberfläche nur in der zweiten Potenz ansteigt (cm^2). Dadurch strahlen größere Tiere – im Vergleich zu ihrer Oberfläche – weniger Wärmeenergie ab als kleinere. Diese Größenregel trifft auf die beiden verwandten Fuchsarten nicht zu, wie der Text und Abb. 2 verdeutlichen: Der arktische Vertreter *Alopex lagopus* ist mit einer maximalen Schulterhöhe von 30 cm deutlich kleiner als *Vulpes vulpes*. Durch den gedrungeneren Körperbau kann *Alopex lagopus* jedoch seine Wärmeabstrahlung über die Körperoberfläche – in Kombination mit seiner Fellstruktur – dennoch verringern. Dieses Beispiel verdeutlicht somit, dass die BERGMANN'sche Regel keine Allgemeingültigkeit besitzt und auch andere Umweltanpassungen den gleichen Effekt erzielen können.
Betrachtet man die in Material A genannten Merkmale zur Ernährung, zum Lebensraum und zum Verhalten der beiden Fuchsarten, so wird deutlich, dass *Alopex lagopus* und *Vulpes vulpes* in einer **interspezifischen Konkurrenz** zueinander stehen. Ihre Nahrungsgrundlage ist ähnlich: Sowohl der Polar- als auch der Rotfuchs jagen Kleinsäuger. Darüber hinaus ernährt sich der Rotfuchs von Vögeln, wohingegen sein arktischer Verwandter auch auf Beeren, Eier und Aas als Nahrungsgrundlage zurückgreift. Das Nahrungsspektrum des Polarfuchses ist damit deutlich breiter als dasjenige von *Vulpes vulpes*. Die Lebensräume von Rot- und Polarfuchs überschneiden sich lediglich in einem schmalen Bereich südlich des Polarkreises. Begegnungen finden vermutlich nachts statt, da beide Fuchsarten nachtaktive Jäger sind, der Rotfuchs ausschließlich. Beim Rotfuchs stellt dies möglicherweise eine Anpassung an die Nachtaktivität seiner Beutetiere dar. Der Polarfuchs ist hingegen auch tagaktiv. Auch dieses Verhalten kann als eine Anpassung an den Lebensraum gedeutet werden. Am Polarkreis variiert die Tageslänge im Laufe des Jahres beträchtlich und so kann *Alopex lagopus* jederzeit das spezifisch vorhandene Nahrungsangebot nutzen. Insgesamt erweist sich der Rotfuchs in diesem gemeinsamen Verbreitungsgebiet allerdings als konkurrenzstärker als *Alopex lagopus*. Dies äußert sich in der Tatsache, dass für den körperlich unterlegenen Polarfuchs Begegnungen mit *Vulpes vulpes* oftmals tödlich enden.

III.2 *Wenn Sie die LOTKA-VOLTERRA-Regeln nennen, sollten Sie auch auf deren eingeschränkte Gültigkeit eingehen. Dies kann Ihnen einerseits Zusatzpunkte einbringen und erleichtert Ihnen andererseits die Analyse von Abb. 3.*

Die (nach zwei Forschern benannten) LOTKA-VOLTERRA-Regeln liefern grundlegende Beschreibungen zweier Arten, die zueinander in einem Räuber-Beute-Verhältnis stehen. Die Regeln gehen von konstant bleibenden äußeren Bedingungen aus. Ihre Gültigkeit ist zunächst davon abhängig, dass sich der jeweilige Räuber nur von einem spezifischen Beutetier ernährt. Umgekehrt stellt der Räuber den einzigen Fressfeind dieser Beutetierart dar, die ihrerseits eine konstante Geburtenrate aufweist. Eine weitere Grundannahme ist, dass die Beutetiere in geschützten Bereichen einer heterogenen Umwelt leben, sodass sie von ihrem Räuber nicht komplett dezimiert werden können.
Die erste der LOTKA-VOLTERRA-Regeln wird auch **„Gesetz des periodischen Zyklus“** genannt. Wenn sich eine Art (Räuber) von einer anderen Art (Beute) ernährt, ergeben sich regelmäßige Schwankungen der Populationsdichten, wobei die Maxima der Populationsdichten phasisch gegeneinander verschoben sind und das Maximum des Räubers jeweils auf das seiner Beute folgt.
Das **„Gesetz von der Erhaltung der Mittelwerte“** (zweite Regel) beschreibt die Tatsache, dass sowohl die Häufigkeit des Räubers als auch die seiner Beute jeweils um einen konstanten Mittelwert schwankt.
Die dritte Regel, das **„Gesetz von der Störung der Mittelwerte“**, gilt für den Fall, dass sowohl die Räuber- als auch die Beutepopulation gleich stark dezimiert werden. Nach diesem Ereignis wächst die Population der Beutetiere schneller an als diejenige der Räuber.
Der Polarfuchs ernährt sich als Allesfresser von Kleinsäugern, so z.B. auch von Wühlmäusen. Abb. 3 gibt die Populationsentwicklung von Polarfuchs und Wühlmaus (Ordinate/y-Achse) in Nordfinnland im Zeitraum von 1964 bis 1992 (Abszisse/x-Achse) wieder. Auf den ersten Blick fällt auf, dass die Individuenzahl der Wühlmäuse periodischen Schwankungen unterliegt. Auf Jahre mit einer hohen Individuendichte (z. B. um 1970) folgen solche, in denen nur noch wenige Tiere in Fallen gefangen werden konnten (z. B. um 1972/74). Damit ist die erste LOTKA-VOLTERRA-Regel für die Beutepopulation erfüllt. Gleiches gilt in Bezug auf die Wühlmäuse auch für die zweite Regel: Die ermittelten Werte schwanken zwar, bleiben aber auf den Mittelwert hin konstant. Anders bei den Polarfüchsen: Das „Gesetz von der Erhaltung der Mittelwerte“ kann hier nur bis zum Jahr 1985 Bestätigung finden. Ab 1986 ist dann ein deutlicher Anstieg der Populationsgröße von *Alopex lagopus* zu beobachten. Auch die erste LOTKA-VOLTERRA-Regel kann anhand der Daten für den Polarfuchs nicht verifiziert werden: Auf ein Maximum der Beuteorganismendichte um 1978 folgt um 1980 ein absolutes Minimum der Polarfuchsdichte. Gleiches gilt für den umgekehrten Fall, dass auf ein Maximum der Räuberdichte ein Minimum der Beutedichte folgen müsste, wie die Populationsentwicklungen um 1974/75 verdeutlichen. Dies ist mit den postulierten Gesetzmäßigkeiten nach LOTKA/VOLTERRA nicht in Einklang zu bringen.

Zur dritten LOTKA-VOLTERRA-Regel ist keine Aussage möglich, da aus der Grafik nicht auf eine gleichzeitige Dezimierung von Räuber- und Beutepopulation geschlossen werden kann.

Es wird klar, dass die **postulierten Voraussetzungen,** unter denen die LOTKA-VOLTERRA-Regeln ihre Gültigkeit besitzen, **keineswegs gegeben** sind. Allein das breite Nahrungsspektrum des Allesfressers beweist, dass Polarfüchse nicht auf Wühlmäuse als einzige Beute angewiesen sind und im Bedarfsfall auf andere Nahrungsquellen ausweichen oder leichter zu erreichende Beutetiere jagen können. Ohne weitere Informationen zu den Umweltbedingungen sind konkrete Aussagen darüber, wieso die nach LOTKA/VOLTERRA zu erwartende Entwicklung nicht eintritt, nur Spekulation. Zu den Lebensgewohnheiten der Wühlmäuse sind beispielsweise keine Informationen verfügbar. Die Populationsentwicklung der Füchse könnte stark vom übrigen Nahrungsangebot abhängig sein. Es ist möglich, dass sich um 1985 abiotische bzw. biotische Faktoren grundlegend geändert haben. Die Bejagung der Füchse könnte beispielsweise eingestellt oder eingeschränkt worden sein. Des Weiteren wäre es denkbar, dass sich den Polarfüchsen durch veränderte klimatische Bedingungen und deren Folgen neue Nahrungsquellen erschlossen haben, die in den folgenden sieben Jahren das Populationswachstum begünstigten.

III.3 *Wenn Sie Korrelationen zwischen den angegebenen Tierarten und dem abiotischen Faktor Temperatur erstellen, berücksichtigen Sie sowohl gleichsinnige als auch gegensinnige Beziehungen zwischen den beteiligten Komponenten.*

Die Wechselbeziehungen zwischen den Tierarten und der Höhe der Temperatur können durch das folgende Schema verdeutlicht werden:

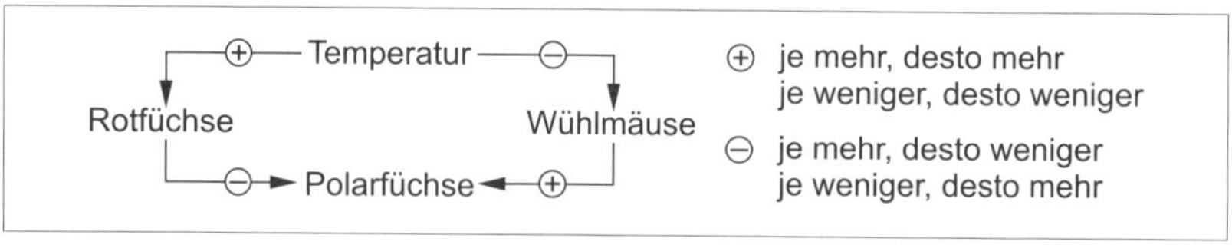

Abb. 4 zeigt, dass sich *Vulpes vulpes* mit zunehmender Erwärmung stetig weiter nach Norden ausgebreitet hat, daher der Plus-Pfeil zwischen „Temperatur“ und „Rotfüchse“. In einem Experiment (Material C b) in der arktischen Tundra Norwegens sank die Überlebensrate der Wühlmäuse mit der Anzahl der Tage mit Temperaturen über 0 °C; es steht daher zwischen „Temperatur“ und „Wühlmäuse“ ein Minus-Pfeil. Einen positiven Effekt hat die Anzahl der Wühlmäuse auf die der Polarfüchse, da die Kleinsäuger deren bevorzugte Nahrungsquelle sind. Mit dem Verschwinden der Kleinsäuger geht auch die Populationsdichte von *Alopex lagopus* zurück. Der Minus-Pfeil zwischen Rot- und Polarfüchsen kann mit Abb. 5 begründet werden: Sie verdeutlicht, dass im entsprechenden Untersuchungsareal in Nordschweden die Polarfüchse bei Anwesenheit von *Vulpes vulpes* ihre Lebensgrundlage verloren. Sie wurden von den Rotfüchsen verdrängt und unterlagen so im interspezifischen Konkurrenzkampf

um Nahrung und Lebensraumressourcen völlig. Standen sie nicht in Konkurrenz zu Rotfüchsen, blieb die Populationsgröße der arktischen Tiere in den untersuchten Bereichen stabil.
Mit der fortschreitenden globalen Erwärmung können die Überlebenschancen des Polarfuchses für die betreffenden Gebiete folglich nur sehr pessimistisch beurteilt werden. Mit zunehmender Erderwärmung wird die schlechte Anpassung des Rotfuchses an niedrige Temperaturen eine immer geringere Rolle spielen. *Vulpes vulpes* wird sich weiter nach Norden hin ausbreiten und *Alopex lagopus* seinen angestammten Lebensraum mit Erfolg streitig machen. Falls für die Beziehung zwischen Rotfuchs und Polarfuchs der **Konkurrenzausschluss** gilt, kann es dazu kommen, dass *Vulpes vulpes* den Polarfuchs aus dessen **ökologischer Nische** komplett verdrängt und diese selbst besetzt. Hinzu kommt, dass im Falle einer temperaturbedingt dezimierten Wühlmauspopulation eine wesentliche Nahrungsquelle für den Polarfuchs nicht mehr (in ausreichender Menge) zur Verfügung steht. Damit wäre als eine langfristige Folge des Klimawandels auch ein Aussterben des Polarfuchses möglich.

III.4 *Denken Sie bei Ihren Überlegungen zu den Auswirkungen des Individuenrückgangs auf Genpool und Populationsbestand der Polarfüchse zunächst an die Evolutionsfaktoren Mutation, Rekombination und Gendrift und führen Sie deren Folgen dann entsprechend aus.*

Auf der Grundlage von Material D kann die Situation der skandinavischen Polarfüchse wie folgt dargestellt werden: Von einer Population mit ehemals bis zu 10 000 Tieren sind mehr als 100 Jahre später trotz gesetzlicher Schutzmaßnahmen insgesamt nur noch 120 Exemplare in vier sehr kleinen, isolierten Populationen übriggeblieben. Allein das kärgliche Nahrungsangebot in der gebirgigen Tundra erlaubt keine starke Vermehrung der Tiere. Obwohl zwei der Areale in Nord- bzw. Zentralskandinavien dicht beieinander liegen, findet zwischen diesen Populationen kein Austausch von Individuen statt, da die Gebiete durch Wald voneinander getrennt sind, den *Alopex lagopus* nicht durchquert. Lediglich aus einer nördlich (in Teilen Finnlands und Russlands) gelegenen Population wandern Polarfüchse nach Skandinavien ein. Genetische Untersuchungen (Abb. 7) zeigen, dass der Heterozygotiegrad der Populationen mit zunehmender Entfernung von der russischen Grenze – also dem Bereich, von dem aus Tiere nach Skandinavien einwandern können – abnimmt. Die genetische Variabilität der skandinavischen Polarfüchse wird also von Nord nach Süd geringer.
Berücksichtigt man diese Tatsachen und setzt sie zum drastischen Rückgang von *Alopex lagopus* in Beziehung, so gilt für dessen Genpool und den Bestand der Polarfuchspopulation Folgendes: Da zwischen den voneinander isolierten vier skandinavischen Populationen kein Genaustausch mehr erfolgen kann, wird es auch zu keiner weiteren, neuen **Rekombination** *zwischen* den Populationen kommen können. Die einzige Möglichkeit für eine Neukombination von genetischem Material stellen **Spontanmutationen** *innerhalb* der einzelnen Populationen dar. Nur für die nordskandinavische Population besteht die Mög-

lichkeit, dass eingewanderte Tiere aus dem Norden (Finnland/Russland) neue Gene bzw. neue Allelzustände einbringen. Dass dies geschieht und zu einer – wenn auch geringen – genetischen Variabilität führt, belegt deren Heterozygotiegrad, der hier, nahe der russischen Grenze, am höchsten ist. Auf kleinere Populationen wirken noch weitere ungünstige Faktoren, die den Genpool schmälern bzw. negativ beeinflussen können. **Gendrift**, deren Wahrscheinlichkeit mit abnehmender Individuenzahl zunimmt, kann zu einer verminderten genetischen Variabilität führen, wie sie in Abb. 7 belegt ist. Neben dieser Veränderung der Genhäufigkeiten durch eine zufällige, nicht selektionsgesteuerte Auswahl von Genotypen ist die genetische Variabilität auch durch **Inzucht** bedroht. Beide Faktoren, Gendrift und Inzucht, können dafür verantwortlich sein, dass die Individuen einer kleinen (Teil-)Population eine verminderte Fitness aufweisen. Dies kann so weit führen, dass es zu einem lokalen Aussterben der Polarfuchspopulation kommt.

Leistungskurs Biologie (NRW) – Abitur-Prüfung 2013
Aufgabe 1: Evolution

Aufgabenstellung: Punkte

Thema: Stammesgeschichte der Chamäleons

I.1 Vergleichen Sie tabellarisch die drei Chamäleon-Gruppen hinsichtlich Größe, Körperform, Farbe, Schwanz und Körperanhänge (Material A). Stellen Sie auf dieser Grundlage eine Hypothese zur stammesgeschichtlichen Verwandtschaft der drei Gruppen auf. Erklären Sie, weshalb rein morphologische Vergleiche nicht als eindeutige Belege einer engeren Verwandtschaft angesehen werden können. 18

I.2 Ermitteln Sie anhand des Stammbaumes (Abbildung 4) die phylogenetische Verwandtschaft der drei Chamäleon-Gruppen aus Material A. Begründen Sie, warum es mithilfe molekulargenetischer Analysen möglich ist, Verwandtschaftsbeziehungen für die Stammbaumerstellung zu ermitteln. Vergleichen Sie die Aussagekraft der hier verwendeten DNA-Analyse mit der der Aminosäuresequenzanalyse für die Aufstellung von Verwandtschaftsbeziehungen. 16

I.3 Werten Sie die Materialien B und C im Hinblick auf unterstützende und widerlegende Argumente für die „*Gondwana-Hypothese*“ und die „*Verdriftungs-Hypothese*“ vergleichend aus. 16

I.4 Erklären Sie anhand von Material D die Entstehung der Artenvielfalt der Chamäleons auf Madagaskar unter evolutionsbiologischen Aspekten. 16

Material A: Die Familie der Chamäleons *(Chamaeleonidae)*

Die Chamäleons *(Chamaeleonidae)* sind eine Familie der Leguanartigen innerhalb der Klasse der Reptilien. Sie umfasst drei Gruppen: die Echten Chamäleons (Abbildung 1), die Erdchamäleons (Abbildung 2) sowie die Stummelschwanz-Chamäleons (Abbildung 3). **Echte Chamäleons** bilden mit etwa 150 Arten die größte Gruppe der *Chamaeleonidae*. Sie erreichen Körperlängen zwischen 15 und 60 cm. Der Rumpf ist seitlich abgeflacht.

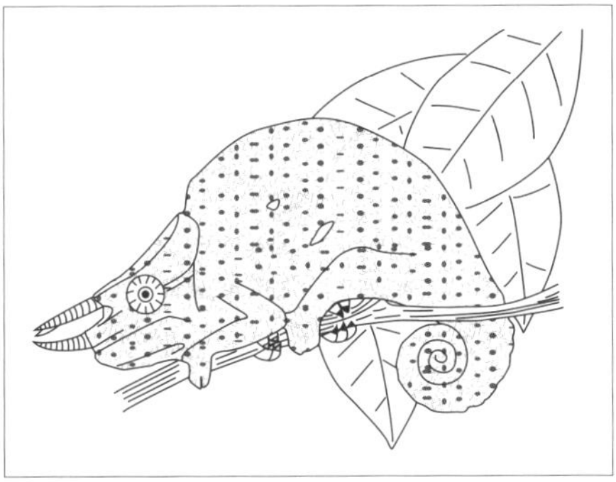

Abb. 1: Typisches **Echtes Chamäleon** in Ruheposition *(Trioceros deremensis)*

Die Grundfärbung der meisten Arten ist grünlich, doch viele besitzen ein breites Farbspektrum. Der Wechsel der Farben und Muster dient vorwiegend der intraspezifischen Kommunikation.
Vor allem die Männchen einiger Arten zeichnen sich zudem durch bizarre Körperanhänge wie Schnauzenhörner, Hinterkopflappen, Bartschuppen und Rückenkämme aus. Der lange Schwanz der Echten Chamäleons wird von den fast ausschließlich strauch- und baumbewohnenden Arten neben den Greiffüßen als wichtiges Kletterwerkzeug eingesetzt.
Mit ihren walzenförmigen Körpern erinnern die madagassischen **Erdchamäleons** der Gattung *Brookesia* (über 25 bekannte Arten) stark an die typische Form anderer Echsenfamilien. Die charakteristischen Chamäleon-Merkmale wie z. B. die Greiffüße weist aber auch diese Gruppe auf, wenngleich *Brookesia minima* als kleinste Echsenart überhaupt nur 3 cm Länge erreicht. Die größten Vertreter der Gattung erreichen 11 cm Gesamtlänge, fast alle Arten halten sich vorwiegend am Waldboden im Falllaub und in der Krautschicht auf. Die Färbung besteht meist aus verschiedenen Braun- und Grautönen, die lediglich etwas aufgehellt oder abgedunkelt werden können. Der Schwanz ist bei vielen Arten recht kurz.

Abb. 2: Typisches **Erdchamäleon**, laufend *(Brookesia antakarana)*

Letzteres gilt auch für die ebenfalls unscheinbar gefärbten, im Körperbau seitlich abgeflachten Vertreter der **Stummelschwanz-Chamäleons**, welche Gesamtlängen von 6 bis 13 cm erreichen.
Die Gruppe umfasst 17 bekannte Arten, die meist in der Strauchschicht von Wäldern umherklettern, wobei sie den Schwanz aber nur eingeschränkt nutzen können.
Bei einigen Arten tragen insbesondere die Männchen auffällige Schnauzenfortsätze und hornartig vergrößerte Kopfschuppen.

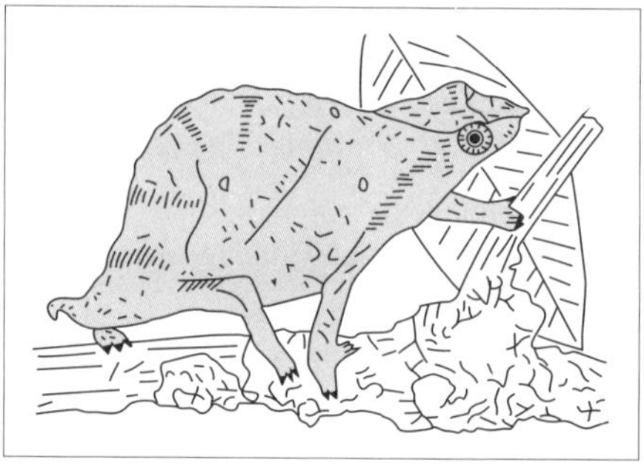

Abb. 3: Typisches **Stummelschwanz-Chamäleon**, *(Rhampholeon moyeri)*

Material B: Stammbaum (und heutige Verbreitung) der Chamäleons

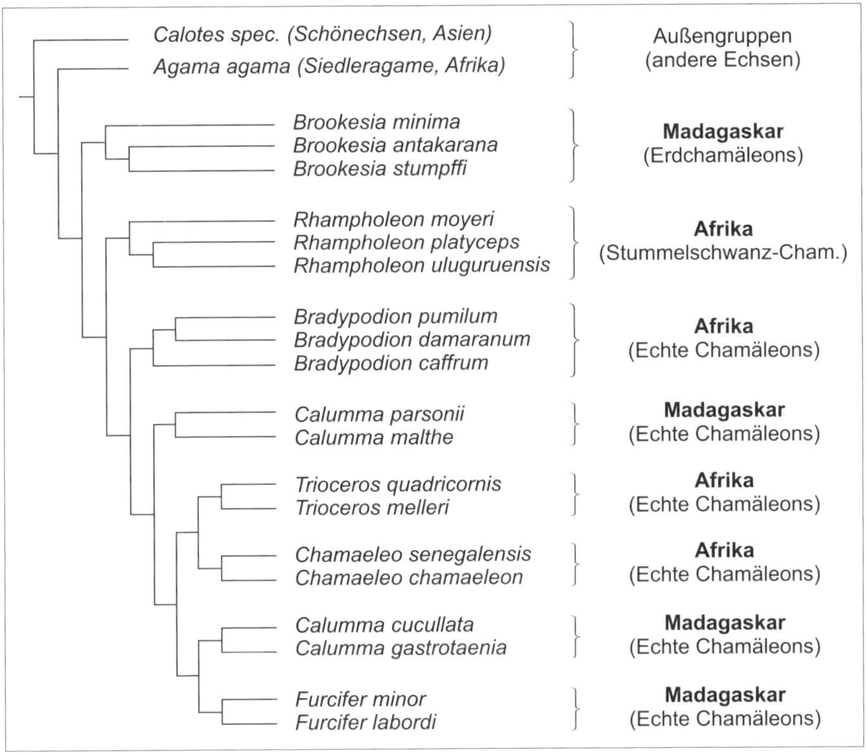

Abb. 4: Phylogenetischer Stammbaum der Chamäleons mit exemplarischen Arten der Gattungen. Die Verwandtschaftsbeziehungen wurden anhand von Analysen genetischen Materials ermittelt.

erstellt nach:

Matthee, C. A., Tilbury, C. R., Townsend, T. (2004). A phylogenetic review of the African leaf chameleons: genus Rhampholeon (Chamaeleonidae): the role of variance and climate change in speciation. Proc. R. Soc. London 271, 1 967–1 975

Raxworthy, C. J., Forstner, M. R. J., Nussbaum, R. A. (2002). Chameleon radiation by oceanic dispersal. Nature 415, 784–787

Tolley, K. A., Burger, M., Turner, A. A., Matthee, C. A. (2006). Biogeographic patterns and phylogeography of dwarf chameleons (Bradypodion) in an African biodiversity hotspot. Molecular ecology 15 (3), 781–793

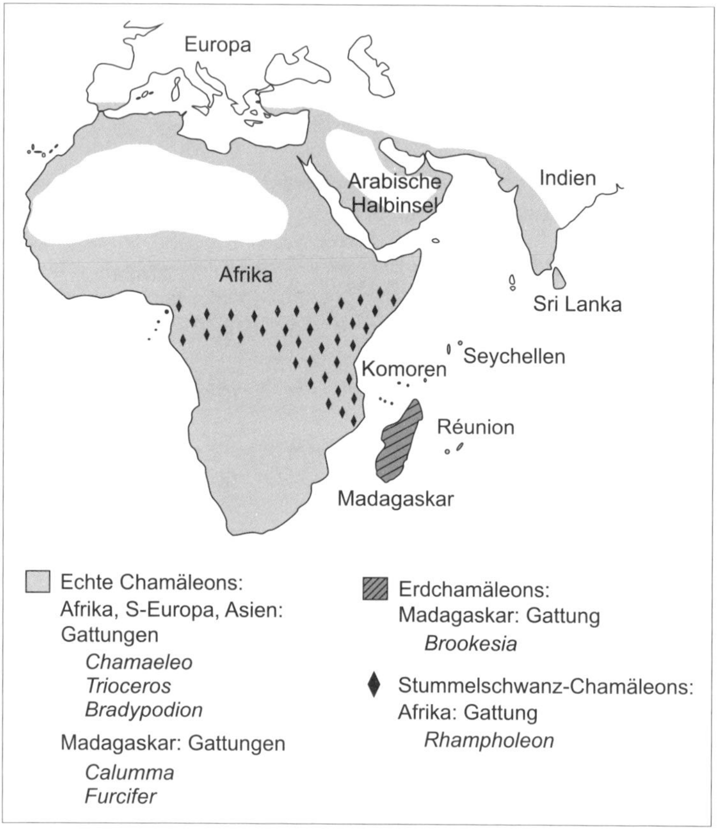

Abb. 5: Heutige Verbreitung der wichtigsten Chamäleon-Gattungen *verändert nach: www.rops-ev.de/chamaeleons.htm und www.agchamaeleons.de/systematik/*

Material C: Der Ursprung der Chamäleons

Lange Zeit war herrschende Meinung, dass die Chamäleons bereits auf dem noch zusammenhängenden Südkontinent „Gondwana" ihren Ursprung hatten und sich dann nach der Trennung Madagaskars von Afrika in diesen beiden Regionen unabhängig voneinander zu den heutigen Gattungen und Arten weiterentwickelt hätten *(„Gondwana-Hypothese")*.

Einige Forscher vertraten aber auch die Ansicht, dass die Chamäleons zunächst nur in Afrika oder nur auf Madagaskar auftraten. Erst später seien dann einzelne Arten über das Meer zwischen Afrika, Madagaskar und anderen Inseln im Indischen Ozean verdriftet worden, z. B. per Treibholz nach größeren Stürmen *(„Verdriftungs-Hypothese")*.

Interessant sind einzelne Chamäleonarten, die auf Réunion und den Komoren vorkommen (Abbildung 5). Beides sind jüngere Inseln vulkanischen Ursprungs, die nie Kontakt zum Festland hatten. Die Komoren sind zwischen 0,13 und 5,4 Mio. Jahre alt, Réunion ist etwa 3 Mio. Jahre alt.

Das älteste bisher gefundene Chamäleon-Fossil wurde auf ein Alter von 26 Mio. Jahren datiert und ist der Gattung *Chamaeleo* zuzuordnen. Es ist anzunehmen, dass noch ursprünglichere Chamäleons erstmals vor etwa 60 Mio. Jahren auftraten. Fossile Nachweise fehlen jedoch.

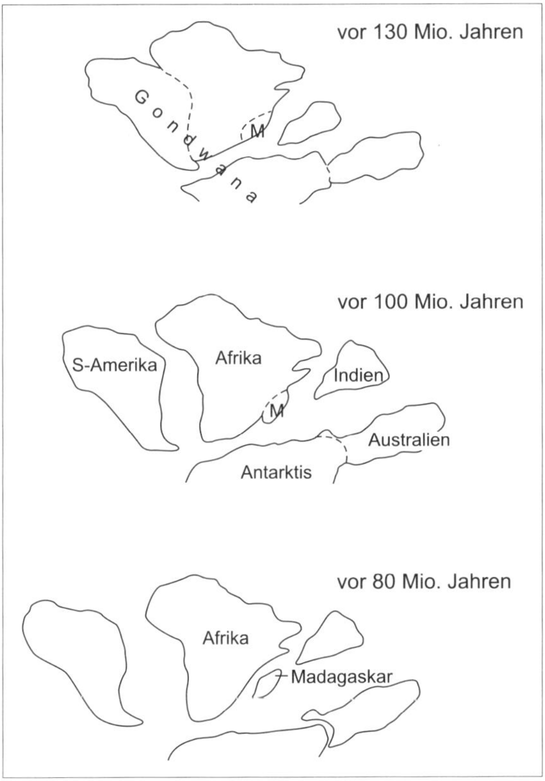

Abb. 6: Gondwana-Hypothese zum Auseinanderbrechen des ehemaligen Südkontinents „Gondwana" mit Angabe der erdgeschichtlichen Trennungszeiten in Millionen Jahren vor heute. M = Madagaskar
erstellt nach: Matthee, C. A., Tilbury, C. R., Townsend, T. (2004). A phylogenetic rewiev of the african leaf chameleons: genus Rhampholeon (Chamaeleonidae): the role of variance and climate change in speciation. Proc. R. Soc. London 271, 1967–1975
Diercke Weltatlas, A3, Westermann Aufl. 2008, S. 224

Material D: Lebensräume verschiedener Chamäleonarten auf Madagaskar

Chamäleons zeichnen sich im Vergleich zu allen anderen Echsen durch den Besitz von Greiffüßen aus. Auf Madagaskar konnten die Chamäleons eine erstaunlich hohe Artenvielfalt entwickeln. Einige Arten und Lebensräume auf Madagaskar zeigt Tabelle 1.

Tabelle 1: Biotope und Habitate einiger Chamäleonarten auf Madagaskar

Biotop	Arten, Größen und Habitate
feuchtheiße Küstenregionen	*Brookesia minima* (2,5–3,5 cm, Laubschicht) *Furcifer pardalis* (25–40 cm, Gebüsche, Gärten)
Regenwald im Tiefland	*Brookesia peyrierasi* (3–4 cm, Laubschicht) *Calumma gallus* (17 cm, Unterholz bis 4 m Höhe) *Calumma cucullatum* (30–40 cm, Pflanzendickicht) *Calumma parsonii* (70 cm, Sträucher, Bäume)
kühlerer Bergregenwald / Nebelwald	*Brookesia thieli* (7 cm, Laub- und Strauchschicht bis 3 m Höhe) *Calumma furcifer* (17 cm, Waldrandbereiche)
hohe Bergregionen	*Calumma hilleniusi* (15 cm, lichte Hochlandwälder) *Furcifer campani* (15 cm, Gras- /Buschvegetation)
Gras-, Busch- und Baumsavannen	*Brookesia bonsi* (7 cm, Trockenwald: Laubschicht) *Brookesia perarmata* (11 cm, Trockenwald: Büsche, Laubschicht)
Trockensavannen / Halbwüsten	*Furcifer belalandaensis* (22 cm, Büsche und Dornwälder) *Furcifer labordi* (20–30 cm, trockene Buschwälder)

Anmerkung: Gezeigt ist lediglich eine kleine Auswahl. Auf Madagaskar kommen über 70 Arten vor (vgl. Material A).

weitere Materialgrundlage:
Rieppel, O. (2002). A case of dispersing chameleons. Nature 415, 744–745
www.rops-ev.de/chamaeleons.htm (Zugriff 07. 03. 2012)
www.agchamaeleons.de/systematik/ (Zugriff 07. 03. 2012)

Lösungsvorschlag

In der Aufgabe thematisierte Unterrichtsinhalte sind:
Verwandtschaftsbestimmung anhand morphologischer Merkmale, Kladogramm, stammesgeschichtliche Verwandtschaft, DNA-Sequenzanalyse, Aminosäuresequenzanalyse, genetischer Code, ökologische Nische, Evolutionsfaktoren, adaptive Radiation

I.1 *Bauen Sie Ihre Argumentation bezüglich einer Verwandtschafts-Hypothese zunächst anhand Ihrer tabellarischen Übersicht auf. Bedenken Sie bei der Einschränkung, die im letzten Aufgabenteil gemacht wird, dass auch identische Einflüsse zu gleichen Entwicklungen führen können.*

Aufgrund der Informationen in Material A (Abb. 1–3) ergibt der tabellarische Vergleich der drei Chamäleon-Arten folgendes Bild:

	Echte Chamäleons	Erdchamäleons	Stummelschwanz-Chamäleons
Größe	groß, 15–60 cm	klein, 3–11 cm	klein, 6–13 cm
Körperform	seitlich abgeflacht	walzenförmig	seitlich abgeflacht
Farbe	meist grünlich – aber: breites Farbspektrum möglich	unscheinbare Farben (braun und grau), Farbwechsel kaum möglich	
Schwanz	langer Schwanz als wichtiges Kletter-werkzeug	Schwänze zum Klettern nur wenig nutzbar	
Körper-anhänge	Schnauzenhöcker, Hinterkopflappen, Bartschuppen, Rückenkämme bei Männchen einiger Arten	kaum Anhänge, eine Art kleiner Helm im Nacken	Schnauzenfort-sätze, hornartig vergrößerte Kopf-schuppen bei Männchen einiger Arten

Eine Hypothese zur stammesgeschichtlichen Verwandtschaft der drei Gruppen kann argumentativ wie folgt aufgebaut werden. Zwei der drei Chamäleon-Arten zeigen einige übereinstimmende Merkmale im Körperbau (Körpergröße, Schwanz) und der Farbgebung: Beim Erd- und beim Stummelschwanz-Chamäleon kann man daher von verhältnismäßig engen stammesgeschichtlichen Verwandtschaftsverhältnissen ausgehen. Da die Echten Chamäleons Spezialbildungen aufweisen, vor allem einen Kletterschwanz und die Möglichkeit zum Farbwechsel, ist es sehr wahrscheinlich, dass sie eine evolutiv jüngere Entwicklungsgruppe darstellen. Die 25 bekannten Erdchamäleon-Arten scheinen die ursprünglichste der drei Gruppen zu sein. Hierfür spricht, dass die Tiere charakteristische Merkmale der Entwicklungsgruppe der Echsen zeigen. Dies sind zum einen ihre Lebensweise am Erdboden und zum anderen ihr walzenförmiger Körper. Hinzu kommt, dass Erdchamäleons nur wenige spezialisierte Anpas-

sungen an ihren Lebensraum zeigen. Die Stummelschwanz-Chamäleons zeigen bereits Merkmale der echten Chamäleons wie den seitlich abgeflachten Körper und den Kopfschmuck. Andererseits sind sie noch dem ursprünglichen Lebensraum verhaftet, da sie in den Strauchschichten der Bäume leben. Ihre evolutive Position könnte man daher in einer Zwischenstellung zwischen den beiden anderen Gruppen sehen.
Die hier angesprochenen rein morphologischen Vergleiche der drei Chamäleon-Abteilungen reichen als ausschließliche Belege einer engeren Verwandtschaft der drei Gruppen aber nicht aus. Um eindeutige Belege zu erhalten, muss ausgeschlossen werden, dass es sich hier um konvergente Entwicklungslinien handelt. Die ähnlichen Körpermerkmale könnten sich aufgrund ähnlicher Selektionsbedingungen entwickelt haben. Solche Analogien können aber auf keine enge Verwandtschaft der drei Gruppen untereinander hinweisen.

I.2 *Bei der Bearbeitung des Stammbaums müssen Sie stets daran denken, dass mit Namen nur die heute lebenden Spezies angegeben sind. Jeder Verzweigungspunkt im Stammbaum stellt einen Vorfahren der sich neu daraus entwickelnden Äste dar. Denken Sie bei der Darlegung der molekulargenetischen Analysen daran, was eine identische bzw. veränderte Basenabfolge für die Verwandtschaftsbeziehungen bedeutet. Wenn Sie die DNA-Analyse mit der Aminosäuresequenzanalyse verglichen haben, kann Ihre Entscheidung, welche der beiden Methoden verlässlichere Ergebnisse liefert, Zusatzpunkte bringen.*

Die in der Teilaufgabe I.1 aufgestellte Hypothese kann mithilfe der Abb. 4 (Material B) überprüft und insgesamt verifiziert werden. Im hier dargestellten Stammbaum sind die evolutiven Weiterentwicklungen jeweils an gabelig (dichotom) verzweigten Ästen aufgelistet. Eine solche Darstellung wird als Kladogramm bezeichnet. Aus einer nicht genauer angegebenen Stammgruppe entwickelt sich aus der einen Gabel eine Außengruppe, die nahe verwandte asiatische Art der Schönechsen. Die andere Gabelseite führt sowohl zu einer weiteren Echsen-Außengruppe, den Siedleragamen, als auch zum direkten Vorfahren der Chamäleon-Basisgruppe. Verfolgt man die Verzweigungen ausgehend von der Basisgruppe der Chamäleon-Arten weiter, zeigt sich, dass die Erdchamäleons der Gattung *Brookesia* aus Madagaskar die ursprünglichste Gruppe darstellen. Sie stehen evolutiv dem direkten Vorfahren der Chamäleon-Basisgruppe am nächsten. Alle übrigen Chamäleon-Gruppen, Stummelschwanz- und Echte Chamäleons, gehen auf einen gemeinsamen Vorfahren zurück. Es zeigt sich, dass die Stummelschwanz-Chamäleons stammesgeschichtlich die zweitälteste Chamäleon-Gruppe darstellen. Alle Echten Chamäleons wiederum sind eine phylogenetisch jüngere Gruppe. Dies ist damit zu erklären, dass die Gruppe der Stummelschwanz-Chamäleons von dem ersten gemeinsamen Vorfahren aller Echten Chamäleons abzweigt. Die Stummelschwanz-Chamäleons stehen somit zwischen den stammesgeschichtlich älteren Erd- und den jüngeren Echten Chamäleons. Daraus ergibt sich, dass die Stummelschwanz-Chamäleons und die

Echten Chamäleons näher miteinander verwandt sind als Stummelschwanz-Chamäleons oder Echte Chamäleons mit den Erdchamäleons.
Die Aufstellung derartiger phylogenetischer Stammbäume beruht heutzutage auf der Analyse des Erbgutes der rezenten, heute lebenden Vertreter der betrachteten Tiergruppen. Um die Verwandtschaftsbeziehungen aufzudecken, werden molekularbiologische Analyseverfahren angewendet. Da die DNA ausgestorbener Vorfahren nur in Ausnahmefällen zu gewinnen und damit analysierbar ist, kann nur ein Vergleich der Erbsubstanz heute lebender Vertreter Auskunft über die Verwandtschaftsverhältnisse geben. Wenn man von einem gemeinsamen Vorfahren ausgeht, gilt der Grundsatz: Je mehr Übereinstimmungen in der Basensequenz der DNA vorherrschen, desto näher sind die betrachteten Arten miteinander verwandt. Umgekehrt gilt auch, je mehr Zeit seit der Trennung der beiden Arten von einem gemeinsamen Ahnen vergangen ist, desto mehr Abweichungen sind in der DNA-Sequenz zu erwarten. Dies liegt daran, dass sich immer mehr Mutationen seit der Trennung der beiden Arten ereignet haben, die zu Änderungen in der Erbsubstanz führen.
Neben der Analyse der Erbsubstanz gibt es noch eine andere Möglichkeit zur Aufstellung von Verwandtschaftsbeziehungen – die Aminosäuresequenzanalyse. Bei einem Vergleich beider Untersuchungsmethoden bezüglich ihrer Aussagekraft bei der Ermittlung von Verwandtschaftsbeziehungen ist zu bemerken, dass sich nicht jede Mutation automatisch auch im Einbau einer veränderten Aminosäure äußert. Dies liegt u. a. daran, dass der genetische Code, der die Abfolge der Proteine in der DNA vorgibt, degeneriert bzw. redundant ist und daher dieselbe Aminosäure teilweise von mehreren, unterschiedlichen Basentripletts verschlüsselt wird. Dadurch kann es zu stummen Mutationen kommen, die sich in der Aminosäuresequenz der betroffenen Organismen gar nicht zeigen. Darüber hinaus manifestieren sich Mutationen in den zahlreichen nichtcodierenden Abschnitten der DNA im Normalfall nicht. Diese Bereiche, wie z. B. die Introns der Eukaryotengene, haben keinen Einfluss und damit keine Auswirkungen darauf, welche Art von Proteinen von einem mutierten Organismus hergestellt wird. Wird nach der verlässlicheren Analysemethode gesucht, so sollte der DNA-Sequenzanalyse der Vorzug gegeben werden.

I.3 *Bei Ihrer Bearbeitung müssen Sie unbedingt alle drei Abbildungen im Blick haben. Nur wenn Sie die Darstellungen in Material A und B vergleichend zueinander in Beziehung setzen, können Sie zu einer fundierten Aus- und Bewertung beider Hypothesen gelangen.*

Echte, Erd- und Stummelschwanz-Chamäleons sind heute sowohl auf dem afrikanischen Kontinent als auch auf Madagaskar anzutreffen. Um diese Verbreitung der Tiere erklären zu können, werden zwei Hypothesen – die (ältere) „Gondwana-Hypothese" und die „Verdriftungs-Hypothese" – diskutiert. Abb. 6 (in Material C) verdeutlicht, dass Afrika und Madagaskar vor 100 Mio. Jahren noch miteinander verbunden waren. Vor 80 Mio. Jahren hatten sich beide Teile des Urkontinents Gondwana bereits voneinander getrennt. Daraus ergibt sich

die Überlegung, dass die Ur-Chamäleons – wenn man der „Gondwana-Hypothese“ folgt – spätestens vor ca. 100 Mio. Jahren entstanden sein müssen. Dies steht jedoch im Widerspruch zu Fossilfunden. So konnte „das älteste bisher gefundene Chamäleon-Fossil [...] auf ein Alter von 26 Mio. Jahren datiert“ werden. Es wird zwar vermutet, dass noch ältere Spuren der Ur-Chamäleons vor etwa 60 Mio. Jahren existieren müssen, Fossilien als Belege sind aber bisher noch nicht gefunden worden. Selbst wenn die letzte Vermutung zutrifft, hat es zu diesem Zeitpunkt zwischen Madagaskar und Afrika keine Verbindung mehr gegeben. Die Trennung erfolgte bereits 40 Mio. Jahre früher. Damit muss die „Gondwana-Hypothese“ zumindest fraglich erscheinen.
Weitere Hinweise können Chamäleon-Arten geben, die auf Réunion und den Komoren vorkommen. Beide Inseln sind vulkanischen Ursprungs und zwischen 130 000 und 5,4 Mio. Jahre alt. Somit haben diese Territorien weder mit Madagaskar noch mit Afrika jemals Kontakt gehabt. Die plausibelste Erklärung für deren Besiedlung durch Chamäleons – da eine Einschleppung durch den Menschen ausgeschlossen ist – wäre, dass einzelne Tiere auf Holz- und Baumstücken über das Meer treibend dorthin gelangt sind. Dies spricht für die „Verdriftungs-Hypothese“. Die Gültigkeit dieser Annahme kann auch noch mit anderen Fakten aus dem phylogenetischen Stammbaum in Abb. 4 (in Material B) belegt werden. Jeweils eine afrikanische und eine madagassische Gattung haben einen gemeinsamen Vorfahren. Dies gilt zum einen für Arten der Gattungen *Bradypodion* in Afrika und *Calumma* auf Madagaskar und zum anderen auch für Tiere der afrikanischen *Chamaeleo*-Arten und der *Furcifer*-Arten auf Madagaskar. Beide Beispiele sind Belege dafür, dass eine Verdriftung einzelner Tiere über das Meer nicht nur einmal, sondern mehrfach erfolgt sein muss. Ohne eine Verdriftung hätte es in Afrika und auf der Insel Madagaskar nur eine ursprüngliche Gruppe von Chamäleons gegeben, die sich dann jeweils als geschlossene Verwandtschaftsgruppen weiterentwickelt hätten.

I.4 Durch ihre Lage im Indischen Ozean und ihre Größe hat Madagaskar als viertgrößte Insel der Erde eine Vielzahl unterschiedlicher Klima- und Vegetationszonen ausgebildet. Vom Regenwald bis zur Trockensavanne bot sie den ersten Vertretern der Chamäleons, die diese Insel erreichten, ein breites Spektrum von Lebensräumen an, in das sich die Tiere während ihrer Weiterentwicklung einnischen konnten. Das Besetzen dieser freien ökologischen Nischen durch entsprechend angepasste bzw. präadaptierte Chamäleons erfolgte im Zuge einer **adaptiven Radiation**. Die Evolutionsfaktoren Mutation, Rekombination und Selektion sorgten dafür, dass auch innerhalb der gleichen Biotope verschiedene Chamäleon-Arten unterschiedliche Vegetationsstockwerke besiedeln konnten. Dies ist z. B. im Regenwald des madagassischen Tieflandes besonders gut zu beobachten, wie Tab. 1 (in Material D) verdeutlicht. Eine kleine Art *(Brookesia peyrierasi)* lebt in der Laubschicht, eine andere *(Calumma cucullatum)* im Pflanzendickicht und *Calumma parsonii* u. a. in Sträuchern desselben Biotops. Eine Aufspaltung „auf engstem Raum“ – wie an diesem Beispiel zu sehen – kann aber nur erfolgen, wenn vor allem der Evolutionsfaktor

Isolation mit seinen Mechanismen greift. Er sorgt dann für eine derartige Separation der Chamäleons. Im Vergleich zu allen übrigen Echsen zeichnen sich die Chamäleons durch den Besitz von spezifischen Greiffüßen aus. Diese anatomische Besonderheit hat mit Sicherheit dazu beigetragen, dass sich die unterschiedlichen Chamäleon-Arten neue Lebensräume in Ästen von Sträuchern und Bäumen erschließen konnten. Die Greiffüße ermöglichen den Tieren einen sicheren Halt. Und da sich die kletternden Chamäleon-Arten in den unterschiedlichen Höhenbereichen ihrer Biotope „verteilen" können, sinkt auch der interspezifische Konkurrenzdruck zwischen den Arten. Als ein weiterer positiver Effekt kommt u. U. noch hinzu, dass durch eine Besiedlung der vertikalen Lebensräume ein geringerer Feinddruck zu erwarten ist. Auch diese Tatsache begünstigt sowohl die Vermehrung als auch eine weitere Ausbreitung der unterschiedlichen Chamäleon-Arten.

Leistungskurs Biologie (NRW) – Abitur-Prüfung 2013
Aufgabe 2: Genetik

Aufgabenstellung: Punkte

Thema: Die Ahornsirup-Krankheit

II.1 Ermitteln Sie anhand des Stammbaums (Material A) den Erbgang für die Ahornsirup-Krankheit, indem Sie andere Erbgänge begründet ausschließen. Geben Sie für die nummerierten Personen alle möglichen Genotypen an. Stellen Sie das Grundprinzip einer Gelelektrophorese zur Auftrennung von DNA-Fragmenten dar und werten Sie die Ergebnisse der Gelelektrophorese (Material B) bezüglich des Stammbaums aus. 28

II.2 Ermitteln Sie die molekulargenetischen Ursachen der Ahornsirup-Krankheit in den angegebenen Beispielen (Material C, Tabelle 1) und die Folgen für das jeweils gebildete Polypeptid. Leiten Sie daraus mögliche Auswirkungen auf den BCKD-Enzymkomplex ab (Materialien A und E). 18

II.3 Beschreiben Sie den Abbau der Aminosäuren Leucin, Isoleucin und Valin und erläutern Sie die Folgen eines Defektes des BCKD-Enzymkomplexes (Material D). 12

II.4 Erläutern Sie auf der Basis der Materialien A und D die Anforderungen an eine Diät-Behandlung von Babys mit Ahornsirup-Krankheit. 8

Material A: Informationen zur Ahornsirup-Krankheit (ASK)

Die Ahornsirup-Krankheit (ASK) tritt in allen ethnischen Gruppen mit einer Häufigkeit von etwa 1 : 185 000 auf. Die Krankheit äußert sich meist schon kurz nach der Geburt. Das Neugeborene wirkt lethargisch, ein charakteristischer ahornsirupartiger Geruch ist wahrzunehmen. Das Kind zeigt Trinkschwäche und entwickelt immer stärker werdende neurologische Auffälligkeiten, die unbehandelt in den ersten Lebenswochen zum Tod führen. Im Nervengewebe ist ein deutlicher Myelinmangel nachweisbar, die weiße Hirnsubstanz zeigt eine ausgeprägte Degeneration. Die Krankheit wird mit einer strengen Diät behandelt.
Der Ahornsirup-Krankheit können unterschiedliche Defekte des Multienzymkomplexes BCKD (verzweigtkettige α-Ketosäuren-Dehydrogenase, (Material D, Abbildung 3)) zugrunde liegen. Der BCKD-Komplex befindet sich an der inneren Membran der Mitochondrien aller Gewebe.
Der BCKD-Komplex setzt sich aus drei enzymatisch aktiven Untereinheiten zusammen: E1 (codiert durch die Gene E1α und E1β), E2 (codiert durch das E2-Gen) und E3 (codiert durch das E3-Gen).

Abbildung 1 zeigt den Stammbaum einer Familie mit Ahornsirup-Krankheit. Der betroffene Genabschnitt ist hier das Exon 6 des E1β-Gens.

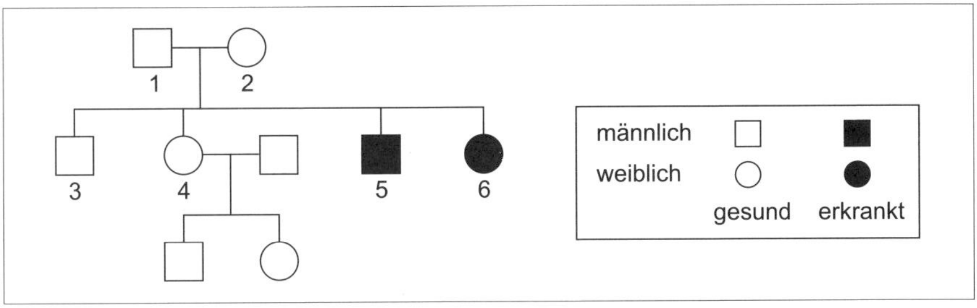

Abb. 1: Stammbaum einer Familie mit Ahornsirup-Krankheit.
erstellt nach: Henneke, M. (2002). Klinische und molekulare Charakterisierung von Patienten mit Ahornsirup-Krankheit. Dissertation, Heinrich-Heine-Universität, Düsseldorf (http://docserv.uni-duesseldorf.de/servlets/DerivateServlet/Derivate-2501/501.pdf (Zugriff 25. 02. 2012))

Material B: Gelelektrophoretische Auftrennung des betroffenen DNA-Abschnitts

Eine unterschiedliche Basensequenz beeinflusst die Konformation von DNA-Einzelsträngen und damit ihre Wanderungsgeschwindigkeit.
Diese Eigenschaft wird in einer besonderen Form der Gelelektrophorese, der sogenannten SSCP-Analyse ausgenutzt. Mithilfe der SSCP-Analyse können DNA-Fragmente ermittelt werden, die aufgrund von Mutationen ein anderes Laufverhalten als Kontrollfragmente zeigen.

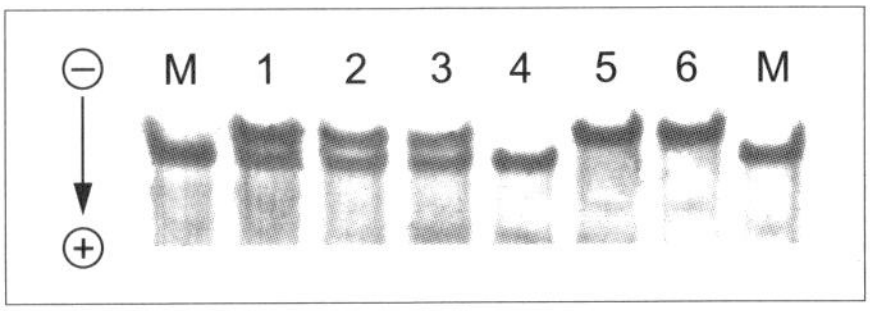

Abb. 2: Gelelektrophoretische Auftrennung des betroffenen DNA-Abschnitts ausgewählter Personen der Familie aus dem Stammbaum (siehe Material A)
vereinfacht nach: Henneke, M. (2002). Klinische und molekulare Charakterisierung von Patienten mit Ahornsirup-Krankheit. Dissertation, Heinrich-Heine-Universität, Düsseldorf

Aufgetragen wurden die Fragmente des betroffenen DNA-Abschnitts nach Vervielfältigung durch PCR von ausgewählten Personen der Familie aus dem Stammbaum (siehe Material A). Die Nummern entsprechen denen der Personen aus dem Stammbaum. Probe M gehört zu einer gesunden, nicht betroffenen Person.

Material C: Molekulargenetische Ursachen der Ahornsirup-Krankheit

Der Ahornsirup-Krankheit können unterschiedliche Defekte des BCKD-Komplexes zugrunde liegen. Tabelle 1 zeigt nur einige wenige der bis heute identifizierten Mutationen, die zum Krankheitsbild ASK führen:

Tabelle 1: Ausschnitt aus dem jeweils codogenen Strang einer gesunden Person und eines Patienten mit Ahornsirup-Krankheit

mutiertes Gen und dargestellte Nukleotide	Teilsequenz des codogenen Stranges (3' → 5')	
	gesunde Person	Patient mit ASK
E1α-Gen Nukleotide 712–729	CTC CCC CGT CGG TCA CTC	CTC CCC GGT CGG TCA CTC
E1β-Gen Nukleotide 745–762	CTT CTT CAG GGA TAT CTT	CTT CTT CGG GGA TAT CTT
E2-Gen Nukleotide 1 144–1 161	AGA CAC CCA GTC GAG TCG	AGA CAC TCA GTC GAG TCG
E1β-Gen Nukleotide 928–945	ACC CTA CAC CTG TGT TAA	ACC CTA CAC TGT GTT AAA
E1β-Gen Nukleotide 1 144–1 161	ACA ATA CTA CGG GAA GCT	ACA ATT CTA CGG GAA GCT

erstellt nach:
Henneke, M. (2002). Klinische und molekulare Charakterisierung von Patienten mit Ahornsirup-Krankheit. Dissertation, Heinrich-Heine-Universität, Düsseldorf (http://docserv.uni-duesseldorf.de/servlets/DerivateServlet/Derivate-2501/501.pdf (Zugriff 25. 02. 2012))
www.ncbi.nlm.nih.gov/nuccore/223671913?report=genbank
www.ncbi.nlm.nih.gov/nuccore/260593636?report=genbank
www.ncbi.nlm.nih.gov/nuccore/392513671?report=genbank

Material D: Abbau der Aminosäuren Leucin, Isoleucin und Valin

Essenzielle Aminosäuren sind lebensnotwendig. Sie können nicht aus elementaren Bestandteilen aufgebaut werden, sondern müssen mit der Nahrung aufgenommen werden. Die essenziellen Aminosäuren Leucin, Valin und Isoleucin werden in einem ersten Schritt zu den entsprechenden α-Ketosäuren abgebaut. Dieser Schritt ist umkehrbar. Der BCKD-Komplex katalysiert den weiteren Abbau dieser α-Ketosäuren (vgl. Abbildung 3). Bei an der Ahornsirup-Krankheit erkrankten Kindern wurden die folgenden Werte (vgl. Tabelle 2) innerhalb der ersten drei Lebenswochen ermittelt. In diesem Zeitraum wurde die Krankheit nicht behandelt.

Tabelle 2: Konzentrationen der Aminosäuren Leucin, Isoleucin und Valin im Blutplasma gesunder und an Ahornsirup-Krankheit erkrankter Kinder

	Leucin [μmol/L]	Isoleucin [μmol/L]	Valin [μmol/L]
gesunde Kinder	159–179	72–82	249–279
erkrankte Kinder	763–4 504	191–710	221–855

erstellt nach:
Henneke, M. (2002). Klinische und molekulare Charakterisierung von Patienten mit Ahornsirup-Krankheit. Dissertation, Heinrich-Heine-Universität, Düsseldorf (http://docserv.uni-duesseldorf.de/servlets/DerivateServlet/Derivate-2501/501.pdf (Zugriff 25. 02. 2012))

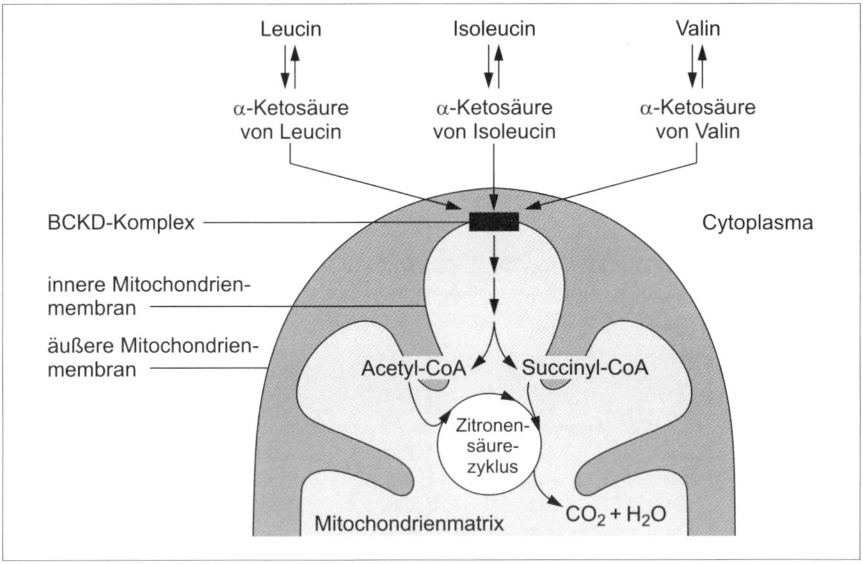

Abb. 3: Stufenweiser Abbau der Aminosäuren Leucin, Isoleucin und Valin
verändert nach: Henneke, M. (2002). Klinische und molekulare Charakterisierung von Patienten mit Ahornsirup-Krankheit. Dissertation, Heinrich-Heine-Universität, Düsseldorf (http://docserv.uni-duesseldorf.de/ servlets/DerivateServlet/Derivate-2501/501.pdf (Zugriff 25. 02. 2012))

Material E: Codesonne und Tabelle zum genetischen Code

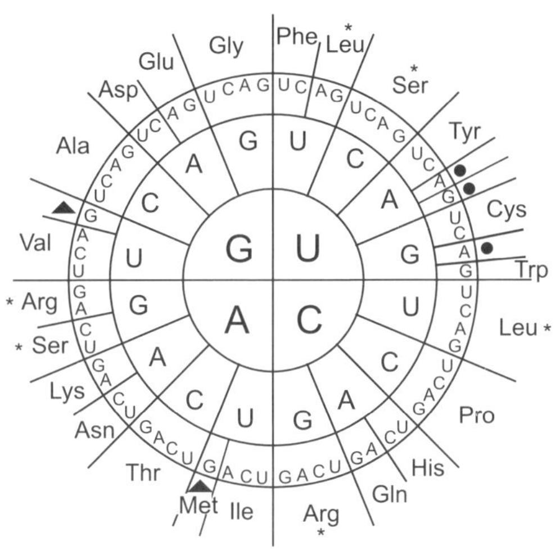

Ala	Alanin
Arg	Arginin
Asn	Asparagin
Asp	Asparaginsäure
Cys	Cystein
Gln	Glutamin
Glu	Glutaminsäure
Gly	Glycin
His	Histidin
Ile	Isoleucin
Leu	Leucin
Lys	Lysin
Met	Methionin
Phe	Phenylalanin
Pro	Prolin
Ser	Serin
Thr	Threonin
Trp	Tryptophan
Tyr	Tyrosin
Val	Valin

▲ Start-Codon ● Stopp-Codon * zweimal auftretende Aminosäure

Erste Base	Zweite Base				Dritte Base
5'	**U**	**C**	**A**	**G**	**3'**
U	Phe Phe Leu Leu	Ser Ser Ser Ser	Tyr Tyr Stopp Stopp	Cys Cys Stopp Trp	**U** **C** **A** **G**
C	Leu Leu Leu Leu	Pro Pro Pro Pro	His His Gln Gln	Arg Arg Arg Arg	**U** **C** **A** **G**
A	Ile Ile Ile Met (Start)	Thr Thr Thr Thr	Asn Asn Lys Lys	Ser Ser Arg Arg	**U** **C** **A** **G**
G	Val Val Val Val	Ala Ala Ala Ala	Asp Asp Glu Glu	Gly Gly Gly Gly	**U** **C** **A** **G**

weitere Materialgrundlage:

Lehninger, A. L. (1994). Prinzipien der Biochemie. Spektrum Akademischer Verlag, Heidelberg, S. 606, 619–621

www.ncbi.nlm.nih.gov/nuccore/223671913?report=genbank (Zugriff 15. 07. 2012)

www.ncbi.nlm.nih.gov/nuccore/260593636?report=genbank (Zugriff 15. 07. 2012)

www.ncbi.nlm.nih.gov/nuccore/392513671?report=genbank (Zugriff 15. 07. 2012)

Lösungsvorschlag

In der Aufgabe thematisierte Unterrichtsinhalte sind:
Erbganganalyse, Homo- und Heterozygotie, Gelelektrophorese, Punktmutation, Deletion, Leserastermutation, Proteinbiosynthese

II.1 *Bei der Analyse des Stammbaums können Sie zunächst davon ausgehen, dass es sich bei den Individuen immer um legitime Nachkommen handelt. Es genügt, wenn Sie für den Ausschluss eines nicht passenden Erbgangs jeweils ein Beispiel nennen. Achten Sie bei der Darstellung der Genotypen auf eine klare und eindeutige Wahl in der Symbolik der Allelzustände. Die Analyse von Abb. 2 ermöglicht es Ihnen, Unklarheiten zu beseitigen, die bei einer Untersuchung des Stammbaums (Abb. 1) noch bestehen bleiben. Dies sollten Sie bei Ihrer Bearbeitung herausstellen.*

Die Ahornsirup-Krankheit (ASK) ist eine Stoffwechselerkrankung, die **autosomal rezessiv** vererbt wird. Alle anderen möglichen Vererbungsmodi können anhand folgender Überlegungen ausgeschlossen werden. Eine autosomal dominante Vererbung der ASK kann nicht zutreffen, da in diesem Fall mindestens ein Elternteil (Individuum 1 oder 2) Merkmalsträger sein müsste. Ein X-chromosomal dominanter Erbgang kommt ebenfalls nicht infrage, weil ansonsten auch Individuum 2 erkrankt wäre. Ein X-chromosomal rezessiver Erbgang ist ausgeschlossen, da in diesem Fall Individuum 1 von der Krankheit betroffen wäre. Sowohl der Vater (1) hätte seiner Tochter den Defekt vererben müssen als auch die Mutter (Individuum 2) als Überträgerin. Auf dem Y-Chromosom kann der Defekt nicht lokalisiert sein, da ansonsten keine Frauen (wie das erkrankte Individuum 6) von der Krankheit betroffen wären.

Für die allelen Zustände bei diesem Vererbungsmodus ergeben sich damit folgende Möglichkeiten: „A“ (dominant) steht für das intakte Allel und „a“ (rezessiv) für das defekte Allel, das für die Information der Ahornsirup-Krankheit codiert. Auf der Grundlage der Phänotypen im Stammbaum können die Genotypen der Individuen 1 und 2 eindeutig bestimmt werden. Beide weisen den Genotyp „Aa“ auf; sie sind mischerbig in Bezug auf ASK. Ebenfalls eindeutig einem Genotyp zuzuordnen sind die erkrankten Individuen mit „aa“. Die Individuen 3 und 4 können hingegen entweder als Heterozygote ein defektes Allel übertragen („Aa“) oder homozygot das dominante Allel aufweisen („AA“).

Die Gelelektrophorese ist ein Verfahren, das in der Gentechnik immer dann angewendet wird, wenn es gilt, Stoffgemische, die elektrisch geladene Moleküle (hier DNA-Moleküle) enthalten, voneinander zu trennen. Abhängig von ihrer Größe weisen die Moleküle, die aufgrund eines elektrischen Feldes durch ein Gel bewegt werden, eine unterschiedliche Wanderungsgeschwindigkeit auf. Die zu untersuchende, negativ geladene DNA-Probe wird dabei auf ein Gel aufgetragen, an das eine Spannung angelegt wird. Das Gel wirkt dann wie ein engmaschiges Netz, in dem sich die DNA-Moleküle in Richtung der Anode (Pluspol) bewegen. Da kleinere Moleküle schneller durch das Gel und damit in

der gleichen Zeit weiter wandern als größere Moleküle, erfolgt eine Auftrennung der DNA-Fragmente nach ihrer Größe. Sind die Moleküle in der zu untersuchenden Probe gleich groß, bilden sie jeweils eine einheitliche Bande.
Im vorliegenden Fall wird eine besondere Form der Gelelektrophorese, die SSCP-Analyse angewendet. Sie macht es möglich, DNA-Fragmente zu identifizieren, die aufgrund von Mutationen ein anderes Laufverhalten als Kontrollfragmente zeigen. Nach einer Vervielfältigung mittels PCR-Verfahren wurden die Fragmente des betroffenen DNA-Abschnitts der Individuen 1–6 aus dem untersuchten Stammbaum einer SSCP-Analyse unterzogen – zusammen mit der DNA einer nicht betroffenen Kontrollperson M. Das Ergebnis der Gelelektrophorese (Material B, Abb. 2) zeigt zunächst, dass sich beim Individuum 4 lediglich eine Bande an derselben Stelle wie bei der gesunden Kontrollperson M findet. Das bedeutet, dass der Genotyp dieser Frau eindeutig bestimmt werden kann – was anhand des Stammbaums in Abb. 1 (Material 1) nicht möglich war. Individuum 4 ist gesund, hat den Genotyp „AA" und trägt damit das dominante Allel homozygot. Die Personen 1–3 im Stammbaum weisen jeweils zwei Banden auf, wobei eine Bande auf der gleichen Höhe liegt wie bei Person M. Die andere Bande liegt dem Minuspol näher, da die DNA langsamer durch das Gel gewandert ist. Damit sind die Individuen 1–3 heterozygot mit dem Genotyp „Aa". Sie besitzen sowohl das rezessive als auch das dominante Allel. Damit ist auch der Genotyp von Individuum 3 durch die SSCP-Analyse eindeutig bestimmbar. Wie bereits aus dem Phänotyp hervorgeht, sind die Individuen 5 und 6 homozygot in Bezug auf das defekte Allel. Die DNA der Erkrankten sammelt sich dementsprechend in einer Bande, die dem Minuspol näher liegt als diejenige, die sich bei einem homozygot gesunden Menschen ausbildet. Die Fragmente mit der mutierten DNA sind nicht so schnell durch das Gel gewandert.

II.2 *Die Bearbeitung dieser Teilaufgabe erfordert zunächst, die Nukleotid-Defekte zu identifizieren. Anschließend müssen Sie für die erkrankte* ***und*** *die gesunde Person aus dem DNA-Code (angegeben in 3'→5'-Richtung) den mRNA-Code in 5'→3'-Richtung ableiten. In einem dritten Schritt können Sie dann die zugeordneten Aminosäuren mithilfe des Materials E ermitteln. Denken Sie bei der Ermittlung der zugeordneten Aminosäuren daran, dass die Codesonne in 5'→3'-Richtung von innen nach außen gelesen wird. Ihre Analysen können sie natürlich in einem durchlaufenden Text darlegen. Die Darstellung in tabellarischer Form ist allerdings übersichtlicher und ermöglicht Ihnen (und der korrigierenden Person) einen besseren Überblick über die Zusammenhänge zwischen DNA, RNA, Protein und Mutationsereignis.*

Eine Untersuchung des codogenen Stranges von Patienten mit Ahornsirup-Krankheit zeigt in einigen Abschnitten deutliche Abweichungen gegenüber den entsprechenden Teilstücken bei gesunden Personen. Aus Tab. 1 (Material C), die einige dieser Veränderungen auflistet, sind folgende molekulargenetische Ursachen zu erkennen:

E1α-Gen, Triplett 718–720 **Punktmutation** im Nukleotid 718 führt zu Aminosäureaustausch					
Gesunde Person			Patient mit ASK		
DNA mRNA	3' CGT 5' 5' GCA 3'		DNA mRNA	3' **G**GT 5' 5' **C**CA 3'	
AS	Alanin		AS	Prolin	

E1β-Gen, Triplett 751–753 **Punktmutation** im Nukleotid 752 führt zu Aminosäureaustausch			
Gesunde Person		Patient mit ASK	
DNA mRNA	3' CAG 5' 5' GUC 3'	DNA mRNA	3' C**G**G 5' 5' G**C**C 3'
AS	Valin	AS	Alanin

E2-Gen, Triplett 1 150–1 152 **Punktmutation** im Nukleotid 1 150 führt zu Aminosäureaustausch			
Gesunde Person		Patient mit ASK	
DNA mRNA	3' CCA 5' 5' GGU 3'	DNA mRNA	3' **T**CA 5' 5' **A**GU 3'
AS	Glycin	AS	Serin

Alle drei Mutationen können sich auf die Faltung des jeweiligen Proteins auswirken. In der Sekundär-, Tertiär- bzw. Quartärstruktur werden – zusätzlich zu den Elektronenpaarbindungen (Atombindungen) in der Primärstruktur – weitere Bindungstypen zwischen einzelnen, durch die Faltung benachbarten Aminosäureresten ausgebildet. Ein Austausch einzelner Aminosäuren kann unter Umständen den Aufbau derartiger Bindungen verhindern, oder aber neue – im ursprünglichen Protein nicht vorgesehene – Bindungen hervorrufen. Dadurch kann eine sterische Konfigurationsänderung der jeweiligen Untereinheiten hervorgerufen werden. Die Proteine können so in ihrer Gestalt und/oder ihrer Funktionsweise verändert werden.
Im vierten Beispiel der Tab. 1 hat im E1β-Gen bei Patienten mit Ahornsirup-Krankheit eine (interkalare) Deletion inmitten des Gens stattgefunden:

E1β-Gen, ab Triplett 937–939 **Deletion** des ursprünglichen Nukleotids 937 führt zu verschobenem Leseraster			
Gesunde Person		Patient mit ASK	
DNA mRNA	3' CAC **C**TG TGT TAA 5' 5' GUG **G**AC ACA AUU 3'	DNA mRNA	3' CAC *TGT GTT AAA* 5' 5' GUG *ACA CAA UUU* 3'
AS	Val – Asp – Thr – Ile	AS	Val – Thr – Gln – Phe

Da die Base Cytosin durch eine Mutation aus der DNA deletiert wurde, verschiebt sich ab dieser Position das Leseraster der nachfolgenden Tripletts. Die ursprünglich zweite Base des Tripletts 937–939 wird zur ersten, die dritte zur

zweiten und die erste Base des folgenden Tripletts ist nun die dritte an der Position 939. Diese Form der Rastermutation führt zum Einbau völlig anderer Aminosäuren in das Protein ab dem Punkt der Nukleotid-Deletion.
Im letzten aufgelisteten Beispiel liegt eine weitere Punktmutation, ebenfalls im E1β-Gen, vor:

E1β-Gen, Triplett 1 147–1 149 **Punktmutation** im Nukleotid 1 149 führt zu Translationsabbruch (Stopp-Codon)			
Gesunde Person		Patient mit ASK	
DNA mRNA	3' ATA 5' 5' UAU 3'	DNA mRNA	3' AT**T** 5' 5' UA**A** 3'
AS	Tyrosin	Kettenabbruch während der Translation	

Durch diese Mutation kommt es bei der Translation der mRNA nicht zum Einbau einer falschen Aminosäure, sondern zu einem Kettenabbruch durch das Stopp-Codon „UAA". Dieser Kettenabbruch sorgt dafür, dass das so entstandene E1β-Polypeptid gegenüber demjenigen gesunder Menschen verkürzt ist.
Alle fünf Beispiele für ein Mutationsereignis in den Genen E1 und E2 können schwerwiegende Auswirkungen auf den BCKD-Enzymkomplex, dessen Bestandteile sie sind, haben. Eine Veränderung in der Struktur der E1α-, E1β- und E2-Polypeptide kann sich auf die Reaktion, die von diesem Enzymkomplex katalysiert wird, gravierend auswirken. Im günstigsten Fall ist die Enzymaktivität lediglich herabgesetzt oder eingeschränkt. Im ungünstigsten Fall kann das Enzym durch die eingetretenen Mutationen funktionsuntüchtig werden. Dies ist vor allem der Fall, wenn das aktive Zentrum des Enzyms betroffen ist, das meist aus mehreren enzymatisch aktiven Untereinheiten besteht, die passgenau zusammenarbeiten müssen. Sollte der BCKD-Enzymkomplex von den Untereinheiten überhaupt nicht mehr gebildet werden können, ist mit einem Totalausfall der Enzymreaktion zu rechnen.

II.3 Die essenziellen Aminosäuren Leucin, Isoleucin und Valin werden in zwei Schritten abgebaut. Der erste Schritt, bei dem die drei Aminosäuren in die entsprechenden α-Ketosäuren umgewandelt werden, findet im Cytoplasma statt. Danach werden die Stoffe durch die äußere Mitochondrienmembran aufgenommen und gelangen zur inneren Membran. Dort erfolgt in einem zweiten Schritt die Umsetzung der α-Ketosäuren des Leucin-, Isoleucin- und Valin-Abbaus als Substrate des in die Membran integrierten Enzymkomplexes BCKD. Ihre Produkte werden über mehrere Zwischenschritte sowohl zu Acetyl-CoA als auch zu Succinyl-CoA verstoffwechselt und in den Zitronensäurezyklus eingeschleust. Im Laufe dieses Zyklus erfolgt die Freisetzung von CO_2 und Wasser.
Tritt beim BCKD-Enzymkomplex ein Defekt auf, so können die α-Ketosäuren von Leucin, Isoleucin und Valin in den Mitochondrien nicht weiter umgesetzt werden. Da der Prozess der Umwandlungsreaktion der Aminosäuren in die α-Ketosäuren umkehrbar ist, kann vermutet werden, dass sich die entsprechenden

Aminosäuren im Cytoplasma und im Blut anreichern werden. Ähnliches wird auch für die α-Ketosäuren von Leucin, Isoleucin und Valin gelten. Die Anhäufung dieser Substanzen im Blutplasma erkrankter Kinder wird durch Tab. 2 (Material D) deutlich. Auf der erhöhten Konzentration dieser Aminosäuren beruhen dann die einzelnen Symptome, die für die Ahornsirup-Krankheit typisch sind.

II.4 Die Ahornsirup-Krankheit kann durch eine strenge Diät behandelt werden, die bereits im Säuglingsalter beginnen muss. Unbehandelt führt die Erkrankung innerhalb weniger Wochen zum Tod des Babys. Untersuchungen zur Konzentration der Aminosäuren Leucin, Isoleucin und Valin im Blutplasma an Ahornsirup-Krankheit erkrankter Kinder zeigen, dass ihre Mengen deutlich von den Normwerten abweichen. Im Vergleich zu gesunden Kindern liegt eine z. T. extreme Häufung dieser drei Aminosäuren im Blutplasma vor. So kann bei an AKS Erkrankten bis zu 25-mal mehr Leucin im Blutserum nachgewiesen werden. Auch die Konzentration an Isoleucin und Valin ist um das bis zu 8,6- bzw. 3-fache gegenüber den Werten bei nicht betroffenen Kindern erhöht. Soll eine Diät bei den erkrankten Kindern erfolgreich sein, d. h. die Menge dieser drei Aminosäuren im Blut wieder auf ein Normalmaß zurückgehen, muss auf eine adäquate Zusammensetzung der Nahrung geachtet werden. Das bedeutet, dass sowohl auf die Menge an Proteinen, die die Babys mit der Nahrung aufnehmen, als auch auf deren Zusammensetzung zu achten ist. Auf der einen Seite muss damit die Aufnahme der drei Aminosäuren Leucin, Isoleucin und Valin kontrolliert und begrenzt werden. Andererseits handelt es sich bei den drei Aminosäuren aber um essenzielle Bausteine menschlicher Proteine. Eine Diät muss diesem Aspekt Rechnung tragen. Für die Ernährung eines Säuglings, der an AKS erkrankt ist, bedeutet das, dass er nicht von der Mutter gestillt werden kann. Für ihn kommen daher ausschließlich synthetische Produkte oder (in späteren Jahren) an Leucin, Isoleucin und Valin arme Lebensmittel für die Ernährung infrage. Nur so kann gewährleistet werden, dass die Patienten keine zu hohen Konzentrationen der drei Aminosäuren aufnehmen. Für die weitere Ernährung der Betroffenen ist zu vermuten, dass die Erkrankten die Diät ihr Leben lang einhalten müssen.

Leistungskurs Biologie (NRW) – Abitur-Prüfung 2013
Aufgabe 3: Ökologie

Aufgabenstellung: Punkte

Thema: Ökologie der Kannenpflanzen

III.1 Skizzieren Sie den Stickstoffkreislauf für ein Ökosystem, nennen Sie die bei Kannenpflanzen zur Sicherstellung der Stickstoffversorgung auftretenden Besonderheiten (Material A) und erklären Sie die Funktion der in der Kannenflüssigkeit nachgewiesenen Enzyme für die Pflanze. 18

III.2 Werten Sie die Untersuchung zum Zusammenleben von *Nepenthes rajah*, Spitzhörnchen *(Tupaia montana)* und Gipfelratte *(Rattus baluensis)* aus (Material B) und interpretieren Sie die Beziehungen aus ökologischer Sicht. 14

III.3 Erläutern Sie die Besonderheiten der Lebensgemeinschaft der Kannenpflanze *Nepenthes bicalcarata* und der Ameisenart *Camponotus schmitzi* (Material C). Werten Sie in diesem Kontext die Experimente A und B zur Wechselbeziehung zwischen *Camponotus schmitzi* und *Nepenthes bicalcarata* aus (Material D). 24

III.4 Stellen Sie, ausgehend von der in Material A dargestellten Form der Lebensweise von Kannenpflanzen, eine Hypothese zur evolutiven Entstehung der in den Materialien B bis D vorgestellten Lebensgemeinschaften auf und erläutern Sie Ihre Hypothese an vier Merkmalen. Bewerten Sie zusammenfassend die Entwicklungsschritte vor dem Hintergrund der speziellen Lebensraumbedingungen der Kannenpflanzen (Material A). 10

Material A: Die Kannenpflanzen – karnivore Pflanzen

Karnivore Pflanzen ergänzen ihre Mineralstoffaufnahme durch das Fangen von Tieren. Dies stellt eine wichtige Quelle für Stickstoffverbindungen insbesondere auf mineralstoffarmen Böden dar. Kannenpflanzen der Gattung *Nepenthes* verfügen über zu Kannen umgebildete Blätter, in denen sie ihre Beute fangen (Abbildung 1).

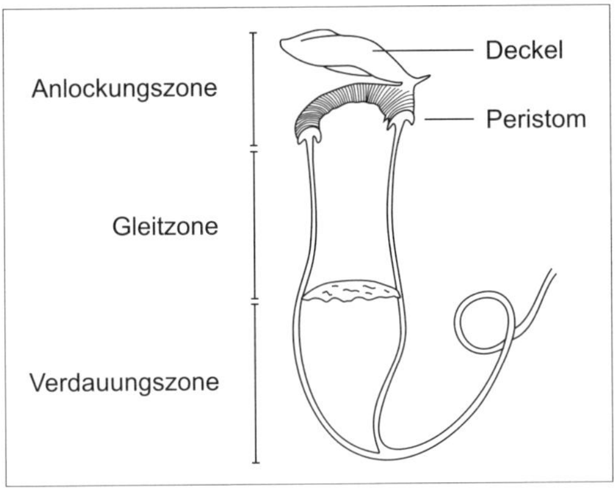

Abb. 1: Aufbau einer *Nepenthes*-Kanne *verändert nach: Rembold, K. (2006). Zur Ökologie der karnivoren Nepenthes madagascariensis. Diplomarbeit, Rheinische Friedrich-Wilhelms-Universität, Bonn*

Die *Nepenthes*-Arten sind im Normalfall nicht auf bestimmte Beutetiere spezialisiert und nutzen ein breites Spektrum an Arthropoden (= Gliederfüßer), wobei Ameisen mit bis zu 90 % den hauptsächlichen Teil ausmachen. Die potenziellen Beutetiere werden dabei durch spezielle Mechanismen angelockt: Der Kannenrand (Peristom) und der Deckel sind auffällig gefärbt, oft sondern am Kannenrand befindliche Drüsen Nektar ab. Die innere Kannenwand ist bei vielen *Nepenthes*-Arten mit sehr glatten Wachskristallen ausgekleidet. In der Flüssigkeit im unteren Teil der Kanne befinden sich neben Stoffen, die die Oberflächenspannung der wässrigen Lösung herabsetzen, auch zahlreiche Enzyme: Peptidasen, die Peptidbindungen aufbrechen, Ribonukleasen, die Nukleinsäuren zerlegen, sowie Chitinasen, die das chitinhaltige Außenskelett von Insekten und anderen Gliederfüßern auflösen.

Material B: *Nepenthes rajah* und ihre Besucher

Die asiatische Kannenpflanze *Nepenthes rajah* kommt ausschließlich im Hochland von Nord-Borneo vor (1 800–2 600 m über dem Meeresspiegel). In diesen Lagen sind Ameisen und andere Insekten selten. *Nepenthes rajah* hat an der Deckelunterseite ihrer sehr großen Kannen Drüsen, die ein weißes Sekret absondern. Diese kohlenhydratreiche Substanz wird täglich von Spitzhörnchen *(Tupaia montana)* und Gipfelratte *(Rattus baluensis)* gefressen. Während die Tiere das süße Sekret aufnehmen, geben sie häufig Kotbällchen gezielt in die Kanne ab. Man hat gefunden, dass Spitzhörnchen etwa 72 % ihrer Kotbällchen direkt in die Kannen abgeben und nur 28 % außerhalb. Bei der Gipfelratte ist dieses Verhältnis mit 84 % zu 16 % noch deutlicher ausgeprägt.

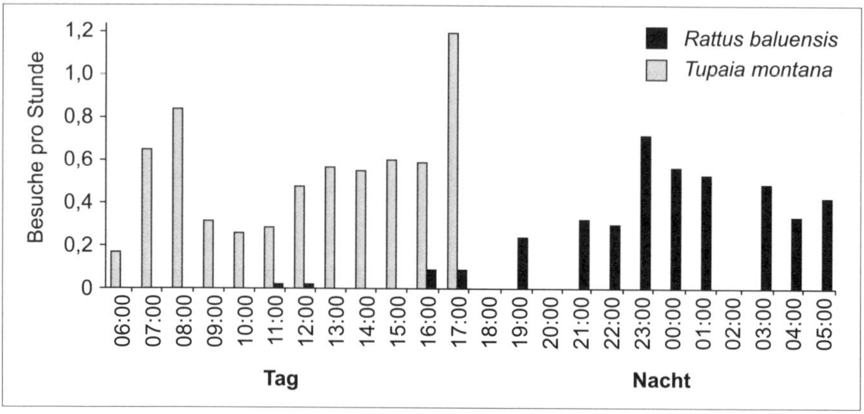

Abb. 2: Besuche von Kleinsäugern an einer *Nepenthes-rajah*-Pflanze über 24 Stunden
verändert nach: Greenwood, M., Clarke, C., Lee, C. C., Gunsalam, A., Clarke, R. H. (2011). A unique resource mutualism between the giant bornean pitcher plant, Nepenthes rajah, and members of a small mammal community. Public Library of Science ONE 6(6): e21114. doi:10.1371/journal.pone.0021114

Material C: Die karnivore Ameisenpflanze *Nepenthes bicalcarata*

Nepenthes bicalcarata ist im Tiefland von Nordwest-Borneo die vorherrschende *Nepenthes*-Art. Auffällig ist, dass sich an der Innenseite ihrer Kannen keine Wachskristalle befinden. Die Verdauungsflüssigkeit ist weniger sauer als bei anderen Arten und enthält eine geringere Konzentration an Verdauungsenzymen.
Die Ameisenart *Camponotus schmitzi* lebt ausschließlich auf *Nepenthes bicalcarata*. Sie nistet in Hohlräumen der Pflanze, und im Gegensatz zu anderen Ameisenarten ist sie in der Lage, auf allen Teilen der Kannen mühelos umherzulaufen, ohne abzurutschen. Diese Ameisen decken ihren Kohlenhydratbedarf zum Teil an den zahlreichen Nektardrüsen von *Nepenthes bicalcarata*.
Ferner besitzt *Camponotus schmitzi* die außergewöhnliche Fähigkeit, in der Kannenflüssigkeit Futter zu sammeln: Die Ameisen tauchen zu allen Teilen der Kanne. Sobald sie auf ein Beutestück treffen, packen sie es und ziehen es aus der Flüssigkeit. Die Ameisen holen ausschließlich große Beutestücke aus der Flüssigkeit. Dies geschieht je nach Umfang (Größe) des Beutestücks unter Beteiligung mehrerer Ameisen. Unter dem Rand des Peristoms wird es zerlegt und verspeist. Die Überreste sowie Fäkalien lassen sie in die Kanne fallen.
Es ist beobachtet worden, wie *Camponotus schmitzi* verhindert, dass andere Besucher wieder aus der Kanne flüchten. So greift sie aus dem Schutz des Peristoms die potenzielle Beute an und stößt die Insekten in die Verdauungsflüssigkeit.

Material D: Experimentelle Untersuchungen zur Wechselbeziehung zwischen *Camponotus schmitzi* und *Nepenthes bicalcarata*

Tabelle 1: Experiment A: Lauffähigkeit verschiedener Ameisenarten auf einer vertikalen, flüssigkeitsbenetzten Glasoberfläche während einer Beobachtungszeit von 120 Sekunden (s)

Ameisenart	Anzahl der Ameisen	durchschnittliches Gewicht einer Ameise	erfolgreiche Ameisen	Zeit bis zum Erreichen des Randes	nicht erfolgreiche Ameisen
Crematogaster inflata	12	2,01 mg	10	15,0 s	2
Camponotus schmitzi	10	4,17 mg	10	0,7 s	0
Camponotus spec.	16	8,36 mg	1	16,3 s	15
Oecophylla smaragdina	10	9,25 mg	1	11,0 s	9
Polyrhachis hector	10	32,6 mg	0	–	10

verändert nach: Bohn, H. F. (2007). Biomechanik von Insekten-Pflanzen-Interaktionen bei Nepenthes-Kannenpflanzen. Dissertation, Bayerische Julius-Maximilians-Universität, Würzburg (http://opus.bibliothek.uni-wuerzburg.de/volltexte/2008/2610/pdf/Dissertation_Bohn_HF.pdf)

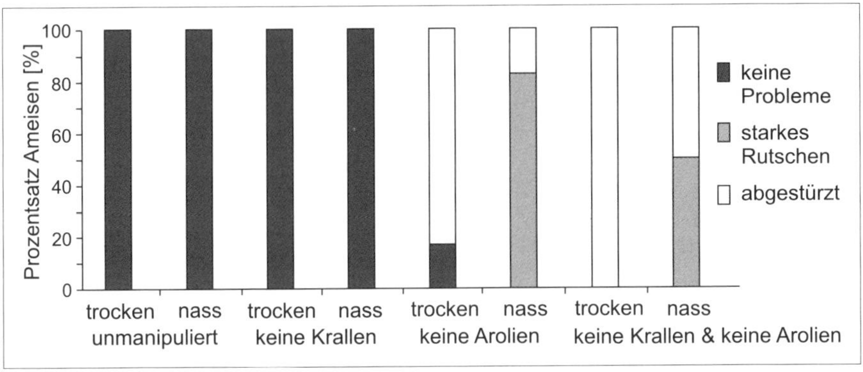

Abb. 3: Experiment B: Lauffähigkeit von Ameisen der Art *Camponotus schmitzi* auf dem Peristom einer lebenden *Nepenthes-bicalcarata*-Kanne. Die Tarsen („Zehenglieder" der Beine) wurden auf unterschiedliche Weise manipuliert, z. B. durch Entfernung der Krallen oder der als Arolien bezeichneten Haftpolster. Die Lauffähigkeit wurde auf trockenem und nassem Peristom untersucht.
aus: Bohn, H. F. (2007). Biomechanik von Insekten-Pflanzen-Interaktionen bei Nepenthes-Kannenpflanzen. Dissertation, Bayerische Julius-Maximilians-Universität, Würzburg

weitere Materialgrundlage:

Bonhomme, V., Gounand, I., Alaux, C., Jousselin, E., Barthélémy, D., Gaume, L. (2011). The plant-ant Camponotus schmitzi helps its carnivorous host-plant Nepenthes bicalcarata to catch its prey. Journal of tropical ecology 27 (1), 15–16 (24)

Lösungsvorschlag

In der Aufgabe thematisierte Unterrichtsinhalte sind:
Stickstoffkreislauf, interspezifische Konkurrenz, Angepasstheit an Lebensräume, ökologische Nische, Symbiose, Mutualismus, Koevolution, Fitness, Evolutionsfaktoren, Koadaption

III.1 *Der erste Teil der Aufgabenstellung hat rein reproduktiven Charakter. Er ermöglicht es Ihnen, durch die Wiedergabe Ihres Wissens auf leichte Art und Weise viele Punkte zu erwerben. Hierbei ist nicht vorgeschrieben, wie Sie die Darstellung gestalten sollen – ob in Form einer Zeichnung oder in einem ausformulierten Text. Im Folgenden sind beide Varianten dargestellt.*

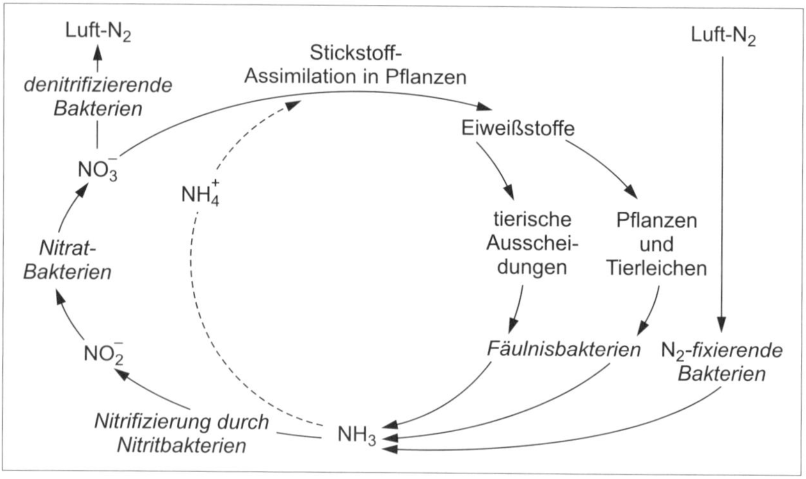

Stickstoff (N_2) ist eine der chemischen Substanzen, die im Leben von pflanzlichen und tierischen Organismen eine wichtige Rolle bei diversen Stoffwechselprozessen spielt. Nicht nur die Erbsubstanzen – DNA und RNA – enthalten Stickstoff in ihren organischen Basen, vor allem Proteine, d.h. pflanzliches und tierisches Eiweiß, sind aus stickstoffhaltigen Aminosäuren aufgebaut. Obwohl gasförmiger Stickstoff (N_2) mit fast 80 % den Hauptbestandteil der Erdatmosphäre ausmacht, kann er von den Produzenten nicht direkt zur Assimilation und für ihre Stoffproduktion genutzt werden. Grüne Pflanzen benötigen spezielle Stickstoffverbindungen, die sie bei der Wasseraufnahme über die Wurzeln in gelöstem Zustand aus dem Boden mit aufnehmen. Zur Verfügung gestellt wird den Pflanzen der Stickstoff aus der Luft durch Stickstoff-fixierende Bakterien. Sie reduzieren den Luftstickstoff zu Ammoniak (NH_3) und Ammonium (NH_4^+), der protonierten Form des Ammoniaks in wässriger Umgebung. Bei der stufenweisen Reduktion des Luftstickstoffs ist Ammoniak das erste greifbare Produkt. In wässriger Umgebung liegt es als NH_4^+ vor. Zwei Formen nitrifizierender Bakterien oxidieren NH_3 / NH_4^+ zu Nitrit NO_2^- (Nitritbakterien) und Nitrit zu Nitrat NO_3^- (Nitratbakterien). Der Boden kann aber auch Stickstoff wieder verlieren, weil denitrifizierende Bakterien Nitrat wieder zu gasförmigem N_2 reduzieren und an die Atmosphäre abgeben. Damit kann der Ein- und Umbau von Stickstoff als ein Stoffkreislauf angesehen werden. Der vornehmlich in den Eiweißstoffen von Pflanzen und Tieren gespeicherte Stickstoff kann dadurch dem Stickstoffkreislauf erneut zugeführt werden, dass Fäulnisbakterien (Destruenten) Tier- und Pflanzenleichen im Boden wieder in ihre anorganischen Bestandteile zersetzen. Dafür sind desaminierende Bakterien verantwortlich, die durch Ammonifikation verwesende Biomasse zu Ammoniak mineralisieren. Auch tierische Ausscheidungsprodukte (der Ammoniak der Fische, die Harnsäure ($C_5H_4N_4O_3$) der Vögel und der Harnstoff [$CO(NH_2)_2$] der Säuger) werden so abgebaut.

Zur Sicherung einer ausreichenden Versorgung mit Stickstoff auf mineralstoffarmen Böden weisen Kannenpflanzen einige Besonderheiten im Bauplan auf, die dazu dienen, Gliederfüßer (Arthropoden) anzulocken und zu fangen. Ihre Blätter sind dafür zu Kannen umgebildet, die aus mehreren funktionstragenden Abschnitten bestehen (Abb. 1). Der Kannenrand, das Peristom, ist in seinem oberen Bereich, der Anlockungszone, auffällig gefärbt. Gleiches gilt für den Deckel, der auch das Kanneninnere vor Regen schützt. Am Kannenrand befinden sich als Lockmittel oft spezifische Nektardrüsen. Die innere Kannenwand ist als Gleitzone mit sehr glatten Wachskristallen ausgekleidet, die es den angelockten Gliederfüßern erschwert, sich zu halten. Von dort fallen die Beutetiere schließlich in die Verdauungszone, einen Bereich mit einer enzymhaltigen Flüssigkeit. Durch Stoffe, die die Oberflächenspannung der wässrigen Lösung in der Kannenflüssigkeit herabsetzen, wird verhindert, dass sich einzelne kleinere Opfer an der Oberfläche halten können.
In der Kannenflüssigkeit ertrunkene Tiere werden mithilfe spezifischer Enzyme (Chitinasen, Peptidasen und Ribonukleasen) in der Verdauungszone zerlegt. Gliederfüßer sind von einem Exoskelett aus Chitin umgeben, das ihr Inneres schützt. Chitinasen können diesen Panzer „knacken“ und damit das Innere der Tiere für die anderen Enzyme zugänglich machen. Da Chitin ein stickstoffhaltiges Polysaccharid ist, kann bereits das Zerlegen dieser Substanz der Kannenpflanze eine Stickstoffquelle erschließen. Effektiver bewerkstelligen dies aber Peptidasen und Ribonukleasen, indem sie den Aufschluss einzelner Bestandteile der Beutetiere als verwertbare Bausteine für die karnivore Pflanze katalysieren. Sowohl zerlegte Peptide als auch abgebaute Nukleinsäuren liefern – als stickstoffhaltige Metabolite – der Kannenpflanze eben jene Stickstoffverbindungen, die in ihrem Lebensraum meist selten sind. Mit einzelnen Phosphorsäureverbindungen erschließen sich die Kannenpflanzen bei der Zerlegung der Nukleinsäuren darüber hinaus noch weitere Stoffe, die sie essenziell benötigen.

III.2 *Bei der Auswertung von Abb. 2 müssen Sie nicht unbedingt mit exakten Zahlenwerten operieren. Eine tendenzielle Darstellung der Messergebnisse genügt für eine hinreichende Bearbeitung der Aufgabe.*

Bei *Nepenthes rajah* handelt es sich um einen Vertreter der Kannenpflanzen, der im Hochland von Nord-Borneo endemisch ist, und in einer Symbiose mit zwei Kleinsäugerarten lebt. Spitzhörnchen der Art *Tupaia montana* und Vertreter der Gipfelratte *Rattus baluensis* besuchen die Kannenpflanze und fressen ein kohlenhydratreiches, süßes, weißliches Sekret, das an ihrer Deckelunterseite in spezifischen Drüsen produziert wird. Bei ihren täglichen Besuchen setzen die Kleinsäuger – oftmals gezielt – Kotballen ab, die in die Kanne von *N. rajah* fallen. In der Abb. 2 (Material B) sind die Besuche der Tiere protokolliert. Eine Auswertung der Daten zeigt, dass die Spitzhörnchen die Pflanze tagsüber besuchen, wohingegen Gipfelratten ihre Besuche hauptsächlich in den Abend- und Nachtstunden absolvieren. Die Vertreter von *T. montana* suchen die Kannenpflanze kontinuierlich zwischen 6 Uhr am Morgen und 17 Uhr am Nachmittag auf. Eine erhöhte Besuchsfrequenz ist um 7, 8 und 17 Uhr zu beobachten. In der übrigen Zeit des Tages wird *N. rajah* von der Gipfelratte aufgesucht, allerdings kommen auch einzelne Besuche um die Mittagszeit (11 und 12 Uhr) sowie am Nachmittag zwischen 16 und 17 Uhr vor. *R. baluensis* besucht die Kannenpflanze aber insgesamt seltener als die Spitzhörnchen. Um 18, 20 und 2 Uhr konnten keine Tiere auf der Pflanze angetroffen werden.
Das Verhalten der Kleinsäuger und ihre Interaktion mit der Kannenpflanze lassen sich folgendermaßen interpretieren: Da Spitzhörnchen und Gipfelratte die Pflanze als Nahrungsquelle nutzen, stehen beide in einer interspezifischen Konkurrenz zueinander. Diese Konkurrenz um das kohlenhydratreiche Sekret wird aber weitgehend vermieden, da *T. montana* und *R. baluensis* unterschiedliche Aktivitätsrhythmen zeigen. Während die Spitzhörnchen tagaktiv sind, besuchen die Gipfelratten ihre Nahrungsressource vornehmlich nachts – wenn man von einer Überschneidung zwischen 16 und 17 Uhr absieht. Auf diese Weise können beide Arten nicht nur unterschiedliche ökologische Nischen nutzen, sondern auch im gleichen Biotop koexistieren. So profitieren beide Kleinsäuger von der Kannenpflanze, aber auch *N. rajah* zieht Nutzen aus der Gemeinschaft mit den beiden Tierarten. Während Gipfelratte und Spitzhörnchen kohlenhydratreiche Nahrung erhalten, bekommt die Kannenpflanze die Fäkalien ihrer tierischen Besucher. Diese Ausscheidungen kann sie zersetzen und daraus wichtige Mineralstoffe gewinnen – und dies nicht nur tagsüber (Spitzhörnchen), sondern auch bei Nacht (Gipfelratte). Damit liegt eine doppelte Symbiose, bzw. ein doppelter Mutualismus vor. Es existiert nicht nur die interspezifische Beziehung der Kannenpflanzen mit den Spitzhörnchen, sondern eine weitere zwischenartliche Beziehung zwischen den Kannenpflanzen und den Gipfelratten. Beide ziehen jeweils Vorteile aus diesen Lebensgemeinschaften zum gegenseitigen Nutzen.

III.3 *Gehen Sie bei der Untersuchung der Experimentergebnisse bitte unbedingt systematisch vor: Was wurde wie untersucht? Welche Ergebnisse wurden erzielt? Wie sind sie zu deuten? Nur so behalten Sie den Überblick, verzetteln sich nicht und erhalten auch die volle Punktzahl. Auffälligkeiten bei den Versuchsergebnissen, die vielleicht nicht ganz „ins Bild passen", sollten Sie als Versuchskritik anmerken.*

Die Kannenpflanze *Nepenthes bicalcarata* und die Ameisenart *Camponotus schmitzi* gehen eine Lebensgemeinschaft zum Vorteil beider Spezies ein, die man als **Symbiose** oder auch **Mutualismus** bezeichnen kann. *C. schmitzi* erhält von der Kannenpflanze zum einen Schutz und einen angemessenen Nistraum in den Hohlräumen der Pflanze. Zum anderen können die Ameisen kohlenhydratreiche Nahrung direkt aus den Nektardrüsen von *N. bicalcarata* gewinnen. Da die Kannenpflanze Arthropoden anlockt und fängt, kann *C. schmitzi* auch auf die erbeuteten Gliederfüßer, vornehmlich andere Ameisenarten, als Nahrung zugreifen. Mehrere Exemplare von *C. schmitzi* fischen zusammen in der Kannenflüssigkeit nach großen Beutestücken, die sie dann gemeinsam unter dem Peristomrand zerlegen und verspeisen. Davon profitiert wiederum die Kannenpflanze, da Überreste, die bei diesem Mahl abfallen, in die Verdauungszone hinab gelangen. Gleiches gilt für die Fäkalien von *C. schmitzi*, die von den Enzymen in der Kannenflüssigkeit aufgeschlossen werden und so als Mineralstoffquelle für *N. bicalcarata* dienen können. Die Ameisen unterstützen ihren Symbiosepartner auch aktiv, indem sie beim Beutefang mithelfen. Beobachtungen haben gezeigt, dass *C. schmitzi* andere Besucher an der Flucht aus der Kanne hindert. Durch einen Angriff „aus dem Hinterhalt des Peristoms" stoßen die Ameisen potenzielle Beuteorganismen in die Verdauungsflüssigkeit der Kannenpflanze. Auch in Bezug auf ihren Energiehaushalt gewinnt die Kannenpflanze durch die permanente Anwesenheit der Ameisen. Zwar muss *N. bicalcarata* Nektar für ihre „Untermieter" produzieren, kann aber gleichzeitig auch energetische Kosten einsparen. Zum einen ist die Auskleidung der Gleitzone mit Wachskristallen nicht notwendig, da fliehende Beutetiere von den Ameisen zurückgestoßen werden. Zum anderen muss keine so große Menge an Verdauungsenzymen produziert werden, da immer nur kleine Beuteorganismen, Überreste der Ameisenmahlzeit und Fäkalien von *C. schmitzi* zersetzt werden müssen.

Um sich auf „schlüpfrigem Terrain" ungehindert bewegen zu können, müssen gewisse anatomische Voraussetzungen gegeben sein, wie z. B. ein bestimmtes Gewicht der kletternden Ameise. In einem Experiment wurde die Lauffähigkeit und Geschwindigkeit verschiedener Ameisenarten, deren Gewicht zwischen 2 und 33 mg lag, auf einer vertikalen, flüssigkeitsbenetzten Glasoberfläche untersucht. *C. schmitzi* war dabei mit 4,17 mg die zweitleichteste Ameise. Von fünf getesteten Ameisenarten gelang es nur den beiden leichtesten Spezies (12 von 12 Tieren bei *C. schmitzi* und 10 von 12 Tieren bei *Crematogaster inflata*), die Glaswand zu erklimmen. Die Vertreter der schwereren Ameisenarten waren kaum bis gar nicht erfolgreich. Nur je ein Vertreter von insgesamt 16 bzw.

10 Tieren erreichte bei *Camponotus spec.* bzw. *Oecophylla smaragdina* nach über 16 bzw. 11 Sekunden den oberen Glasrand. Kein Vertreter des „Schwergewichts" *Polyrhachis hector* (32,6 mg) konnte die Aufgabe bewältigen. Interessant ist in diesem Zusammenhang, dass eine mit über 8 mg relativ schwere Ameise der Art *C. spec.* fast genauso schnell war wie der leichteste Vertreter *C. inflata* mit ca. 2 mg. Vielleicht muss dies aber auch als eine Ausnahme angesehen werden, da alle übrigen Tiere von *C. spec.* nicht erfolgreich waren. Obwohl *C. schmitzi* nicht die leichteste der getesteten Ameisenarten war, konnte sie in kürzester Zeit (0,7 s) an der Glaswand emporklettern. Der zweitschnellste Vertreter (*O. smaragdina)* benötigte für die gleiche Strecke 11 Sekunden, allerdings bei mehr als doppeltem Gewicht. Die schnellste Ameise der ebenfalls erfolgreichen Art *C. inflata* benötigte 15 Sekunden.
Die Versuchsergebnisse zeigen damit zwar deutlich, dass ein geringes Körpergewicht eine entscheidende Anpassung für das Leben auf der Kannenpflanze darstellt. Anscheinend ist das Gewicht alleine aber nicht dafür verantwortlich, dass *C. schmitzi* so gut an das Leben auf *N. bicalcarata* angepasst ist. Dies zeigt sich daran, dass Vertreter der leichtesten Ameisenspezies *C. inflata* im Versuch zwar ebenfalls größtenteils erfolgreich waren, jedoch mindestens 20-mal so lange für ihre Kletterleistung benötigten. Es müssen bei *C. schmitzi* demnach weitere Anpassungen hinzukommen.
Um auf der Kannenpflanze überleben zu können, muss sich *C. schmitzi* ungehindert auf dessen Peristom bewegen können. Die anatomischen Ursachen für diese spezielle Anpassung an das Leben auf *N. bicalcarata* wurden in einem Experiment auf trockenem und nassem Peristom genauer untersucht. In mehreren Versuchsreihen testeten Wissenschaftler sowohl nicht manipulierte Ameisen – die Kontrollgruppe – als auch solche Ameisen, deren Krallen und/oder Haftpolster entfernt worden waren, im Laufverhalten auf einer *N.-bicalcarata*-Kanne. Wie zu erwarten war, konnten sich die nicht manipulierten Exemplare von *C. schmitzi* problemlos unter beiden Bedingungen auf dem Peristom halten. Auch die Gruppe der Versuchstiere, deren Krallen entfernt worden waren, hatte auf dem nassen wie auf dem trockenen Peristom, was die Lauffähigkeit betraf, keine Probleme. Letztere traten erst bei denjenigen Ameisen auf, deren Haftpolster, die Ariolen, entfernt worden waren. Hier stürzten auf dem trockenen Peristom ca. 83 % der Tiere ab und nur etwa 17 % der Tiere hatten keine Schwierigkeiten. War das Peristom nass, kamen etwa 83 % der manipulierten Exemplare von *C. schmitzi* stark ins Rutschen und ca. 17 % stürzten in die Kanne ab. Waren den Tieren sowohl Krallen als auch Haftpolster entfernt worden, so stürzten auf dem trockenen Peristom sämtliche Tiere ab. Im nassen Peristom-Zustand stürzten 50 % der getesteten Ameisen ab, die übrigen Tiere rutschten stark auf dem Peristom der *N. bicalcarata*-Kanne.
Die Versuchsergebnisse lassen folgende Deutung zu: Werden den Ameisen die Arolien entfernt, stellt dies eine starke Beeinträchtigung ihrer Lauffähigkeit sowohl auf dem nassen als auch dem trockenen Peristom dar. Im Gegensatz zu den Haftpolstern sind die Krallen der Tiere anscheinend keine notwendigen Voraussetzungen, um auf dem Peristom ungehindert laufen zu können. Wurden

den Vertretern von *C. schmitzi* sowohl die Krallen als auch die Haftpolster entfernt, kam es zu einer verstärkten Laufunsicherheit bei den Tieren. Alle Ameisen stürzten auf einem trockenen Kannenrand ab. War dieser nass, waren es immerhin noch 50 %.
Diese Deutung der Versuchsergebnisse zeigt, dass die Arolien für die Ameisen die entscheidende Anpassung in der Lebensgemeinschaft mit *N. bicalcarata* darstellen, um auf und mit der Kannenpflanze zu leben. Auch den Krallen kommt eine Bedeutung zu. Sie können, sollten die Haftpolster fehlen oder beschädigt sein, einen Teil der Haftwirkung kompensieren und den Ameisen ein problemloses Laufen auf dem Peristom ermöglichen.

III.4 *Um die geforderte Hypothese aufzustellen, sollten Sie stets mit den Fakten argumentieren, die im Arbeitsmaterial genannt sind. Stellen Sie diese zueinander in eine logische Beziehung.*

Eine derart spezielle Lebensgemeinschaft, wie sie zum einen im Zusammenleben von *Tupaia montana* bzw. *Rattus baluensis* mit *Nepenthes rajah* und zum anderen von *Nepenthes bicalcarata* und *Camponotus schmitzi* zu beobachten ist, kann nur auf dem Wege einer **Koevolution** zustande gekommen sein. Nur eine wechselseitige Anpassung der interagierenden Partner kann dafür sorgen, dass jeweils beide Organismenpaare ihre Existenz und Fortpflanzung sichern und vervollkommnen können. Dabei spielt eine wesentliche Triebkraft der Evolution, die **Mutation**, die entscheidende Rolle. Spontane Veränderungen im genetischen Material können ihren Trägern einen Selektionsvorteil bieten, wenn die daraus resultierenden Anpassungen vorteilhaft im Zusammenleben von Säuger bzw. Ameise und Kannenpflanze sind. Damit erhöht sich die **Fitness** der Mutationsträger. Ist dies der Fall, werden sich die betroffenen Allele in den folgenden Generationen im Genpool der jeweiligen Art anreichern. Da dies auf beide Partner in der Lebensgemeinschaft zutrifft, müssen die Anpassungen wechselseitig verzahnt werden, d. h., der Anpassungsprozess läuft parallel ab (Koadaption). Dies zeigt sich am Beispiel von Ameise und Kannenpflanze im Stoffwechsel, in der Morphologie und dem Verhalten der beiden Symbiosepartner. Der Stoffwechsel von *N. bicalcarata* produziert nur geringe Mengen an Verdauungsenzymen, die in die Kannenflüssigkeit abgegeben werden. Die Morphologie von *C. schmitzi* ist darauf ausgelegt, diesen Verdauungsenzymen zu trotzen, was ihr einen Aufenthalt in der Verdauungszone der Kannenpflanze ermöglicht: Die Ameise kann in der Verdauungsflüssigkeit nach Beutetieren tauchen – eine Verhaltensweise, die sich sowohl für sie (Erlangen von Nahrung) und die Kannenpflanze (Erhalt kleinerer Nahrungsüberreste) als vorteilhaft erweist. Von einem weiteren Verhalten der Ameise profitiert auch *N. bicalcarata*. *C. schmitzi* befördert Gliedertiere vom Peristom in die Verdauungszone, die die Pflanze ansonsten vielleicht wieder verlassen hätten. Deswegen braucht die Kannenpflanze auch nicht in besondere Strukturen – wie den Aufbau von Wachskristallen – zu investieren. *C. schmitzi* ihrerseits hat morphologische Strukturen, die Arolien, ausgebildet und erlangt dadurch eine bessere Haft- und

Lauffähigkeit in der Anlockungszone der karnivoren Pflanze. In den beiden Lebensgemeinschaften Kannenpflanze/Spitzhörnchen und Kannenpflanze/Gipfelratte ist das spezielle Absetzen der Fäkalien bei den Kleinsäugern eine Verhaltensweise, die sich für die Kannenpflanze als äußerst vorteilhaft erweist.
Mineralstoffarme Böden stellen für beide Kannenpflanzen-Arten spezielle Lebensraumbedingungen dar. Diese besondere Herausforderung, sich andere Quellen für Stickstoffverbindungen und Phosphat nutzbar zu machen, haben *N. rajah* und *N. bicalcarata* durch ihre jeweiligen dauerhaften Lebensgemeinschaften gut „gemeistert“. Dies ist aber nur möglich, da der Stoffwechsel beider Kannenpflanzen-Arten für eine Produktion von kohlenhydratreichen Sekreten sorgt.
Wie die oben angesprochenen Entwicklungsschritte der Partner zeigen, konnte die karnivore Kannenpflanze durch das Zusammenleben mit der Ameisenart eine bessere Angepasstheit an ihren Lebensraum erzielen. Gleiches gilt für *N. rajah* und die mit und von ihr lebenden Kleinsäuger. Im Vergleich mit anderen Pflanzen in ihren Habitaten kann man vermuten, dass sowohl *N. rajah* als auch *N. bicalcarata* durch die von ihnen jeweils eingegangenen Symbiosen deutlich konkurrenzstärker sind.

Leistungskurs Biologie (NRW) – Abitur-Prüfung 2014
Aufgabe 1: Evolution

Aufgabenstellung: Punkte

Thema: Evolution der Fledermäuse

I.1 Nennen Sie die in Abbildung 1 sichtbaren anatomischen Angepasstheiten im Hinblick auf die Flugfähigkeit bei Fledermäusen und vergleichen Sie in diesem Kontext die Merkmale der dargestellten Flügel (Material A). 8

I.2 Erklären Sie ausgehend von der Definition der ökologischen Nische das Zustandekommen der Artenvielfalt der Fledermäuse (Material B). Werten Sie die in Abbildung 3 dargestellte Untersuchung aus und erläutern Sie in diesem Zusammenhang den evolutiven Vorteil der Echoortung. 22

I.3 Fassen Sie die Ergebnisse des in Material C dargestellten Experiments zusammen und interpretieren Sie sie im Hinblick auf die spezifischen Angepasstheiten der Motte *Cycnia tenera*. 14

I.4 Skizzieren Sie mithilfe von Kurvendiagrammen die Ihnen bekannten möglichen Wirkungen der Selektion auf die Merkmalsverteilung innerhalb einer Population.
Deuten Sie auf dieser Basis die Beobachtungen zum speziellen Echoortungsverhalten einiger Fledermausarten (Material C). Beurteilen Sie umfassend, inwiefern es sich bei der Evolution von Fledermäusen und Motten um ein evolutionäres Wettrüsten handelt (Material C). 22

Material A: Anatomie der Fledermäuse

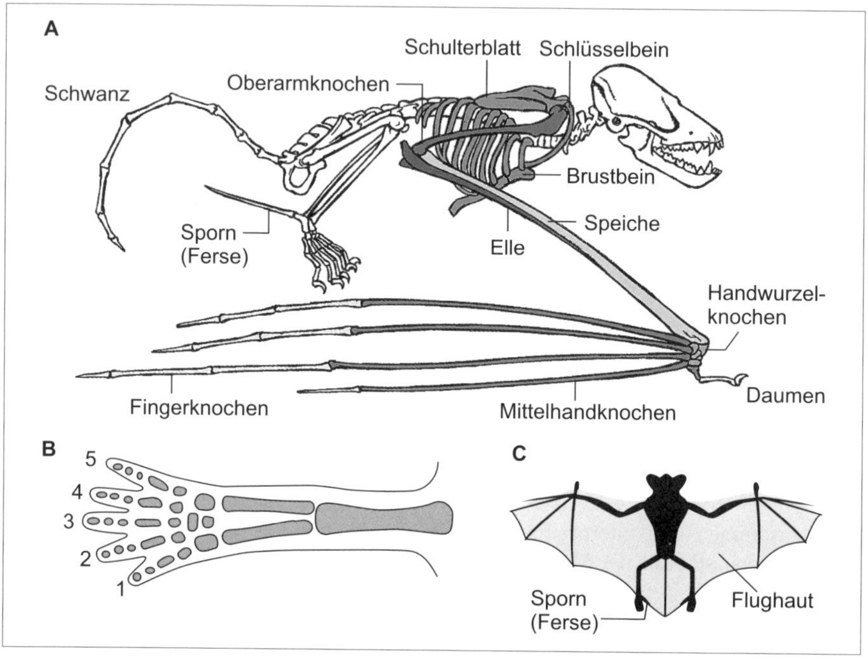

Abb. 1: Skelett einer Fledermaus (A), fünfstrahlige Grundextremität der Wirbeltiere (B), Flügelform einer Fledermaus (C)
Abb. 1 A verändert nach: patriciawynne.com
Abb. 1 B: Darstellung nach: Vogel & Angermann (1974), S. 120
Abb. 1 C: Darstellung nach: Habersetzer et al. (2008), S. 252

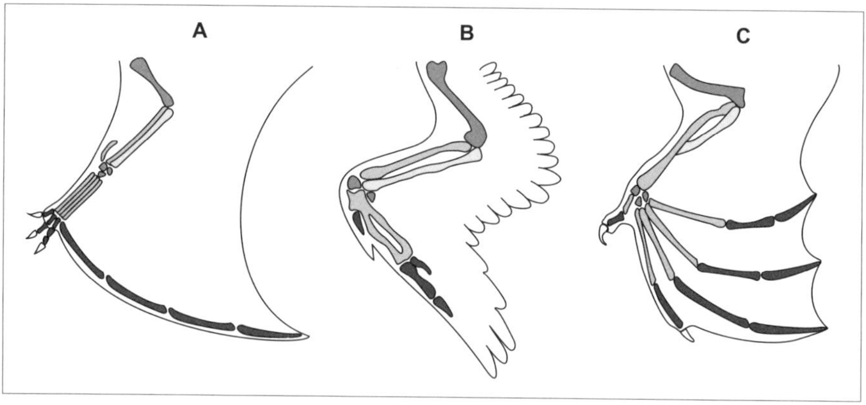

Abb. 2: Flügelaufbau von Flugsaurier (A), Vogel (B), Fledermaus (C)
verändert nach: Vogel & Angermann (1974), S. 474

Material B: Ökologie der Fledermäuse

Fledermäuse gehören mit ihren Verwandten, den Flughunden, zur Ordnung der Fledertiere *(Chiroptera)*. Die Fledertiere sind die einzigen Säugetiere, bei denen im Verlauf der Evolution die Fähigkeit des aktiven Fluges entstanden ist. Sie bilden eine sehr artenreiche Ordnung: Jede fünfte heute lebende Säugerart gehört dieser Gruppe an, sie sind – mit Ausnahme der Polargebiete – weltweit verbreitet.

Bei Fledermäusen hat sich die Fähigkeit zur Echoortung entwickelt, die ihnen zur Orientierung und zur Nahrungssuche dient: Dazu stoßen sie mit ihrem Kehlkopf Laute im Ultraschallbereich aus, die beim Auftreffen auf ein Hindernis oder ein Beutetier (z. B. ein fliegendes Insekt) zur Fledermaus zurückgeworfen werden. Das über die Ohren wahrgenommene Echo kann nun analysiert werden und verrät der Fledermaus u. a. die Lage von Hindernis oder Beutetier.

Über 85 % der heute lebenden Fledertierarten gehören zu den Fledermäusen, die im Gegensatz zu den Vögeln zumeist nachtaktiv sind. Die meisten Fledermausarten ernähren sich von Insekten, daneben finden sich auch einige Arten mit herbivorer (Früchte, Nektar, Pollen), carnivorer (Frösche, Fische) oder sanguivorer (Wirbeltierblut) Lebensweise.

Beim Kleinen Braunen Mausohr *(Myotis lucifugus)* hat man die im Flug erbeuteten und in seinem Kot nachweisbaren Insekten vermessen, in Größenklassen eingeteilt und mit der Häufigkeit von im Biotop insgesamt verfügbaren Insekten entsprechender Größenklassen verglichen (Abbildung 3).

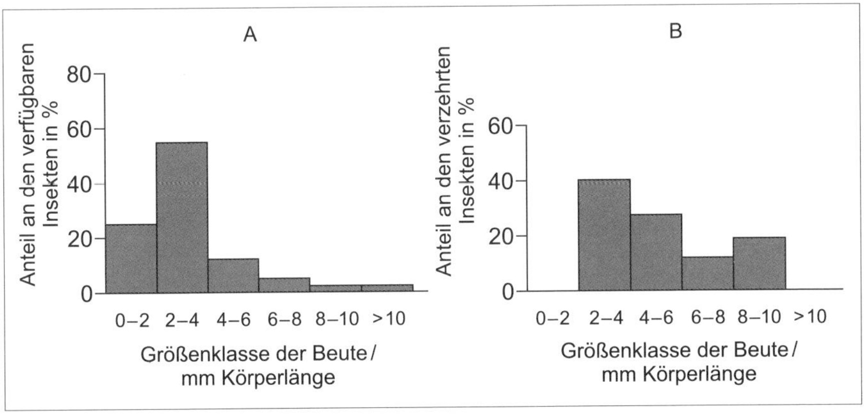

Abb. 3: Beutegröße des Kleinen Braunen Mausohres *(Myotis lucifugus)*
(**A** Anteil der Insekten einzelner Größenklassen an den insgesamt im Biotop verfügbaren Insekten, **B** Anteil der Insekten einzelner Größenklassen an den verzehrten Insekten)
Darstellung nach: Altringham (2011), S. 84 und Anthony & Kunz (1977), S. 781

Material C: Evolution in Aktion

Motten schwirren ums Licht. Erzeugt man durch das Klirren eines Schlüsselbundes ein Geräusch, so fallen die Motten im scheinbar unkoordinierten Taumelflug herab. Untersucht man dieses Verhalten genauer, so sind nicht die für uns hörbaren Geräusche, sondern Ultraschalllaute im Bereich von 15–80 kHz entscheidend, die beim Klirren des Schlüsselbundes auch entstehen.
In Abhängigkeit von der Art der von Fledermäusen ausgestoßenen Laute verhalten sich Motten unterschiedlich: Auf relativ leise Ultraschalllaute reagieren sie mit einem Fluchtverhalten von der Schallquelle weg. Auf die intensiven Klicklaute, die eine Fledermaus kurz vor dem Zupacken ausstößt, reagieren die Motten mit dem Taumelflug, den man auch durch das Klirren des Schlüsselbundes hervorrufen kann.
Man hat auch Fledermausarten mit einem speziellen Echoortungsverhalten gefunden, die zur Beutesuche besonders hochfrequente Signale bis 212 kHz aussenden, andere verwenden besonders niedrige Frequenzen unter 15 kHz.
Die Mottenart *Cycnia tenera* signalisiert durch eine auffällige Färbung und die Abgabe chemischer Signalstoffe, dass sie keine wohlschmeckende Nahrung darstellt. Ferner ist diese Motte in der Lage, Klicklaute im Ultraschallbereich zu erzeugen.
Folgendes Experiment wurde mit der Fledermausart *Myotis septentrionalis* und der Motte *Cycnia tenera* durchgeführt:
Jeweils eine Fledermaus wurde mit einer Motte in einen verdunkelten Raum gebracht. In Ansatz A wurden *Cycnia tenera*-Exemplare ohne Modifikationen verwendet („intakt"), in Ansatz B wurden den Motten die der Geräuschproduktion dienenden Organe operativ entfernt („stumm"), in Ansatz C wurden zur Kontrolle Motten anderer Arten verwendet. Der Versuch wurde mit insgesamt 6 Fledermäusen und 60 Motten durchgeführt.

Tabelle 1: Anteil der Motten der jeweiligen Versuchsgruppe, die (1) keinen Kontakt zur Fledermaus hatten, (2) trotz Kontakts unverletzt blieben oder (3) in Folge des Kontakts getötet wurden

	Art des Kontaktes	Ansatz A: „intakte" *Cycnia tenera*	Ansatz B: „stumme" *Cycnia tenera*	Ansatz C: andere Motten
1	kein Kontakt	66,7 %	8,3 %	0 %
2	Kontakt, unverletzt	25,0 %	66,7 %	0 %
3	Kontakt, getötet	8,3 %	25,0 %	100 %

Ratcliffe & Fullard (2005), S. 4 693

weitere Materialgrundlage:

Altringham, J. D. (2011). Bats: from evolution to conservation. Oxford University Press, Oxford, 2. Auflage

Anthony, E. L. P. & Kunz, T. H. (1977). Feeding strategies of the little brown bat, Myotis lucifugus, in Southern New Hampshire. Ecology 58, S. 775–786

Habersetzer, J., Simmons, N. B., Seymour, K., Gunnell, G. F. & Schlosser-Sturm, E. (2008). Fledermäuse: Die Evolution des Fluges und der Echoortung. Biologie in unserer Zeit 4/08, S. 246–254

Miller, L. A. & Surlykke, A. (2001). How some insects detect and avoid being eaten by bats: tactics and countertactics of prey and predator. Bioscience 51, S. 570–581

Ratcliffe, J. M. & Fullard, J. H. (2005). The adaptive function of tiger moth clicks against echolocating bats: an experimental and synthetic approach. Journal of Experimental Biology 208, S. 4 689–4 698

Renk, C. (2012). Da wird das Kauen zum Donnergrollen. Badische Zeitung, 05. 04. 2012. www.badische-zeitung.de/suedwest-1/da-wird-das-kauen-zumdonnergrollen--57957150.html (Zugriff: 17. 11. 2013)

Simmons, N. B. (2009). Fledermäuse – wie sie fliegen und jagen lernten. Spektrum der Wissenschaft 9/09, S. 50–57

Vogel, G. & Angermann, H. (1974). dtv-Atlas zur Biologie: Tafeln und Texte (Band 1, 8. Aufl.; Band 2, 7. Aufl.). Deutscher Taschenbuch Verlag, München

Wehner, R. & Gehring, W. (2007). Zoologie. Georg Thieme Verlag, Stuttgart, 24. Auflage

Wilcken, S. & Kalko, E. K. V. (2004). Die Vielfalt neotropischer Fledermäuse. Biologie in unserer Zeit 4/04, S. 230–239

Lösungsvorschlag

In der Aufgabe thematisierte Unterrichtsinhalte sind:
Knochen-Homologie, Handskelett, ökologische Nische, adaptive Radiation, Selektion, Selektionstypen, inter- und intraspezifische Konkurrenz, Konkurrenzvermeidung, Feinddruck, Kosten-Nutzen-Bilanz, Merkmalsverteilung in Populationen, Räuber-Beute-Beziehung, Mutation, Rekombination, Koevolution, evolutives Wettrüsten

I.1 *Arbeiten Sie zunächst die anatomischen Merkmale systematisch und nacheinander ab. Sollten Sie beim Oberarmskelett des Sauriers nicht die korrekte Fingerzählung verwenden (der entscheidende Finger ist der fünfte), wird dies auch akzeptiert. Auf die Fingernummerierung beim Vogel brauchen Sie nicht einzugehen.*

In Abb. 1 sind das Skelett der Fledermaus (1 A), deren Flügelform (1 C) sowie ein Schema der fünfstrahligen Grundextremität der Wirbeltiere (1 B) dargestellt. Die anatomischen Angepasstheiten im Hinblick auf die Flugfähigkeit der Fledermäuse sind dabei gut zu erkennen. Das auffälligste Merkmal ist die Flughaut der Tiere (1 C). Aber auch das Skelett der Fledermaus weist entsprechende Anpassungen auf (1 A). Markant sind die Knochen der Mittelhand und der Finger, die eine deutliche Verlängerung aufweisen. Auch Elle und Speiche, die

Knochen des Unterarms, sind gestreckt. Hinzu kommen der lange Schwanz sowie an der Ferse ein langer Sporn.
Bei einem Vergleich der anatomischen Anpassungen an das Fliegen bei Fledermaus, Flugsaurier und Vogel (Abb. 2) fällt die sehr unterschiedliche Ausgestaltung der Vorderextremität auf. Allen drei Flügelformen ist jedoch gemeinsam, dass die Flughäute (2A, 2C) bzw. das Federkleid (2B) flächig aufgespannt werden können. Die Ausprägung und Anordnung der beteiligten Knochen unterscheiden sich aber deutlich. Vor allem der stark verlängerte Knochen des fünften Fingers – in Kombination mit den Knochen des Ober- und Unterarms – sorgt beim Flugsaurier dafür, dass die Flughaut flächig aufgespannt werden kann. Im Vergleich dazu sind die Fingerknochen beim Vogel enorm reduziert. An Ober- und Unterarmknochen sowie an den Knochen der Mittelhand und der Finger befinden sich die für das Fliegen entscheidenden Federn. Bei der Fledermaus ist ein anderes anatomisches Konzept für das Aufspannen der Flughaut verwirklicht. Entscheidend sind hier die deutlich verlängerten Knochen der Mittelhand – vor allem der Finger zwei bis fünf. Zusammen mit den ebenfalls gestreckten Knochen Elle und Speiche, des Schwanzes und der spornartig verlängerten Ferse tragen sie dazu bei, dass die Flughaut der Fledermäuse den gesamten Körper umspannen kann.

I.2 *Bei der Definition der „ökologischen Nische“ können Sie Zusatzpunkte erhalten, wenn Sie Ihre Definition möglichst treffend formulieren. Operieren Sie bei Abb. 3 mit konkreten Zahlenwerten (Einzeichnen von Hilfslinien). Gehen Sie bei der Frage nach dem evolutiven Vorteil der Echoortung von der Überlegung aus, was daran besonders ist und welche Möglichkeiten den Fledertieren dadurch eröffnet werden.*

Der Begriff der „ökologischen Nische“ bezeichnet die Stellung und Position, die eine Art in ihrer belebten wie unbelebten Umwelt innehat. Sie umfasst alle Einflüsse, die auf eine Art einwirken und auf die sie reagieren muss. Die ökologische Nische ist also kein Raum, der besetzt wird, sondern entspricht gleichsam dem „Beruf“ einer Lebensform in ihrem ökologischen Beziehungsgefüge.
20 % der heute lebenden Säugetierarten gehören zu den *Chiroptera*, die Artenvielfalt der Fledertiere ist also enorm. Nur sie haben unter den Säugetieren im Laufe ihrer Entwicklungsgeschichte die Fähigkeit des aktiven Fluges erworben. Da diese Tiere – mit Ausnahme der Polargebiete – weltweit verbreitet sind, müssen sie im Laufe der Evolution eine Vielzahl der unterschiedlichsten Lebensräume besiedelt haben, in die ihnen potenzielle Nahrungskonkurrenten nicht folgen konnten. Jede dieser ökologischen Nischen stellte unterschiedliche und anders geartete Umweltbedingungen an die Flugsäuger, in die sich die Tiere durch adaptive Radiation einnischen konnten.
Verantwortlich für die Artenvielfalt der Fledermäuse, die 85 % der heute lebenden *Chiroptera* ausmachen, sind weitere Selektionsvorteile. Hier ist zunächst die Echoortung der Tiere zu nennen, die sowohl der Orientierung als auch dem Nahrungserwerb dient. Des Weiteren ist das Nahrungsspektrum der einzelnen

Fledermausarten sehr unterschiedlich. Auf ihrem „Speiseplan“ stehen Insekten (insektivore Lebensweise), aber auch Früchte, Nektar und Pollen (herbivore Lebensweise) sowie Frösche und Fische (carnivore Lebensweise). Selbst ektoparasitische Blutsauger (sanguivore Lebensweise) findet man unter den *Chiroptera*. Ein weiterer Selektionsvorteil besteht in ihrer nachtaktiven Lebensweise, die eine Konkurrenzvermeidung ermöglicht. Sie entgehen so (weitgehend) dem Wettbewerb mit den zumeist tagaktiven Vögeln.

In einer Studie gewann man Erkenntnisse über die Größe der Beutetiere, die das Kleine Braune Mausohr in seiner natürlichen Umgebung fängt (Abb. 3). Dabei gibt Abb. 3 A auf der Ordinate (y-Achse) den Anteil der im Biotop insgesamt verfügbaren Insekten an, Abb. 3B den Anteil an Insekten, der tatsächlich erbeutet und gefressen wurde. Die Abszisse (x-Achse) ist jeweils in sechs Größenklassen von Beuteinsekten unterteilt (Körperlänge in mm).

55 % der Insekten im Biotop von *Myotis lucifugus* sind etwa 2–4 mm lang, den zweitgrößten Anteil machen mit ca. 25 % Tiere aus, die kleiner als 2 mm sind. Insekten mit mehr als 4 mm Körperlänge kommen deutlich seltener vor, und ihr Anteil sinkt mit zunehmender Größe (4–6 mm: ca. 11 %; 6–8 mm: ca. 5 %). Über 10 mm große Insekten sind im Biotop nur zu 3 % vertreten.

Abb. 3B zeigt, dass *Myotis lucifugus* Insekten mit einer Körperlänge von 2–4 mm am häufigsten verzehrt. Sie machen 40 % seiner Beute aus, gefolgt von Exemplaren mit 4–6 mm (ca. 27 %) und 8–10 mm Länge (ca. 18 %). Mit einem Anteil von etwa 12 % wurde die Beutegruppe der 6–8 mm langen Insekten am seltensten gefressen.

Beim Vergleich beider Diagramme fällt auf, dass Insekten, die den größten Anteil im Biotop ausmachen (Größenklasse 2–4 mm), zwar auch am häufigsten erbeutet werden, aber gemessen an ihrem Vorkommen im Biotop im Beutespektrum der Fledermaus etwas unterrepräsentiert sind. Im Gegensatz dazu werden Insekten mit einer Körperlänge von 6–8 mm und insbesondere von 8–10 mm überdurchschnittlich häufig erbeutet. Insekten unter 2 mm fallen hingegen überhaupt nicht ins Beutespektrum, ebensowenig Tiere, die größer als 10 mm sind. Sehr kleine wie auch große Insekten werden also von *Myotis lucifugus* verschmäht.

Der evolutive Vorteil der Echoortung bei Fledermäusen ist offensichtlich. Die Ultraschallortung ermöglicht den Tieren die Orientierung und die Jagd bei Dunkelheit. Dabei verleiht sie den Fledermäusen die Fähigkeit, sowohl den Aufenthaltsort ihrer Beutetiere im Luftraum als auch deren Größe zu bestimmen – ein entsprechendes Auflösungsvermögen des Echoortungssystems vorausgesetzt. Damit werden potenzielle Beutetiere von solchen unterschieden, die nicht primär in das Beuteschema der jeweiligen Fledermausart passen, und die Fledermäuse können ihr Beutefangverhalten nach dem Prinzip der Kosten-Nutzen-Bilanz ausrichten. Dies bedeutet gleichzeitig, dass Fledermäuse durch ihr Verhalten interspezifische Konkurrenz vermeiden, sofern im gleichen Biotop verschiedene Arten unterschiedliche Insekten als Nahrung nutzen. Durch den selektiven Gebrauch der Nahrungsressourcen kann aber auch die intraspezifische Konkurrenz reduziert werden.

I.3 *Denken Sie daran, dass der erste Operator „zusammenfassen" (nicht „beschreiben") lautet. Ein einleitender Satz, der einen Überblick gibt, ist dennoch sinnvoll. Bei Ihrer Interpretation sollten Sie sich auch Gedanken zur auffälligen Färbung der Mottenart machen. Wenn Sie diesbezüglich eine plausible Hypothese formulieren können, bringt Ihnen das Zusatzpunkte.*

In Experimenten wurde die Überlebenswahrscheinlichkeit und das Verhalten von Motten der Art *Cycnia tenera* in Anwesenheit von Fledermäusen der Spezies *Myotis septentrionalis* untersucht. „Intakte", unbehandelte *Cycnia tenera*-Motten blieben in 2/3 aller Fälle ohne Kontakt mit der Fledermaus. Kam es zu einem Kontakt, so lagen die Chancen bei ca. 3:1, dass die Motten keinerlei Schaden nahmen. Nur 8,3 % aller Tiere wurden getötet. Das bedeutet, dass *Cycnia tenera*-Motten eine Kontaktaufnahme dreimal so häufig überlebten, als dass die Begegnung für sie tödlich endete.

Motten, deren Organe zur Lauterzeugung entfernt worden waren, konnten eine Begegnung mit den Fledermäusen nur in 8,3 % aller Fälle vermeiden. 66,7 % der „stummen" Tiere blieben trotz Kontakt mit ihrem potenziellen Fressfeind unverletzt, 25 % der behandelten Motten mussten ihr Leben lassen. Ähnlich wie im Versuch mit den „intakten" Motten wurden die Insekten also nur in ca. 1/4 der Fälle, in denen es zum Kontakt kam, getötet. Verwendete man als Versuchstiere hingegen Motten anderer Spezies, so kam es stets zum Kontakt mit der Fledermaus, und die Schmetterlinge wurden ausnahmslos getötet.

Diese Versuchsergebnisse liefern im Hinblick auf die spezifischen Angepasstheiten der Motte *Cycnia tenera* folgende Interpretationsmöglichkeiten. Individuen dieser Mottenart haben – im Gegensatz zu Motten anderer Arten – die Fähigkeit, nicht nur (a) einen Kontakt mit Fledermäusen der Art *Myotis septentrionalis* zu verhindern, sondern auch (b) ein Zusammentreffen zu überleben, ohne Verletzungen davonzutragen. Spezifische Anpassungen befähigen sie dazu, in beiden Fällen einen für sie tödlichen Kontakt mit der Fledermaus zu verhindern. Aus Material C geht hervor, dass *Cycnia tenera* Klicklaute im Ultraschallbereich erzeugen kann. Entfernt man Exemplaren von *Cycnia tenera* das dafür erforderliche Organ, so ist die Wahrscheinlichkeit für die Motte, *Myotis septentrionalis* zu entgehen, sehr gering (< 10 % gegenüber 66,7 % bei „intakten" Tieren). Daraus ist zu schließen, dass die Erzeugung von Ultraschalllauten eine entscheidende Anpassung der Motte an ihre spezifischen Lebensbedingungen darstellt. Kommt es dennoch zu einem Kontakt mit der Fledermaus, so trägt in ca. drei von vier Fällen eine weitere Anpassung, nämlich die Abgabe chemischer Signalstoffe dazu bei, dass die Motte unverletzt bleibt. Dies ist auch in den Versuchen mit den unversehrten Tieren der Fall. Da die Fledermäuse in der Nacht jagen, spielt die auffällige Warnfärbung der Motten im Versuch keine Rolle. Sollte *Cycnia tenera* aber auch tagaktiv sein, so liegt hier ggf. eine weitere Anpassung in Form einer Mimikry-Warntracht als Schutz gegenüber tagaktiven Fressfeinden wie etwa Vögeln vor.

In jedem Fall sind die beiden spezifischen Angepasstheiten der *Cycnia tenera*-Motten – (a) die Erzeugung von Klicklauten im Ultraschallbereich und (b) die

Abgabe chemischer Signalstoffe – entscheidende Selektionsvorteile im Überlebenskampf mit ihrem Fressfeind *Myotis septentrionalis*. So kann die Motte den Feinddruck, dem sie durch die Fledermaus ausgesetzt ist, erheblich vermindern. Offenbar haben sich diese beiden Merkmale im Laufe der Evolution in der *Cycnia tenera*-Population durchgesetzt, da sie die reproduktive Fitness der Merkmalsträger erhöhten. Dies trug zu einer Verbesserung der Überlebens- und Leistungsfähigkeit der gesamten Population bei.

I.4 *Denken Sie daran, bei der Anfertigung Ihrer Skizzen die Diagramm-Achsen verständlich und vollständig zu beschriften. Sind Sie der Meinung, dass verschiedene Selektionsmechanismen wirken können, sollten Sie diese nennen und Ihre Ansicht begründen.*

Die Wirkungen der Selektion auf die Merkmalsverteilung innerhalb einer Population können mit folgender Skizze dargestellt werden:

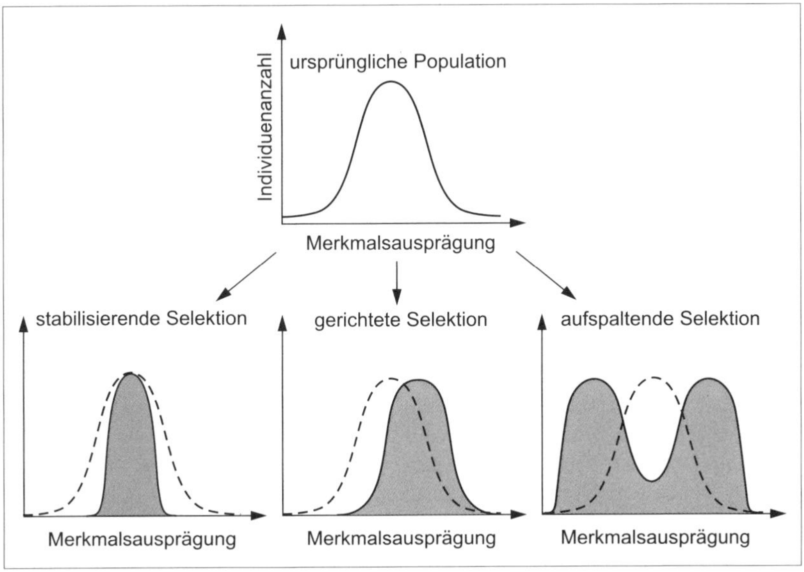

Nach den Informationen in Material C gibt es Fledermausarten, die ein spezielles Echoortungsverhalten zeigen. Sie verwenden zur Beutesuche Signale, die außergewöhnlich hochfrequent (bis 212 kHz) sind. Andere Fledermausarten senden auffallend niederfrequente Ultraschalltöne (unter 15 kHz) aus. Da für Motten nur Ultraschalllaute im Bereich von 15–80 kHz entscheidend sind, umgehen die Fledermäuse mit Aussendung anderer Tonfrequenzen den Wahrnehmungsbereich der Motten. Aus evolutionsbiologischer Sicht lässt sich die Entwicklung dieses Echoortungsverhaltens mit einer gerichteten Selektion erklären. Wenn man davon ausgeht, dass die Fledermäuse ursprünglich (auch) Signale im Wahrnehmungsbereich der Motten ausgesendet haben, könnte der

auslösende Selektionsfaktor das Ausweichverhalten der Motten gewesen sein, das bei Tönen zwischen 15 und 80 kHz einsetzt. Die Merkmalsausprägung bei den Fledermäusen wurde daraufhin – je nach Population – entweder in Richtung des einen oder des anderen Extrems verlagert. Auch das Wirken der aufspaltenden (disruptiven) Selektion ist prinzipiell denkbar. Dabei werden – innerhalb einer Population – Individuen mit den extremen Merkmalsausprägungen begünstigt, also im vorliegenden Fall diejenigen Individuen, die besonders hoch- bzw. besonders niederfrequente Töne erzeugen konnten.
Diese Befunde und Überlegungen machen es wahrscheinlich, dass es sich bei der Evolution von Fledermäusen und Motten um ein evolutionäres Wettrüsten innerhalb einer Räuber-Beute-Beziehung handelt. Die Fähigkeit der Fledermaus, wirksame hoch- bzw. niederfrequente Ultraschalllaute zu erzeugen, ist durch Mutation und/oder Rekombination bei der Keimzellenbildung und Befruchtung entstanden und an einzelne Individuen weitergegeben worden. Damit erlangten diese Tiere auch die Möglichkeit, ihre Flugfähigkeit beim Beutefang effektiver einzusetzen. Diese Merkmale verbesserten die Fortpflanzungschancen dieser *Chiroptera*, da so ausgestattete Tiere gegenüber ihren Artgenossen fitter waren. Als Folge davon häuften sich die vorteilhaften Allele im Genpool der Population an.
Auch bei den Motten ist ein „entwicklungsgeschichtlicher Waffengang" zu beobachten. Hier wirkten die Evolutionsfaktoren Mutation und Rekombination mindestens in drei Richtungen. Die Tiere bildeten die Fähigkeit aus, den Räuber Fledermaus zu orten (Erzeugung von Klicklauten, Hörvermögen), vor ihm zu fliehen (verbessertes Flugvermögen mit Taumelflug und „Flucht"flug) sowie dessen Angriff abzuwehren (Abgabe chemischer Signalstoffe, Warnfarbe bei Tagaktivität). Auch hier reicherten sich die für diese Fähigkeiten codierenden Allele im Genpool der Population an, da ihre Träger eine gesteigerte Fitness gegenüber Konkurrenten besaßen.
Da Beute wie Räuber wechselseitig auf die „Aufrüstung" des Partners „reagieren", lässt sich hier von Koevolution sprechen. Der gegenseitig ausgeübte Selektionsdruck führt dabei zu einer immer besseren Angepasstheit an die spezifischen Erfordernisse der zwischenartlichen Beziehung.
Diese Entwicklung wird durch Mutation, Rekombination und Selektion gesteuert. Sie ist damit Ergebnis des Wirkens dieser Evolutionsfaktoren und kein aktiv betriebener Prozess des Räubers oder seiner Beuteorganismen.

Leistungskurs Biologie (NRW) – Abitur-Prüfung 2014
Aufgabe 2: Genetik

Aufgabenstellung: Punkte

Thema: Der temperatursensitive *E. coli*-Stamm GR501

II.1 Geben Sie tabellarisch die in Abbildung 1 gekennzeichneten Strukturen a–d und 1–3 an. Beschreiben Sie den Ablauf der DNA-Replikation bei Prokaryoten auch unter Hinzunahme der beteiligten Strukturen, die in Abbildung 1 nicht dargestellt sind. Leiten Sie begründend mögliche Folgen eines Ausfalls des Enzyms DNA-Ligase ab. 18

II.2 Ermitteln Sie anhand von Abbildung 2 und mithilfe von Material D die Aminosäuresequenz des Wildtyps. Werten Sie aus, welche Art der Mutation bei *E. coli* GR501 stattgefunden hat und welche Folgen diese Mutation auf molekularer und funktionaler Ebene haben könnte (Material B). 22

II.3 Erläutern Sie mit Bezug auf Abbildung 4 die einzelnen Schritte des PCR-Zyklus sowie die Funktion der einzelnen Bestandteile des Expressionsvektors. 14

II.4 Zeichnen Sie – wie in Abbildung 5 bei 30 °C – das von Ihnen vermutete Wachstum für alle vier Versuchsansätze bei 43 °C in eine viergeteilte Agarplatte ein und begründen Sie Ihre Annahmen. Entwickeln Sie eine Hypothese bezüglich der Zielsetzung der in Abbildung 5 dargestellten Transformationsversuche bei 30 °C (Materialien B und C). 12

Material A: Replikation bei Prokaryoten

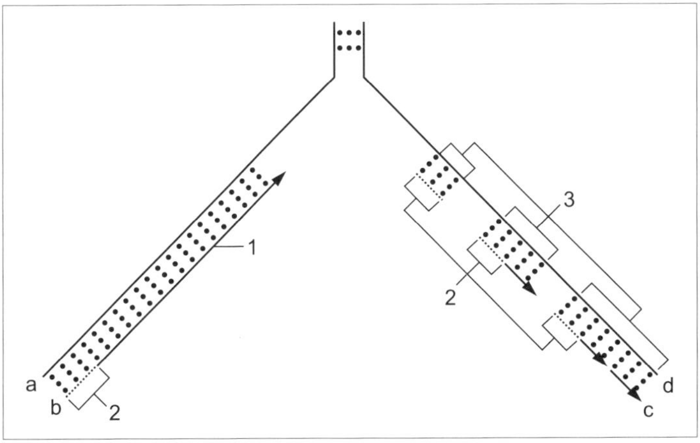

Abb. 1: Schematische Darstellung der Replikationsgabel von *E. coli*
Berg et al. (2002)

Material B: Eigenschaften des temperatursensitiven *E. coli*-Stammes GR501

Das Bakterium *Escherichia coli* (kurz: *E. coli*) ist ein beliebter Organismus bei der Erforschung genetischer Mutationen. Temperaturempfindliche *E. coli*-Stämme zeigen eine deutlich geringere Temperaturtoleranz als Stämme, die diesbezüglich keine Mutation aufweisen. Bei einem dieser Stämme (*E. coli* GR501) findet sich diese Mutation im Gen für die DNA-Ligase. Durch die Mutation ist *E. coli* GR501 eine noch messbare Zellvermehrung nur bis 42 °C möglich, während Wildtypstämme auch bei Temperaturen über 42 °C ein deutliches Wachstum der Kolonien zeigen.

Base Nr.:		1	5	//	37	40	45	50		
Wildtyp:	5'	ATG	GAA	[…]	ACG	ACT	CTT	CGC	CAT CAT …	3'
GR501:	5'	ATG	GAA	[…]	ACG	ACT	TTT	CGC	CAT CAT …	3'

Abb. 2: Ausschnitt aus der DNA-Sequenz des **nicht-codogenen** Stranges des DNA-Ligase-Gens beim Wildtyp und bei der temperatursensitiven Mutante *E. coli* GR501
(Im Bereich der nicht dargestellten Nukleotide stimmen beide Sequenzen überein.)
zusammengestellt nach: Lavesa-Curto et al. (2004) und Lodish et al. (2000)

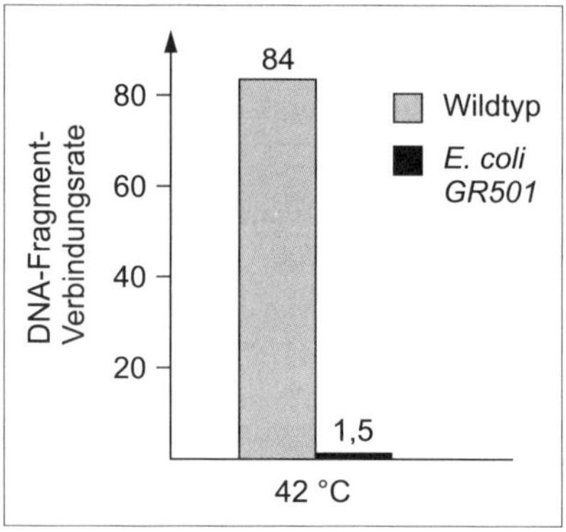

Abb. 3: DNA-Ligaseaktivität des Wildtyps und der temperatursensitiven Mutante *E. coli* GR501 bei 42 °C
(Die DNA-Fragment-Verbindungsrate beschreibt, wie viele DNA-Fragmente pro DNA-Ligasemolekül nach 20 Minuten verbunden sind.)
nach Daten von: Lavesa-Curto et al. (2004), Fig. 4

Material C: Transformationsversuche mit *E. coli* GR501

In den Abbildungen 4 und 5 sind verschiedene Transformationsversuche mit dem temperatursensitiven *E. coli*-Stamm GR501 dargestellt. Hierzu wurden vor bzw. hinter dem DNA-Ligase-Gen des Wildtyp-Stammes (ligA) experimentell Restriktionsschnittstellen der Enzyme *Nde*I bzw. *Bam*HI eingefügt, das DNA-Ligase-Gen mithilfe der PCR vervielfältigt und daraus ein rekombinanter Expressionsvektor erstellt (siehe Abbildung 4). Dieser wurde anschließend in den temperatursensitiven *E. coli*-Stamm GR501 übertragen (siehe Abbildung 5).
Die so transformierten *E. coli*-Bakterien wurden auf einer Agarplatte mit ampicillinhaltigem Nährmedium ausgestrichen und über Nacht bei 30 °C kultiviert. Bei dieser 30 °C-Kultur handelte es sich um einen Kontrollversuch, der eigentliche Versuch, dessen Ergebnis hier nicht dargestellt ist, fand bei 43 °C statt. In weiteren Kontrollan-

sätzen (siehe Abbildung 5) wurden anstelle des rekombinanten ligA-Expressionsvektors einmal derselbe Expressionsvektor mit einem Nicht-DNA-Ligase-Gen (1), mit einem Viren-DNA-Ligase-Gen (2) sowie der „leere“ Expressionsvektor ohne Einbau eines Fremdgens (3) in *E. coli* GR501 transformiert und die Bakterien in oben beschriebener Weise ausgestrichen und kultiviert.

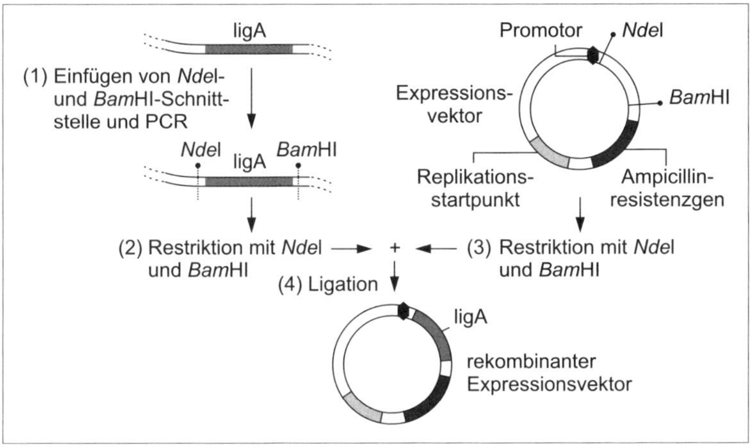

Abb. 4: Erzeugung eines rekombinanten Expressionsvektors mit ligA

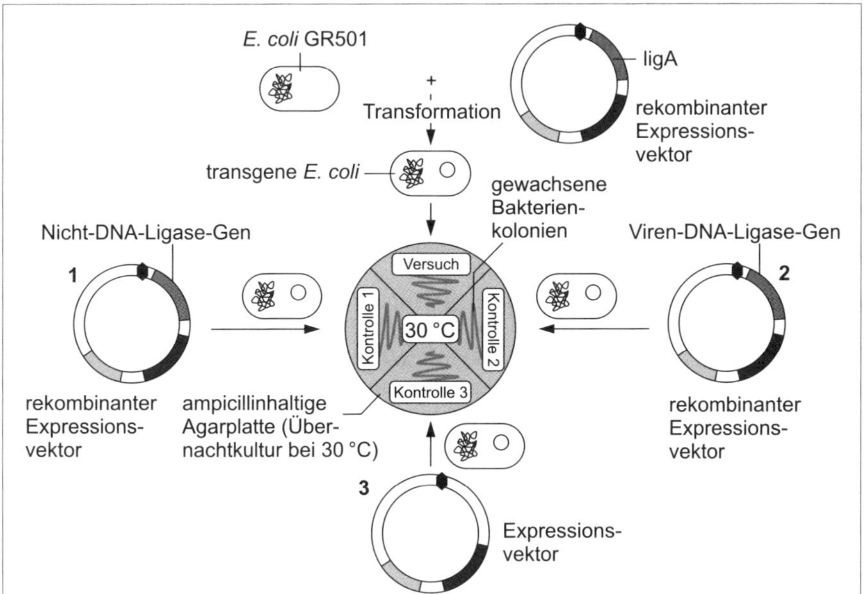

Abb. 5: Transformationsversuche mit temperatursensitiven *E. coli* GR501 bei 30 °C
Abb. 4 und 5 zusammengestellt nach: Lavesa-Curto et al. (2004), Team Heidelberg und Lodish et al. (2000)

Material D: Codesonne und Tabelle zum genetischen Code

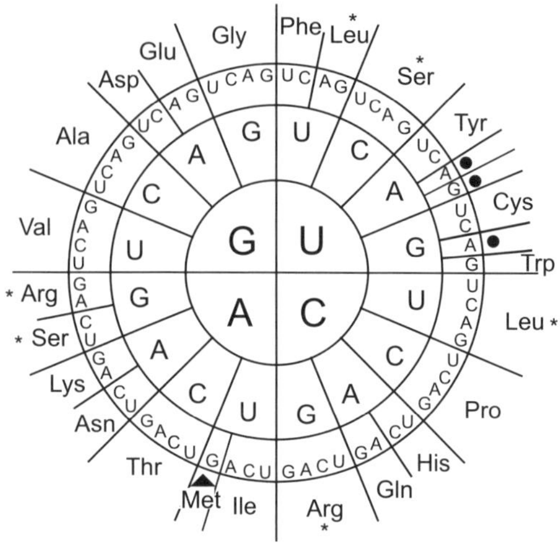

Ala	Alanin
Arg	Arginin
Asn	Asparagin
Asp	Asparaginsäure
Cys	Cystein
Gln	Glutamin
Glu	Glutaminsäure
Gly	Glycin
His	Histidin
Ile	Isoleucin
Leu	Leucin
Lys	Lysin
Met	Methionin
Phe	Phenylalanin
Pro	Prolin
Ser	Serin
Thr	Threonin
Trp	Tryptophan
Tyr	Tyrosin
Val	Valin

▲ Start-Codon ● Stopp-Codon * zweimal auftretende Aminosäure

Erste Base	Zweite Base				Dritte Base
5'	**U**	**C**	**A**	**G**	**3'**
U	Phe	Ser	Tyr	Cys	**U**
	Phe	Ser	Tyr	Cys	**C**
	Leu	Ser	Stopp	Stopp	**A**
	Leu	Ser	Stopp	Trp	**G**
C	Leu	Pro	His	Arg	**U**
	Leu	Pro	His	Arg	**C**
	Leu	Pro	Gln	Arg	**A**
	Leu	Pro	Gln	Arg	**G**
A	Ile	Thr	Asn	Ser	**U**
	Ile	Thr	Asn	Ser	**C**
	Ile	Thr	Lys	Arg	**A**
	Met (Start)	Thr	Lys	Arg	**G**
G	Val	Ala	Asp	Gly	**U**
	Val	Ala	Asp	Gly	**C**
	Val	Ala	Glu	Gly	**A**
	Val	Ala	Glu	Gly	**G**

weitere Materialgrundlage:

Berg, J. M., Tymoczko, J. L. & Stryer, L. (2002). Biochemistry. W. H. Freeman, 5th edition www.ncbi.nlm.nih.gov/books/NBK22587/figure/A3807/ (Zugriff 04. 12. 2013)

Lavesa-Curto, M., Sayer H., Bullard D., MacDonald A., Wilkinson A., Smith A., Bowater L., Hemmings A., Bowater R. P. (2004). Characterization of a temperature-sensitive DNA-Ligase from Escherichia coli. Microbiology 150, S. 4 171–4 180

Lodish, H. et al. (2000). Molecular Cell Biology. W. H. Freeman, 4th edition www.ncbi.nlm.nih.gov/books/NBK21498/figure/A1590/?report=objectonly (Zugriff 04. 12. 2013)

Nicht-codogene Gensequenz des ligA verfügbar unter: www.ncbi.nlm.nih.gov/nucleotide/407062746?report=gbwithparts&from=151517 9&to=1517194&RID=P861CXYJ01R (Zugriff 04. 12. 2013)

Team Heidelberg: http://2008.igem.org/Team:Heidelberg/Notebook/Sensing_Group/Cloning (Zugriff 04. 12. 2013)

www.ncbi.nlm.nih.gov/nuccore/AMXQ01000155.1 (Zugriff 04. 12. 2013)

Lösungsvorschlag

In der Aufgabe thematisierte Unterrichtsinhalte sind:
DNA, RNA, Replikation, Primer, Polymerase, Ligase, Okazaki-Fragmente, PCR, Substitution, Punktmutation, Missense-Mutation, Restriktionsenzyme, Ligation, Resistenzgen, Transformation

II.1 *Die Teilaufgabe stellt fast nur reproduktive Anforderungen an Sie. Achten Sie deshalb bei der Beschreibung der einzelnen Teilschritte der Replikation auf einen schlüssigen Ablauf. Wenn Sie die unterschiedlichen Polymerasen (I und III) bei E. coli nennen, erhalten Sie Zusatzpunkte.*

Die in Abb. 1 gekennzeichneten Strukturen zur Replikation von Prokaryoten können wie folgt benannt werden:

a 3'-Ende der Matrize
b 5'-Ende des Leitstranges/des kontinuierlich synthetisierten Stranges
c 3'-Ende des Folgestranges/des diskontinuierlich synthetisierten Stranges
d 5'-Ende der Matrize
1 Leitstrang/kontinuierlich synthetisierter Strang
2 Primer
3 Okazaki-Fragmente/Folgestrang/diskontinuierlich synthetisierter Strang

Die DNA-Replikation bei Prokaryoten beginnt damit, dass der dreidimensional verdrillte DNA-Doppelstrang durch Enzyme (u. a. Helicasen) entspiralisiert wird. Das Enzym Helicase spaltet auch die Wasserstoffbrückenbindungen zwischen den komplementären Teilen des Doppelstranges, sodass (abschnittsweise) zwei DNA-Einzelstränge entstehen. Zur Replikation wird das Enzym DNA-Polymerase III benötigt. Da die Polymerase III nur an freien 3'-OH-Enden ansetzen kann, synthetisiert das Enzym Primase – komplementär zum Matrizenstrang (a) – einen kurzen RNA-Abschnitt als 5'-Ende des Leitstrangs (1). Mit dem Primer (2) als Ansatzpunkt kann die DNA-Polymerase III mithilfe freier Nukleotide aus dem Plasma den Leitstrang kontinuierlich und nach der Komplementaritätsregel in 5' → 3'-Richtung herstellen. Da sie in die Gegenrichtung (3' → 5') nicht arbeiten kann, ist es ihr nicht möglich, am 5'-Ende des ursprünglichen DNA-Doppelstranges (d) anzusetzen. Daher erfolgt die Synthese hier nicht „in einem Stück“, sondern diskontinuierlich in vielen kleinen Abschnitten, den Okazaki-Fragmenten (3). Primasen erstellen am Matrizen-Strang (d) deshalb für die Synthese des Folgestrangs mehrere, hintereinander liegende Primer. An ihnen setzen Polymerase III-Moleküle an und synthetisieren jeweils den kleinen Bereich bis zum nächsten Primer. Ein weiteres Enzym, die Polymerase I, entfernt nach Abschluss der Replikation – auch auf dem komplementären Strang (b) – die Primer und ersetzt die RNA- durch DNA-Nukleotide. Das Enzym DNA-Ligase verbindet im letzten Schritt die noch vorhandenen Lücken zwischen den Okazaki-Fragmenten, sodass ein durchgehender Strang entsteht. Auch beim Leitstrang (b) wird die Anschlussstelle durch Ligasen geschlossen.

Die DNA-Ligase sorgt im letzten Arbeitsschritt der Replikation dafür, dass zwei neue durchgehende DNA-Doppelstränge entstehen. Fällt das Enzym aus, weisen die neu synthetisierten DNA-Stränge „Lücken" auf. Dies hätte auf die Struktur der DNA sehr negative Auswirkungen. Zum einen wäre eine innere Stabilität der Doppelstränge nicht mehr gegeben. Zum anderen könnten bei einem weiteren Replikationszyklus die zuvor neu synthetisierten Stränge in einzelne Bruchstücke zerfallen. Damit wäre die Replikation massiv beeinträchtigt. Ist der lückenhafte DNA-Strang der codogene Strang, wären im Rahmen der Transkription auch unvollständige mRNA-Moleküle – mit den entsprechenden Auswirkungen auf die weitere Proteinbiosynthese – denkbar.

II.2 *Um die korrekte mRNA-Sequenz ermitteln zu können, leiten Sie zuerst die Sequenz des codogenen DNA-Stranges aus dem komplementären, nicht-codogenen Strang ab. Denken Sie bei der Ermittlung der zugeordneten Aminosäuren daran, dass die Codesonne in 5' → 3'-Richtung von innen nach außen gelesen wird. Bei der Darstellung der Ergebnisse ist eine tabellarische Form besonders übersichtlich.*

Mithilfe der Komplementaritätsregel und der Codesonne/Codetabelle kann die Aminosäuresequenz des Wildtyps aus Abb. 2 ermittelt werden:

		1 5 // 37 40 45 50
nicht-codogener DNA-Strang:	5'	ATG GAA [...] ACG ACT CTT CGC CAT CAT ... 3'
codogener DNA-Strang:	3'	TAC CTT [...] TGC TGA GAA GCG GTA GTA ... 5'
mRNA:	5'	AUG GAA [...] ACG ACU CUU CGC CAU CAU ... 3'
Aminosäuresequenz:		Met – Glu [...] Thr – Thr – Leu – Arg – His – His

Beim Vergleich der *E. coli*-DNA des Wildtyps mit der entsprechenden DNA-Sequenz von GR501 ist festzustellen, dass an Position 43 eine Substitution stattgefunden hat:

	Wildtyp	GR501
nicht-codogener DNA-Strang	5' **C**TT 3'	5' **T**TT 3'
codogener DNA-Strang	3' **G**AA 5'	3' **A**AA 5'
mRNA	5' **C**UU 3'	5' **U**UU 3'
Aminosäure	Leucin	Phenylalanin

Anstelle der Base Cytosin findet man an dieser Position die Base Thymin. Damit liegt eine Punktmutation vor, die zu einer Missense-Mutation führt. Anstelle der Aminosäure Leucin wird Phenylalanin in die Polypeptidkette eingebaut. Ansonsten bleibt das Ligase-Molekül unverändert.
Die Auswirkungen des Einbaus von Phenylalanin anstelle von Leucin hängen von der Funktion ab, die die Aminosäure Leucin für den Aufbau und die Struktur des Enzyms besitzt. Es ist möglich, dass durch den Einbau die Tertiärstruk-

tur des Enzyms verändert wird – durch Ausbildung zusätzlicher oder durch den Wegfall von Bindungen zwischen den Seitenketten der Aminosäuren. Die veränderte Struktur kann dann Veränderungen im Proteinaufbau und damit ggf. auch im aktiven Zentrum des Enzyms nach sich ziehen, letzteres insbesondere, falls die 15. Aminosäure in der Molekülkette (Leucin) selbst Teil des aktiven Zentrums ist. Dann geht u. U. die katalytische Wirkung verloren.
Untersuchungen zur Aktivität der Ligase von Wildtyp und Mutante von *E. coli* lassen weitere Rückschlüsse zu. Abb. 3 verdeutlicht die DNA-Fragment-Verbindungsrate beider Stämme bei 42 °C. Bei der temperatursensitiven Mutante konnten nach 20 Minuten lediglich 1,5 verbundene DNA-Fragmente pro DNA-Ligase-Molekül nachgewiesen werden, beim Wildtyp hingegen 84. Die Missense-Mutation bei GR501 führt damit bei 42 °C zwar nicht zu einem kompletten Ausfall der Enzymaktivität, aber zu einer starken Verringerung der Ligase-Aktivität, die sich in einer erkennbar reduzierten DNA-Fragment-Verbindungsrate äußert. Dass sich GR501 bei Temperaturen über 42 °C nicht mehr vermehrt, ist dann vermutlich auf den gänzlichen Ausfall der Ligase-Funktion zurückzuführen.

II.3 *Beim reproduktiven Teil dieser Aufgabe ist es sinnvoll, die Polymerase-Kettenreaktion vor Schilderung ihres Ablaufs zunächst in ein oder zwei Einleitungssätzen kurz zu umreißen und dabei ihren Zweck zu erläutern. Eine detaillierte Darstellung kann Zusatzpunkte bringen. Achten Sie bei der Erläuterung der einzelnen Bestandteile des Expressionsvektors darauf, dass Sie Ihre Ausführungen in einen sachlogischen Zusammenhang bringen.*

Das im Genom des Wildtyp-Stamms enthaltene ligA-Gen wurde aus der bakteriellen DNA herausgeschnitten und mithilfe der PCR-Technik vervielfältigt.
Die Polymerase-Kettenreaktion (PCR) ist eine molekularbiologische Arbeitsmethode zur Vervielfachung von DNA-Molekülen. Das Verfahren, mit dem spezifische Abschnitte einer DNA in einem Reaktionsgefäß identisch vermehrt werden, bezeichnet man auch als *in-vitro*-Amplifikation („gezielte Vermehrung von DNA-Sequenzen im Glase“). Selbst kleinste Mengen an DNA lassen sich so in kurzer Zeit für Analysezwecke vervielfachen.
Zur Durchführung wird zunächst ein PCR-Mix, der die zu vervielfältigende DNA, spezifische Primer, DNA-Nukleotide sowie eine hitzebeständige DNA-(Taq-)Polymerase enthält, angesetzt. Die Erhitzung des Ansatzes auf ca. 95 °C führt dazu, dass die zu untersuchende DNA denaturiert und in ihre Einzelstränge zerlegt wird. Im nächsten Schritt werden die zu kopierenden DNA-Abschnitte markiert. Dies ist der entscheidende Schritt in der PCR, der nur dann gelingt, wenn die Nukleotidsequenzen, die an den Enden des zu kopierenden DNA-Abschnitts liegen, bekannt sind. Zur Markierung werden jeweils zwei spezifische gegenläufige PCR-Primer (für die zwei Enden des DNA-Abschnitts) verwendet. Damit die Primer an die DNA binden können, wird die Temperatur auf ca. 60 °C gesenkt. Lagern sich die beiden im Überschuss zugegebenen Primer-Moleküle nach der Komplementaritätsregel an die denaturierte

DNA an, spricht man von Hybridisierung. Anschließend findet bei ca. 70 °C die Polymerisierung statt. Dabei synthetisiert die DNA-(Taq-)Polymerase ausgehend von den Primern und mithilfe der Nukleotide neue komplementäre Einzelstränge. Die Abfolge von DNA-Denaturierung, Hybridisierung und Polymerisierung bezeichnet man als PCR-Zyklus. Dieser Kreislauf wird im Reaktionsgefäß mehrfach durchlaufen. Bei jedem Zyklus werden doppelt so viele neue, identische DNA-Moleküle erzeugt, ihre Zahl steigt also exponentiell an (n Zyklen = 2^n DNA-Abschnitte). Selbst bei einer geringen DNA-Ausgangsmenge reichen daher schon 25–35 PCR-Zyklen aus, um genügend DNA für weitere Untersuchungen herzustellen.
Der als „Genfähre" verwendete Expressionsvektor muss mehrere Komponenten aufweisen, damit er das zu untersuchende DNA-Teilstück aufnehmen kann, und damit nach der Transformation dessen Expression gewährleistet ist. Darüber hinaus muss methodisch einfach erkennbar sein, dass die Aufnahme des Vektors in die Wirtszelle erfolgreich war.
Der Expressionsvektor benötigt daher zum einen Restriktionsschnittstellen – in diesem Fall für die Enzyme *Nde*I und *Bam*HI –, damit das einzuschleusende DNA-Teilstück zwischen die Schnittstellen eingepasst werden kann. Dabei erfolgt die Ligation, d. h. die Verknüpfung von Expressionsvektor und ligA-Gen, nur dann, wenn im *E. coli*-Stamm zu beiden Seiten des ligA-Gens die gleichen Restriktionsschnittstellen vorhanden sind. Zum anderen wird ein Marker benötigt, in diesem Fall ein Ampicillinresistenzgen. Die mit dem Gen vermittelte Ampicillinresistenz zeigt an, dass der Vektor erfolgreich in eine *E. coli*-Zelle geschleust wurde, gleichgültig ob er das ligA-Gen enthält (rekombinant) oder nicht (nicht rekombinant). Die Expression, d. h. die Proteinbiosynthese des ligA-Gens, kann nur dann erfolgen, wenn der Expressionsvektor (stromaufwärts vom ligA-Gen) auch einen eigenen Promotor besitzt. Dort startet in den transgenen *E. coli*-Zellen die Transkription. Außerdem ist noch ein Replikationsstartpunkt vonnöten, damit der übertragene Expressionsvektor inklusive ligA-Gen in den Zellen des aufnehmenden *E. coli*-Stamms selbstständig vermehrt werden kann.

II.4 *Denken Sie bei Ihrer Zeichnung und Ihrer anschließenden Begründung daran, dass es nicht eindeutig ist, ob die E. coli-Mutante mit der viralen Ligase überhaupt arbeiten kann. Daher sollten Sie, um Zusatzpunkte zu erhalten, beide Möglichkeiten angeben und entsprechend begründen.*

Führt man die Inkubation der Agarplatte mit den transformierten Bakterien bei 43 °C durch, ist, wie in folgender Skizze dargestellt, nur bei dem eigentlichen Versuchsansatz sowie bei Kontrollansatz 2 bakterielles Wachstum zu erwarten:

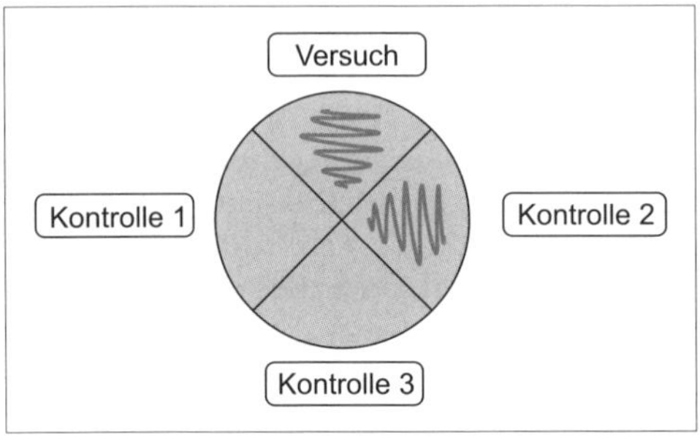

Da der *E. coli*-Mutante GR501 aufgrund eines temperatursensitiven Defekts im DNA-Ligase-Gen eine Zellvermehrung nur bis 42 °C möglich ist, dürfte sie bei höheren Temperaturen nicht mehr wachsen. Durch die Transformation wurden im Versuchsansatz *E. coli*-Bakterien des Stammes GR501 zu transgenen Zellen, da sie den Expressionsvektor mit dem Gen für eine intakte DNA-Ligase enthalten. Dies ermöglicht den Zellen eine ungehinderte Replikation ihrer DNA auch bei Temperaturen über 42 °C.

Nur einer der drei Kontrollansätze wird vermutlich bakterielles Wachstum aufweisen, nämlich Kontrolle 2. Bei diesem Ansatz wurde mittels Expressionsvektor ein Viren-DNA-Ligase-Gen in GR501-Zellen eingeschleust. Damit sind diese *E. coli*-Zellen ebenfalls transgen. Ist es ihnen möglich, mithilfe der Viren-DNA-Ligase ihre eigene defekte Ligase zu ersetzen, werden sich auch diese Zellen vermehren. Können sie jedoch nicht mit den viralen Ligasen arbeiten, da sich die viralen Enzyme von den bakteriellen zu sehr unterscheiden, wird kein Wachstum zu beobachten sein.

In den beiden übrigen Kontrollversuchen 1 und 3 ist keine Zellvermehrung zu erwarten. Die Bakterienzellen in Kontrolle 1 sind zwar transgen, enthalten aber ein „Nicht-DNA-Ligase-Gen“ im Expressionsvektor. „Nicht-DNA-Ligasen“ wird es keinesfalls möglich sein, die zelleigenen Ligasen bei Temperaturen über 42 °C zu ersetzen. Die Zellen im Kontrollansatz 3 werden ebenfalls keine Vermehrung zeigen. Ihr Expressionsvektor ist nicht rekombinant, enthält also kein zusätzliches Gen – er ist gewissermaßen „leer“. Der Defekt in den Zellen des *E. coli*-Stamms GR501 kann somit nicht ausgeglichen werden.

Fragt man nach der Zielsetzung der in Abb. 5 dargestellten Transformationsversuche bei 30 °C, so kann folgende Hypothese aufgestellt werden. Bei den vier Ansätzen handelt es sich gewissermaßen um den Vorversuch zum eigentlichen Versuch bei 43 °C. Er soll einerseits sicherstellen, dass das Einschleusen der (rekombinanten) Expressionsvektoren erfolgreich war. Dies kann durch die Zugabe von Ampicillin in das Nährmedium getestet werden, da sich bei Anwesenheit dieses Antibiotikums nur solche Bakterienzellen vermehren, die den Vektor mit dem entsprechenden Resistenzgen enthalten. Dieser Nachweis muss bei 30 °C erfolgen, da hier der Gendefekt noch keine Rolle spielt und ein Ausbleiben des Wachstums auf eine fehlerhafte Transformation hinweist.

Andererseits kann geklärt werden, ob sich die transformierten Mutanten bei 30 °C überhaupt vermehren können. Die Bakterien sind durch die Transformationsexperimente insofern verändert worden, als sie „Fremdkörper“ – die Expressionsvektoren – aufgenommen haben, die nicht zu ihrer „Grundausstattung“ gehören. Ob sich deren Anwesenheit negativ auf das Wachstum der Bakterienzellen auswirkt, sollte bei einer Temperatur getestet werden, bei der sich die Mutante GR501 normalerweise problemlos vermehren kann (30 °C).

Leistungskurs Biologie (NRW) – Abitur-Prüfung 2014
Aufgabe 3: Ökologie

Aufgabenstellung: Punkte

Thema: Schädlinge in Kakaoplantagen

III.1 Skizzieren Sie für die beschriebene Lebensgemeinschaft in der Kakaoplantage ein Nahrungsnetz und erläutern Sie die unterschiedlichen Trophieebenen und die Formen interspezifischer Wechselwirkung in diesem Ökosystem (Material A). 18

III.2 Fassen Sie die in Material B dargestellten Untersuchungsergebnisse zusammen und beurteilen Sie die Eignung der in Tabelle 1 aufgeführten Maßnahmen zur Schädlingsbekämpfung. 14

III.3 Beschreiben Sie die in Material C dargestellten Ergebnisse der Untersuchungen mit Kakao-Miniermotten und Kakao-Wanzen. Erläutern Sie auch mithilfe der Informationen in Material A die Ergebnisse. 22

III.4 Beurteilen Sie den Einsatz von Insektiziden in Kakaoplantagen zur Reduzierung des Befalls mit Schädlingen. Leiten Sie aus den Materialien A bis C eine ökologisch und wirtschaftlich sinnvolle Strategie zur Ertragssteigerung der Kakaobohnen ab. 12

Material A: Lebensgemeinschaft im Agrarökosystem Kakaoplantage

Der Kakaobaum *(Theobroma cacao)* gedeiht ausschließlich in den Tropen. An ihm wachsen jährlich etwa 50 Kakaoschoten, die je 20 bis 50 von Fruchtfleisch umgebene Kakaobohnen enthalten (Abbildungen 1 A–1 C). Aus ihnen wird der Kakao gewonnen.

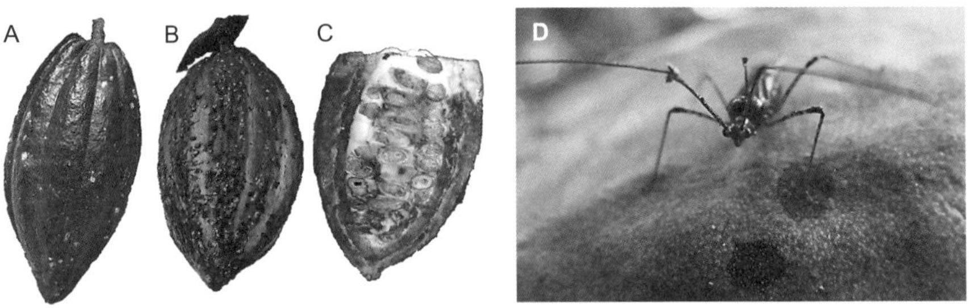

Abb. 1: Kakaoschote (A), durch Kakao-Wanzen vernarbte Schote (B), halbierte Frucht mit Fraßschäden durch Larven der Kakao-Miniermotte (C, nur helle Bereiche sind nicht geschädigt), Kakao-Wanze (D)
Abb. 1 A bis 1 D: Arno Wielgoss

Die Kakao-Miniermotte *(Conopomorpha cramerella)* ist der Hauptschädling des Kakaobaums in Südostasien. Kakao-Miniermotten legen ihre Eier auf den Kakaoschoten ab. Sobald ihre Larven schlüpfen, bohren diese Tunnel in die Kakaoschoten und fressen das Fruchtfleisch (Abbildung 1 C). In den befallenen Kakaoschoten entwickeln sich weniger Kakaobohnen, und diese haben eine schlechte Kakaoqualität.
Die Kakao-Wanze *(Helopeltis sulawesi)* (Abbildung 1 D) tritt bereits drei Monate vor der Eiablage der Kakao-Miniermotte auf. Kakao-Wanzen legen ihre Eier auf den Kakaoschoten ab. Die Tiere saugen an Kakaoschoten, wodurch deren Oberfläche vernarbt und verhärtet (Abbildung 1 B). Die Kakaobohnen in der Schote werden nicht geschädigt. Kakao-Wanzen und Kakao-Miniermotten können auf einer Schote zur gleichen Zeit zusammenleben.
Auch Ratten sind ernst zu nehmende Schädlinge in Kakaoplantagen. Sie ernähren sich dort vor allem von Kakaoschoten und können bis zu 90 % der Ernte einer Plantage zerstören, wie Untersuchungen in Malaysia belegen.
Auf den Kakaoschoten findet man häufig die Schwarze Kakaoameise *(Dolichoderus thoracicus)* gemeinsam mit der Schildlaus *(Cataenococcus hispidus)* (Abbildung 1 E). Die Schildläuse saugen an den Kakaoschoten und scheiden dabei kohlenhydratreichen Honigtau aus. Die Anwesenheit der Schildläuse wirkt sich nicht sichtbar auf den Gesundheitszustand der Kakaobäume oder den Ernteertrag aus. Schwarze Kakaoameisen ernähren sich vom Honigtau der Schildläuse und vertreiben deren Fressfeinde und Nahrungskonkurrenten; sie wurden bisher nur selten bei der Suche nach anderen Nahrungsquellen beobachtet.

Abb. 1 E: Schwarze Kakaoameise erntet Honigtau von Schildläusen
© *Dr. Roy Bateman; www.dropdata.org*

Die Vogelarten in Kakaoplantagen zeigen vielfältige Ernährungsweisen. Carnivore Vögel erbeuten häufig kleine Säugetiere. Neben Insektivoren findet man auch Nektarivore, also Vögel, die sich vom Blütennektar der zahlreichen Blüten der Kakaobäume ernähren.

Material B: Bekämpfung der Kakao-Miniermotte

Der Befall der Kakaoschoten durch Schadinsekten wird traditionell mit Insektiziden bekämpft. Dies geschieht in einem frühen Entwicklungsstadium der Früchte, sobald Kakao-Wanzen auf den Früchten entdeckt werden. Neben Insektiziden werden auch alternative Methoden zur Schädlingsbekämpfung in Kakaoplantagen eingesetzt.
In einer malaysischen Kakaoplantage wurde der Zusammenhang zwischen der Individuendichte Schwarzer Kakaoameisen auf Kakaobäumen und der Schädigung der Kakaoschoten durch Kakao-Miniermotten und Ratten ermittelt. Abbildung 2 zeigt hier exemplarisch einen Zeitraum von 100 Tagen.

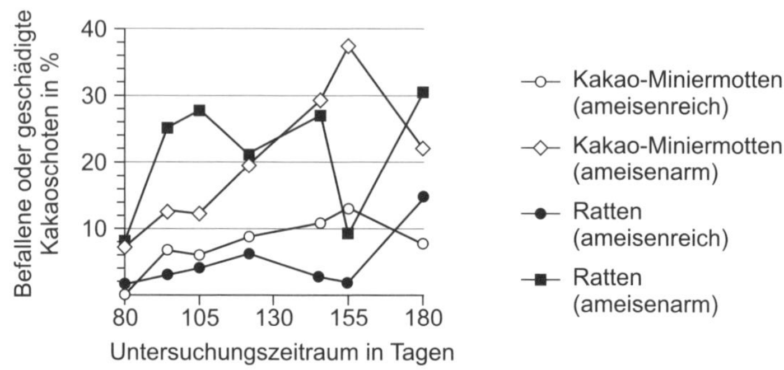

Abb. 2: Mittlerer Prozentanteil durch Kakao-Miniermotten befallener oder durch Ratten geschädigter Kakaoschoten an jeweils ameisenreichen oder ameisenarmen Kakaobäumen
verändert nach: See & Kho (1996)

In einer weiteren Studie wurden die Schoten in einer indonesischen Kakaoplantage zum Schutz vor Schädlingen mit einer abbaubaren Folie umwickelt (Abbildung 3). Außerdem wurden auch Fadenwürmer eingesetzt, die mit bloßem Auge nicht erkennbar sind. Sie werden verspritzt und parasitieren die Larven der Kakao-Miniermotte (Tabelle 1).

Abb. 3: Kakaoschote in abbaubarer Folienumhüllung
© *Merle Shepard, Clemson University*

Tabelle 1: Mittlere Schädigung der Kakaoschoten und Trockengewicht geernteter Kakaobohnen pro Kakaoschote nach Behandlung mit verschiedenen Maßnahmen zur Schädlingsbekämpfung

Maßnahme	mittlere Kakao-schoten-schädigung	durchschnittliches Gesamt-Trocken-gewicht aller absatzfähigen Kakao-bohnen pro Kakaoschote
Kontrolle (unbehandelt)	62,3 %	22,4 g
umwickelt mit abbaubarer Folie	8,5 %	45 g
gespritzt mit Faden-würmern	4,9 %	45 g
abbaubare Folie + Fadenwürmer	0 %	74,8 g

verändert nach: Rosmana et al. (2010), Table 2

Material C: Untersuchungen mit Kakao-Miniermotten und Kakao-Wanzen

Im Verlauf einer Ernteperiode wurde auf Untersuchungsflächen in 43 indonesischen Kakaoplantagen der Befall geernteter Kakaoschoten durch Kakao-Wanzen und Kakao-Miniermotten ermittelt (Abbildung 4). Dafür wurden im Abstand von etwa zwei Wochen die zu diesem Zeitpunkt reifen Kakaoschoten auf den Untersuchungsflächen geerntet. Auch das Trockengewicht absatzfähiger Kakaobohnen wurde aufgenommen (Tabelle 2).

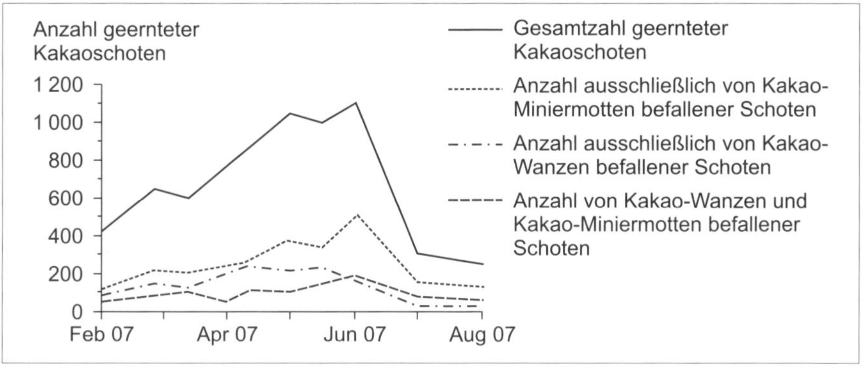

Abb. 4: Geerntete Kakaoschoten der ersten Ernteperiode 2007
Darstellung verändert nach: Wielgoss et al. (2012)

Tabelle 2: Trockengewicht absatzfähiger Kakaobohnen

untersuchte Kategorie	durchschnittliches Gesamt-Trockengewicht aller absatzfähigen Kakaobohnen pro Kakaoschote
nicht befallen	32,5 g
durch Kakao-Wanzen befallen	32,3 g
durch Kakao-Miniermotten befallen	21,5 g

nach Daten von: Wielgoss et al. (2012)

In weiterführenden Laborexperimenten wurde untersucht, ob Kakao-Miniermotten ihre Eier auf Kakaoschoten ablegen, die schon von Kakao-Wanzen befallen waren. Zu diesem Zweck hängte man in eine Experimentierbox zwei Kakaoschoten. Eine Kakaoschote war durch den Befall mit Kakao-Wanzen vernarbt. Die Kakao-Wanzen und deren Eier wurden jedoch vor dem Versuch entfernt. Die andere Schote war weder befallen noch vernarbt. Anschließend gab man jeweils ein Weibchen und ein Männchen der Kakao-Miniermotte hinzu. Nach fünf Tagen wurden deren Eier auf der Oberfläche der beiden Schoten gezählt. Der Versuch wurde 38-mal erfolgreich wiederholt (Tabelle 3).

Tabelle 3: Ergebnisse der Laborexperimente

untersuchte Kategorie	Anzahl der Kakaoschoten mit Befall durch Kakao-Miniermotten	durchschnittliche Anzahl an Eiern der Kakao-Miniermotte pro Kakaoschote
nicht von Kakao-Wanzen befallene Schoten	38 von 38	14
von Kakao-Wanzen befallene Schoten	25 von 38	4

nach Daten von: Wielgoss et al. (2012)

weitere Materialgrundlage:

Clough, Y., Putra, D. D., Pitopang, R. & Tscharntke, T. (2009). Local and landscape factors determine functional bird diversity in Indonesian cacao agroforestry. Biological Conservation 142, S. 1 032–1 041

Freudig, D. (2004). Lexikon der Biologie. Spektrum Akademischer Verlag, Heidelberg

Ho, C. T. & Khoo, K. C. (1997). Partners in biological control of cocoa pests: Mutualism between Dolichoderus thoracicus (Hymenoptera: Formicidae) and Cataenococcus hispidus (Hemiptera: Pseudococcidae). Bulletin of Entomological Research 87, S. 461–470

Hosang, M. L. A., Schulze, C. H., Tscharntke, T. & Buchori, D. (2010). The potential of artificial nesting sites for increasing the population density of the black cacoa ants. Indonesian Journal of Agriculture 3(1), S. 45–50

Rizali, A. (2012). Ant community structure and biological control in Indonesian cacao agroforestry: long-term changes, land-use management and precipitation gradients. Dissertation in the International Ph. D. Program for Agricultural Sciences in Goettingen (IPAG) at the Faculty of Agricultural Sciences, Georg-August-University Göttingen, Germany

Rosmana, A., Shepard, M., Hebbar, P. & Mustari, A. (2010). Control of cocoa pod borer and phytophtora pod rot using degradable plastic pod sleeves and a nematode, Steinernema carpocapsae. Indonesien Journal of Agricultural Science 11, S. 41–47

See, Y. A. & Khoo, K. C. (1996). Influence of Dolichoderus thoracicus (Hymenoptera: Formicidae) on cocoa pod damage by Conopomorpha cramerella (Lepidoptera: Gracillariidae) in Malaysia. Bulletin of Entomological Research 86, S. 467–474

Way, M. J. (1992). Role of ants in pest management. Annual Review of Entomology 37, S. 479–503

Wielgoss, A. C., Clough, Y., Fiala, B., Rumede, A. & Tscharntke, T. (2012). A minor pest reduces yield losses by a major pest: plant-mediated herbivore interactions in Indonesian cacao. Journal of Applied Ecology 49, S. 465–473

http://bioweb.uwlax.edu/bio203/s2008/boland_kirs/Adaptations.htm (Zugriff 21. 01. 2014)

www.oired.vt.edu/ipmcrsp/SuccessStories/CocoaPod.html (Zugriff 21. 01. 2014)

www.uni-goettingen.de/de/3240.html?cid=4322 (Zugriff 21. 01. 2014)

Lösungsvorschlag

In der Aufgabe thematisierte Unterrichtsinhalte sind:
Räuber-Beute-Beziehung, Parasit-Wirt-Beziehung, Mutualismus, Symbiose, Parabiose, Lebensgemeinschaft im Ökosystem, Nahrungsnetz, Trophieebenen, Konsument, Produzent, chemische und ökologische Schädlingsbekämpfung, Ertragssteigerung

III.1 *Für den ersten Aufgabenteil ist es sinnvoll, zunächst alle aufgeführten Organismen gesondert zu notieren und anschließend zueinander in Beziehung zu setzen. Dabei können Sie auch schon Ordnung in die einzelnen Gruppen von Organismen bringen. Dies hilft Ihnen bei der Erläuterung der unterschiedlichen Trophieebenen weiter und erleichtert es Ihnen, sich die interspezifischen Wechselwirkungen in diesem Ökosystem klarzumachen. Achten Sie darauf, dass Sie alle Wechselbeziehungen erfassen und benennen, auch solche, die auf den ersten Blick etwas „abwegig" erscheinen (Parabiose). Dies bringt Ihnen Zusatzpunkte ein.*

Die beschriebene Lebensgemeinschaft in der Kakaoplantage lässt sich mit folgender Skizze zusammenfassen:

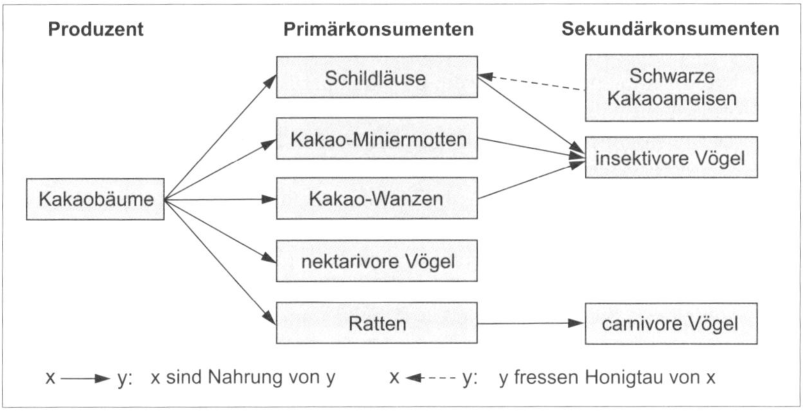

Wie in allen komplexen Ökosystemen sind auch in dieser Lebensgemeinschaft Organismen auf unterschiedlichen Trophieebenen angesiedelt. Die Basis bildet der Kakaobaum als Produzent. Von ihm ernähren sich – direkt oder indirekt (Vögel/Ameisen) – weitere Mitglieder dieses Ökosystems. Als Konsumenten 1. Ordnung sind Kakao-Miniermotten, Kakao-Wanzen, Schildläuse sowie Ratten zu nennen. Sie ernähren sich von den Kakaoschoten bzw. -bohnen des Baumes. Weitere Primärkonsumenten sind nektarivore Vögel, die den Blütennektar des Baumes als Nahrungsquelle nutzen.
Als Sekundärkonsumenten werden Mitglieder des Ökosystems bezeichnet, die sich nicht direkt von Kakaobäumen, sondern von deren Nutzern, den Primärkonsumenten, ernähren. Dazu zählen zum einen insektivore Vögel, die Jagd auf

Kakao-Miniermotten, Kakao-Wanzen und Schildläuse machen. Zum anderen sind auch carnivore Vögel Konsumenten 2. Ordnung, da sie auf das Erbeuten kleinerer Säugetiere spezialisiert sind. Somit gehören auch Ratten zu ihrem Beutespektrum. Auch die Schwarze Kakaoameise könnte man zu den Sekundärkonsumenten zählen, obwohl hier eine besondere Lebensgemeinschaft vorliegt.

Drei Arten von spezifischen Wechselwirkungen können in diesem Ökosystem beobachtet werden: das Räuber-Beute-Verhältnis, die Parasit-Wirt-Beziehung und die Symbiose (Mutualismus). Als Räuber fungieren insektivore Vogelarten, die Insekten wie Schildläuse, Kakao-Wanzen und Kakao-Miniermotten erbeuten oder carnivore Vögel, die Individuen der Rattenpopulation bejagen.

Schildlaus, Kakao-Miniermotte und Kakao-Wanze stehen zu ihrer Nahrungsgrundlage, dem Kakaobaum, in einer Parasit-Wirt-Beziehung. Für dieses Verhältnis sprechen folgende Indizien: Alle drei Insektenarten sind deutlich kleiner als ihr Wirtsorganismus. *Cataenococcus hispidus, Conopomorpha cramerella* und *Helopeltis sulawesi* leben im bzw. auf dem Kakaobaum und stehen damit in einem direkten, ununterbrochenen Kontakt mit ihrem Wirt. Sie schädigen ihn, indem sie dem Baum Nährstoffe entziehen (Schildläuse und Kakao-Wanzen saugen an den Schoten, Larven der Kakao-Miniermotte fressen das Fruchtfleisch der Kakao-Schoten). Entscheidend ist auch, dass die drei Arten die Wirtspflanze durch ihren Befall nicht töten. Die Schädigung der befallenen Kakaobäume geht nur so weit, dass den parasitierenden Insekten ein Überleben ermöglicht wird.

Zwischen der Schildlaus und der Schwarzen Kakaoameise besteht eine Symbiose. Dass es sich dabei um Mutualismus – d. h. eine nicht-obligatorische Symbiose – handelt, geht daraus hervor, dass beide Arten zusammenleben und dass aus diesem Zusammenleben für beide ein Nutzen erwächst. Einerseits liefern die Schildläuse den Ameisen ihre Nahrungsgrundlage, den Honigtau. Andererseits vertreibt *Dolichoderus thoracicus* die Fressfeinde und Nahrungskonkurrenten der Schildläuse. Neben Ameisen und Schildläusen leben vermutlich auch nektarivore Vögel und Kakaobäume in Symbiose (Nahrung für die Vögel/ Bestäubung der Pflanzen).

Die Tatsache, dass die Anwesenheit der Schildläuse kaum Einfluss auf den Gesundheitszustand der Kakaobäume oder den Ernteertrag hat, deutet darauf hin, dass zwischen der Schildlaus und dem Kakaobaum eine Parabiose vorliegt: Nur *Cataenococcus hispidus* zieht einen Vorteil aus der Beziehung und der Kakaobaum wird sichtlich nicht geschädigt.

III.2 *Beachten Sie, dass Sie nur die Untersuchungen in Tab. 1 beurteilen sollen. Um bei Abb. 2 mit konkreten Werten operieren zu können, zeichnen Sie Hilfslinien ein. Wenn Ihnen Besonderheiten bei den Versuchsergebnissen auffallen, sollten Sie unbedingt darauf hinweisen, um ggf. Zusatzpunkte zu erlangen.*

Um die Frage zu klären, welche Art der Bekämpfung der Schädlinge des Kakaobaumes erfolgversprechend ist, wurde auf einer malaysischen Kakaoplanta-

ge untersucht, inwiefern die Anwesenheit Schwarzer Kakaoameisen auf Kakaobäumen die Schädigung der Kakaoschoten durch Kakao-Miniermotten und Ratten beeinflusst. Dabei ermittelte man über einen längeren Zeitraum hinweg den mittleren Prozentsatz der befallenen oder geschädigten Kakaoschoten jeweils an ameisenreichen und ameisenarmen Kakaobäumen. Die Ergebnisse der Untersuchungen zeigen, dass deutlich weniger Schoten mit Schädlingen befallen oder geschädigt waren, wenn sich viele Ameisen auf dem Kakaobaum befanden. So war der Anteil an mit Motten befallenen Schoten durchweg um mindestens die Hälfte reduziert (z. B. am 155. Untersuchungstag 19 % gegenüber 38 %). Der Anteil der durch Ratten geschädigten Schoten war im Vergleich ebenfalls um mindestens die Hälfte, oft sogar auf weniger als 20 % reduziert (am 105. Untersuchungstag beispielsweise 4 % gegenüber 28 %). Die Anwesenheit von Ameisen scheint den Kakaobaum also vor Schädlingen zu schützen – und zwar noch stärker vor Ratten als vor Miniermotten.
In einer weiteren Untersuchung schützten die Forscher die Kakaoschoten, indem sie diese mit einer abbaubaren Folie umwickelten. Außerdem wurden weitere Schoten mit mikroskopisch kleinen Fadenwürmern besprüht, die Larven von *Conopomorpha cramerella* parasitieren. Bei einer dritten Pflanzengruppe führten die Wissenschaftler beide Maßnahmen durch. Am Ende des Versuchs ermittelte man die mittlere Schädigung der Kakaoschoten und das Trockengewicht der absatzfähigen Kakaobohnen pro Schote. Dabei zeigte sich, dass die unbehandelten Kontrollpflanzen – wie zu vermuten war – den geringsten Ertrag erbrachten. Ihre Kakaoschoten waren zu 62,3 % geschädigt und die absatzfähigen Bohnen pro Schote hatten ein durchschnittliches Trockengewicht von lediglich 22,4 g. Waren die Schoten mit der abbaubaren Folie umwickelt, betrug die mittlere Schädigung der Kakaoschoten nur noch 8,5 % und das Durchschnittsgewicht der absatzfähigen Kakaobohnen 45 g. Es war damit doppelt so hoch wie bei den unbehandelten Kakaopflanzen. Das gleiche Gewicht erzielten auch die Schoten, die nur mit Fadenwürmern behandelt worden waren. Allerdings war hier die Schädigung der Kakaoschoten deutlich geringer, sie lag bei nur 4,9 %. Den größten Schutz erzielte die Kombination beider Maßnahmen. Hier waren die Schoten im Mittel gar nicht geschädigt, und das durchschnittliche Gesamt-Trockengewicht der absatzfähigen Bohnen lag bei 74,8 g.
Bei einer Beurteilung der in Tab. 1 aufgeführten Maßnahmen zur Schädlingsbekämpfung kann festgehalten werden, dass eine Kombination aus Besprühen mit Fadenwürmern und der Umhüllung der Kakaoschoten mit abbaubarer Folie den besten Schutz bietet. Der Ertrag an absatzfähigen Kakaobohnen liegt dann um 66 % über demjenigen, der erzielt wird, wenn jeweils nur eine der beiden Maßnahmen angewendet wird. Außerdem liegt überhaupt keine Schädigung der Schoten vor.
Die beiden Einzelmaßnahmen sind in ihrer Wirkung zwar gleich gut; es zeigt sich allerdings, was die Schädigung der Schoten angeht, dass ein Umwickeln, d. h. ein temporärer Abschluss von der äußeren Umwelt, weniger erfolgreich bei der Abwehr von Schädlingen ist als eine Behandlung mit Nematoden.

III.3 *Geben Sie auch bei der Beschreibung von Abb. 4 konkrete Werte an (Hilfslinien).*

Zur Erforschung der Schadwirkung von Kakao-Wanze und Kakao-Miniermotte wurden in Indonesien 43 Kakaoplantagen in der Zeit von Februar bis August 2007 genauer untersucht. Dazu ermittelte man zunächst die Gesamtzahl der geernteten Kakaoschoten. Ihre Anzahl stieg von ca. 450 im Februar – mit leichten Einbrüchen im März (650 auf 600) und Mai (1 050 auf 1 000) – bis Juni kontinuierlich auf etwa 1 100 an. Von Juni bis Juli gingen die Ernteerträge stark zurück (auf 300 Kakaoschoten) und nahmen bis August weiter ab (auf 250 Schoten).

Unter den geernteten Kakaoschoten war von März bis Juni kaum ein Viertel ohne Insektenbefall, im Juli und August waren fast alle Schoten parasitiert. Die Anzahl der Schoten, die ausschließlich von der Kakao-Miniermotte befallen waren, lag bis Juni relativ konstant bei ca. einem Drittel der Gesamternte, im Juli und August bei etwa der Hälfte. Sie lag damit höher als die Anzahl der Schoten, die lediglich Kakao-Wanzen als Parasiten aufwiesen, im Juni sogar mehr als doppelt so hoch. Die Anzahl der Kakaoschoten, die beide Parasiten aufwiesen, war bis Juni stets geringer als die Zahl der Schoten, die nur von einer Spezies befallen waren. Lediglich von Juni bis August waren mehr Kakaoschoten von beiden Parasiten besetzt als von *Helopeltis sulawesi* allein.

In einer weiteren Untersuchung wurde das Trockengewicht der absatzfähigen Kakaobohnen ermittelt. Dabei lag das durchschnittliche Gesamt-Trockengewicht aller absatzfähigen Kakaobohnen pro Schote bei 32,5 g, wenn die Pflanze von keinem der beiden Insekten befallen war. Parasitierte auf der Pflanze nur die Kakao-Wanze, unterschied sich das Gewicht der Kakaobohnen pro Schote mit 32,3 g kaum von demjenigen einer Pflanze ohne Befall. Deutlich geringer fiel der Ertrag bei einem Befall mit *Conopomorpha cramerella* aus. Hier lag das Gesamt-Trockengewicht aller Bohnen pro Schote bei nur 21,5 g.

Um die Eiablage-Gewohnheiten von *Conopomorpha cramerella* zu untersuchen, wurden Experimente im Labor durchgeführt. Dazu bot man Pärchen der Kakao-Miniermotte in einer Experimentierbox zwei unterschiedliche Kakaoschoten an. Eine der Schoten war durch den Befall mit Kakao-Wanzen vernarbt (aber nicht von *Helopeltis sulawesi*-Exemplaren oder deren Eiern besetzt). Die andere Schote zeigte weder Befall noch Vernarbungen. Nachdem der Versuch 38 Mal durchgeführt worden war, zeigte sich, dass alle Kakaoschoten, die keinen Befall durch Kakao-Wanzen aufwiesen, von den Motten für ihre Eiablage angenommen wurden. Dabei lag die durchschnittliche Anzahl der Eier pro Schote bei 14. Nur vier Eier pro Schote legte das Motten-Weibchen, wenn die Schote Anzeichen eines Befalls mit Kakao-Wanzen aufwies. Dabei wurden von den angebotenen 38 Schoten überhaupt nur 25 für eine Eiablage angenommen.

Die Untersuchungsergebnisse zur Schadwirkung von Kakao-Wanze und Kakao-Miniermotte können mithilfe der Informationen aus Material A näher erläutert werden. Der Hauptschädling des Kakaobaumes ist die Kakao-Miniermotte. Dies verdeutlicht der Kurvenverlauf in Abb. 4. So waren im Juni ca. 500

von ca. 1 100 Schoten befallen und damit deutlich mehr, als durch die Kakao-Wanze (ca. 170). Die Larven der Motte durchbohren die äußere Schale der Kakaoschoten, graben Tunnel und fressen im Inneren das Fruchtfleisch. Da sich in den befallenen Kakaoschoten weniger Bohnen von schlechterer Qualität entwickeln, ist die Schädigung des Baumes gravierender als bei Befall durch die Kakao-Wanze. *Helopeltis sulawesi* verringert das Gesamt-Trockengewicht aller Bohnen pro Schote nur geringfügig, während die Motte das Gewicht durchschnittlich um fast 34 % reduziert. Dies bedeutet, dass der Ertrag bei von diesem Insekt befallenen Schoten um ca. ein Drittel gesenkt wird. Die geringe Schädigung der Kakaopflanze durch die Kakao-Wanze ist damit zu erklären, dass diese Tiere nur an den Kakaoschoten saugen. Dadurch vernarbt und verhärtet zwar die Oberfläche der Schote, die Bohnen in der Schote bleiben aber unversehrt. Dass Kakao-Miniermotten ihre Eier nur ungern auf Schoten ablegen, die zuvor schon von Kakao-Wanzen parasitiert wurden, hängt vermutlich damit zusammen, dass die Wanzen die Oberflächenbeschaffenheit der Kakaoschoten verändern. Dadurch wird es den Larven von *Conopomorpha cramerella* wahrscheinlich erschwert, die Schale zu durchdringen und ins Innere der Schote zu gelangen.

III.4 *Wenn Sie Ihre Kenntnisse in Bezug auf die Ausbildung von Resistenzen aus der Genetik reaktivieren, kann dies Zusatzpunkte einbringen. Im Übrigen sollten Sie schrittweise vorgehen und in beiden Aufgabenteilen alle wesentlichen Punkte der Untersuchungsergebnisse aus Material B und C sowie die Aussagen in Material A berücksichtigen.*

Bei der Beurteilung des Insektizid-Einsatzes zur Reduktion des Schädlingsbefalls sind mehrere Aspekte zu berücksichtigen. Aus Material B geht hervor, dass die chemischen Schädlingsbekämpfungsmittel in einem frühen Entwicklungsstadium der Früchte eingesetzt werden, sobald Kakao-Wanzen auf den Früchten gefunden werden. Dies bedeutet, dass die Insektizide vor allem *Helopeltis sulawesi* schaden. Ob sie auch den Hauptschädling des Kakaobaums, die Kakao-Miniermotte, signifikant treffen können, ist fraglich. Erstens erfolgt der Chemie-Einsatz drei Monate bevor die Motten ihre Eier auf den Schoten ablegen. Zweitens dringen die Larven sofort nach dem Schlupf ins Innere der Kakaoschoten ein, um sich dort vom Fruchtfleisch zu ernähren, und entgehen dadurch vermutlich der Wirkung der Insektizide. Es ist daher wahrscheinlich, dass die Miniermotten durch die chemische Schädlingsbekämpfung nur unbedeutend dezimiert werden.
Prinzipiell töten Insektizide alle Insekten ab, die sich auf den Schoten aufhalten, und damit – neben den Kakao-Wanzen – auch Kakaoameisen und Schildläuse. Wanzen und Läuse stellen aber Nahrungskonkurrenten der Motten dar, die dann fehlen. So erhöht der Einsatz von Insektiziden sogar die Schädigung des Kakaobaumes. *Conopomorpha cramerella* legt deutlich mehr Eier auf den Kakaoschoten ab, wenn kein Befall mit Kakao-Wanzen vorliegt (Tab. 3), und auf ameisenarmen Bäumen ist die Anzahl der befallenen bzw. geschädigten

Schoten deutlich höher als auf ameisenreichen Bäumen (Abb. 2). Aufgrund dieser Befunde ist der Einsatz von Insektiziden sogar als kontraproduktiv einzustufen. Die Schädlingsbekämpfung mit chemischen Mitteln ist auch deshalb ein „zweischneidiges Schwert", da man bei einer längerfristigen Anwendung in der Schädlingspopulation mit der Ausbildung von Resistenzen rechnen muss.
Aus den Materialien lässt sich jedoch eine ökologisch und wirtschaftlich sinnvolle Strategie ableiten, um die Erträge des Kakaobaumes zu steigern. Da die Kakao-Wanze dafür sorgt, dass der Befall der Kakaopflanze durch ihren Hauptschädling, die Kakao-Miniermotte, entscheidend verringert wird (Tab. 3), sollte die Besiedlung mit *Helopeltis sulawesi* nicht verhindert, sondern gefördert werden. Des Weiteren wäre es sinnvoll, die Individuendichte der Kakaoameisen auf den Pflanzen zu erhöhen. Die Ergebnisse in Abb. 2 belegen, dass ihre Anwesenheit sowohl die Anzahl der Miniermotten als auch die Anzahl der Ratten, eines weiteren Ernteschädlings in der Kakaoplantage, deutlich verringert. Da *Dolichoderus thoracicus* im Mutualismus mit Schildläusen lebt, sollten auch letztere nicht bekämpft werden. Schildläuse schädigen Kakaoschoten und deren Bohnen kaum, ihre Anwesenheit erhöht aber die Wahrscheinlichkeit einer Besiedlung der Bäume durch die Kakaoameise. Als flankierende Maßnahme empfiehlt sich außerdem der Einsatz von endoparasitischen Fadenwürmern, die Mottenlarven attackieren (Tab. 1). Ihr Einsatz müsste allerdings erfolgen, bevor die Larven geschlüpft sind und sich ins Innere der Schoten gebohrt haben. Auch der Einsatz von abbaubaren Folien (alleine oder als zusätzliche Maßnahme) ist erfolgversprechend, wie Tab. 1 verdeutlicht. Er ist ökologisch sinnvoll und ertragssteigernd. Gegen dieses Verfahren sprechen jedoch ökonomische Aspekte. Das Verpacken jeder einzelnen Schote auf einer ganzen Plantage bedeutet vermutlich einen enormen zusätzlichen Arbeitsaufwand. Der Einsatz abbaubarer Plastikfolien ist damit wenig sinnvoll und auch nicht nötig, da genügend biologische Alternativen zur Verfügung stehen.

Leistungskurs Biologie (NRW) – Abitur-Prüfung 2015
Aufgabe 1: Evolution

Aufgabenstellung: Punkte

Thema: Evolution der Großkatzen

		Punkte
I.1	Skizzieren Sie auf der Grundlage von Material A einen Stammbaum und begründen Sie Ihr Vorgehen.	10
I.2	Nennen und erläutern Sie kurz das Vorgehen beim Erstellen des in Material B gezeigten Stammbaums.	10
I.3	Vergleichen Sie den Stammbaum in Material B mit den Angaben in Material A. Erläutern und vergleichen Sie die Aussagekraft eines auf der Basis von Material A erstellten Stammbaums und des in Abbildung 1 gezeigten Stammbaums.	22
I.4	Erläutern Sie anhand der Materialien B und C, inwiefern der Fossilfund im Himalaya die bisherige Auffassung von der Evolution der Großkatzen verändert hat.	6
I.5	Beschreiben Sie anhand der Materialien B bis D die mögliche globale Ausbreitung der Großkatzen unter Einbeziehung von Artbildungsprozessen und beurteilen Sie, ob das heutige Vorkommen von Tiger, Löwe, Leopard und Jaguar die verwandtschaftlichen Beziehungen widerspiegelt (Materialien A bis D).	18

Material A: Morphologisch-anatomische und ethologische Untersuchungen zur Evolution der Großkatzen

Die Katzen *(Felidae)* sind eine Familie aus der Ordnung der Raubtiere *(Carnivora)*. Traditionell werden sie in Großkatzen *(Pantherinae)* und Kleinkatzen *(Felinae)* gegliedert. Die Großkatzen werden unterteilt in die Gattung der eigentlichen Großkatzen *(Panthera)*, zu der Löwe, Tiger, Jaguar, Leopard und Schneeleopard gehören, und die Gattung *Neofelis* mit dem Nebelparder und dem Borneo-Nebelparder.
Zur Klärung des phylogenetischen Zusammenhangs wurden u. a. schon von HEMMER 1966 möglichst komplexe morphologisch-anatomische Merkmale sowie Verhaltensmerkmale rezenter Arten verglichen. Tabelle 1 zeigt einige Ergebnisse dieser Untersuchungen.

Tabelle 1: Vergleich verschiedener Arten der Großkatzen und Kleinkatzen (Puma) nach HEMMER

Nr.	Art / Merkmal	Löwe *Panthera leo*	Tiger *Panthera tigris*	Jaguar *Panthera onca*	Leopard *Panthera pardus*	Schneeleopard *Panthera uncia*	Nebelparder *Neofelis nebulosa*	Puma *Puma concolor*
1	Schwanzhaltung in Ruhe	+	+	+	+	+	+	+
2	Zerreißhandlung (beim Fressen)	+	+	+	+	+	+	–
3	Lautäußerung (Brüllen)	+	+	+	+	–	–	–
4	Fressstellung	+	+	+	+	–	–	–
5	Krallenscheiden	+	+	+	+	?	+	–
6	Hyoidbau*	+	+	+	+	+	–	–
7	Rhinarium**	+	+	+	+	+	–	–
8	Fellzeichnung	+	–	+	+	–	–	–
9	Stirnzeichnung	+	–	+	+	–	–	–
10	Pupillenform	+	–	+	+	–	–	–

Bedeutung der Zeichen:
+ = gleiche Ausprägung des Merkmals wie beim Löwen
– = nicht vorhanden bzw. andere Ausprägung des Merkmals
? = nicht bekannt
* Hyoid (Zungenbein), ein kleiner gebogener Knochen am Mundboden unterhalb der Zunge
** Rhinarium (Nasenspiegel), ein durch Schleimhaut gebildeter Bereich um die Nasenlöcher von Säugetieren
selbst erstellt nach: Hemmer (1966), S. 15, 27–52, 59–95. Für Prüfungszwecke stark bearbeitet.

Material B: Verwandtschaftsverhältnisse der Katzen

Die Erstellung von Abstammungslinien der Katzen (siehe Abbildung 1) beruht auf Sequenzvergleichen von 30 Genen der Kern-DNA und auf Sequenzanalysen der mitochondrialen DNA (mtDNA); sichere Fossildatierungen dienen als Gerüst, um die genanalytisch erschlossenen Gabelungen zeitlich einzuordnen.

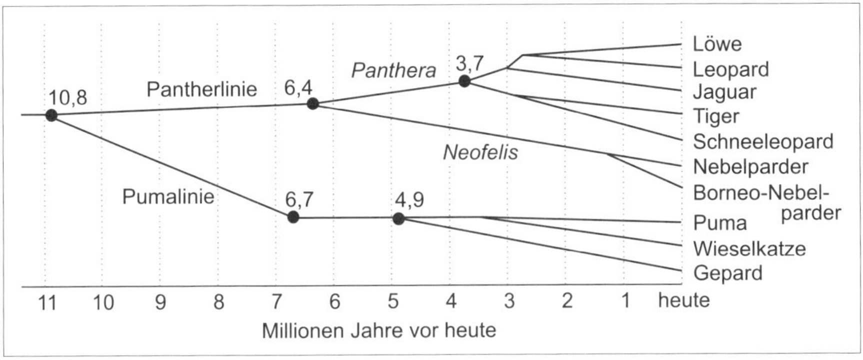

Abb. 1: Stammbaum auf der Basis von DNA-Vergleichen
(Weitere Abstammungslinien wurden zur Vereinfachung weggelassen.)
selbst erstellt nach: O'Brian & Johnson (2008), S. 56

Material C: Forscher entdecken Großkatzen-Fossil im Himalaya

Wie in Abbildung 1 gezeigt, ging man lange Zeit davon aus, dass die Trennung zwischen *Panthera* und *Neofelis* vor etwa 6,4 Millionen Jahren stattgefunden hat und die Abspaltung des Tigers und des Schneeleoparden von den anderen Großkatzen vor ca. 3,7 Millionen Jahren. Über die Entstehungsgeschichte der Großkatzen weiß man relativ wenig. Die bisher ältesten fossilen Überreste waren 3,6 Millionen Jahre alte Zahnfragmente aus Tansania (Afrika), ausgegraben von der britischen Forscherin MARY LEAKEY in den siebziger Jahren. Diese Fossilfunde legen nahe, dass Löwen ähnliche Großkatzen, *Panthera leo fossilis* genannt, im späten Pleistozän (vor 5,0–1,8 Millionen Jahren) in Afrika lebten. Deutlich jüngere Fossilfunde stammen vom Höhlenlöwen *(P. spelaea)* aus Eurasien und Nordamerika (vor 300 000–13 000 Jahren) sowie vom Amerikanischen Löwen *(P. atrox)*, der vor 200 000–12 000 Jahren in Nordamerika und den nördlichen Teilen Südamerikas gelebt hat.
2010 haben Forscher im tibetischen Himalaya ein noch älteres Großkatzenfossil entdeckt. Das Tier namens *Panthera blytheae* wurde aufgrund von geologischen Analysen auf ein Alter von 4,1 bis 5,95 Millionen Jahren geschätzt. *P. blytheae* hatte sehr große Ähnlichkeit mit dem rezenten Schneeleoparden, es wies eine breite Stirn und ein kurzes Gesicht auf, war aber kleiner als der Schneeleopard. Interessant für die Forscher war auch die geografische Lage des Fundortes: Die Lebensräume vieler heutiger Großkatzen überlappen sich im tibetischen Hochland.

Material D: Vorkommen der Großkatzen

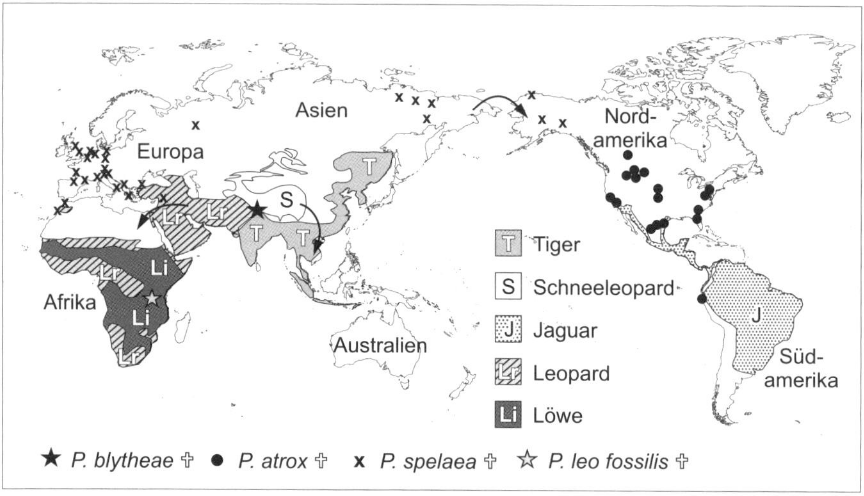

Abb. 2: Biogeografische Entwicklung der Großkatzen
(Die aktuellen Hauptverbreitungsgebiete sind schattiert und fossile Fundstellen durch die Symbole ● ☆ x ★ gekennzeichnet. Die dunklen Pfeile zeigen die wahrscheinliche Ausbreitung der Tiere.)
verändert nach: Tseng et al. (2013)

weitere Materialgrundlage:

Anderson, N. (2013). Panthera blytheae: Oldest big cat fossil found in tibet. Sci-News.com verfügbar unter: http://www.sci-news.com/paleontology/science-panthera-blytheaefossil-tibet-01544.html (22. 02. 2015)

Antón, M. (2013). Bislang ältestes Großkatzenfossil entdeckt. Spiegel online verfügbar unter: http://www.spiegel.de/wissenschaft/natur/asien-bislang-aeltestesgrosskatzen-fossil-entdeckt-a-933193.html (22. 02. 2015)

Hemmer, H. (1966). Untersuchungen zur Stammesgeschichte der Pantherkatzen (Pantherinae). Teil I. Veröff. Zool. Staatssammlung München 11, S. 1–121

O'Brian, S. J. & Johnson, W. E. (2008). Der neue Stammbaum der Katzen. Spektrum der Wissenschaft, Juni 2008, S. 54 ff.

Tseng, J. Z., Wang, X., Slater, G. J., Takeuchi, G. T., Li, Q., Liu, J., Xie, G. (2013). Himalayan fossils of the oldest known pantherine establish ancient origin of big cats. Proceedings of the Royal Society Biological Sciences 281(1774), fig. 4. By permission of the Royal Society. verfügbar unter: http://rspb.royalsocietypublishing.org/content/281/1774/20132686.full (06. 11. 2014)

Scinexx – Das Wissensmagazin: Forscher entdecken das älteste Großkatzen-Fossil. http://www.scinexx.de/wissen-aktuell-16877-2013-11-13.html (06. 05. 2014)

http://de.wikipedia.org/wiki/Katzen (06. 11. 2014)
http://de.wikipedia.org/wiki/Höhlenlöwe (06. 11. 2014)
http://de.wikipedia.org/wiki/Amerikanischer_Löwe (06. 11. 2014)

http://www.welt-der-katzen.de/wildekatze/wildekatze.html (24. 06. 2014)

http://lionalert.org/page/panthera-leo (06. 11. 2014)

Lösungsvorschlag

In der Aufgabe thematisierte Unterrichtsinhalte sind:
Stammbaum, Verwandtschaft, DNA, mtDNA, PCR, Methoden der Altersbestimmung, Fossilien, Sequenzanalyse, „Molekulare Uhr“, Mutation, Mutationsrate, Homologie, Analogie, konvergente Entwicklung, selektionsneutrale DNA-Abschnitte, maternale Vererbung, geografische Isolation, ökologische Isolation, Genfluss

I.1 *Gehen Sie bei der Auswertung der Tab. 1 (Material A) nach dem Prinzip „hat“ bzw. „hat nicht“ vor. Je mehr Übereinstimmungen in homologen Merkmalen vorhanden sind, desto näher sind die einzelnen Katzen miteinander verwandt – und umgekehrt.*

Auf der Grundlage von Material A kann der folgende Stammbaum erstellt werden:

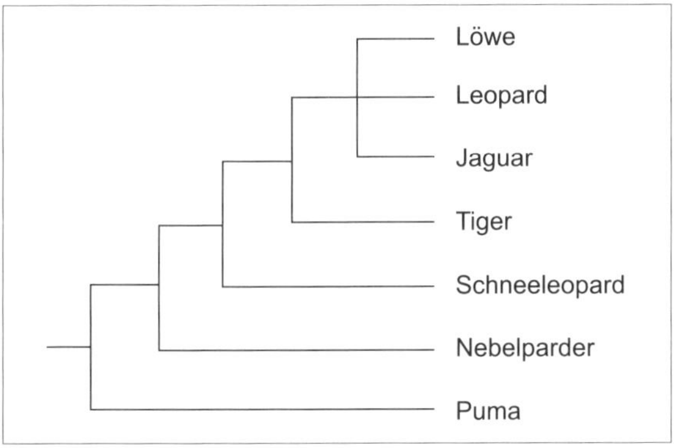

Dieser Stammbaum verschiedener Arten der Groß- und Kleinkatzen beruht auf der grundsätzlichen Überlegung, dass eine Verwandtschaft der Tiere untereinander desto größer ist, je mehr Übereinstimmungen in homologen Merkmalen vorliegen. Hier handelt es sich um morphologische und verhaltensbiologische Eigenschaften. Wertet man Tab. 1 aus, so können bei Jaguar, Leopard und Löwe jeweils zehn übereinstimmende Merkmale gefunden werden. Aufgrund fehlender weiterer Daten kann diese Dreiergruppe nicht weiter differenziert werden. Alle übrigen Katzen weisen zwischen drei (Tiger) und neun (Puma) Unterschiede zu dieser Dreiergruppe auf. Der Tiger ist folglich mit Löwe, Leopard und Jaguar näher verwandt als der Puma. Der Schneeleopard weist fünf bzw. sechs (Besitz einer Krallenscheide fraglich) Merkmale auf, die sich vom Löwen unterscheiden. Deshalb ist er mit dem Tiger näher verwandt als mit den drei erstgenannten Großkatzen. Da der Nebelparder sieben Unterschiede zum Löwen aufweist, ist er näher mit dem Schneeleoparden verwandt als mit dem Tiger.

I.2 *Wenn in der Aufgabenstellung bereits der Umfang der erwarteten Antwort vorgegeben ist, sollten Sie sich jedenfalls daran halten. Hier sind bei umfangreichen Erklärungen keine Zusatzpunkte zu erwarten – vielmehr sollen Sie zeigen, dass Sie Sachverhalte „auf den Punkt bringen" können.*

Dem Stammbaum in Material B liegt die Sequenzanalyse von 30 Kern-DNA-Genen und Abschnitten der mtDNA zugrunde. Die DNA kann dabei in folgendem Dreischritt gewonnen werden:
– Isolieren der DNA
– Vervielfältigen der isolierten DNA-Sequenzen mithilfe der PCR
– Sequenzieren der vervielfältigten DNA-Abschnitte
Anschließend können die einzelnen Basensequenzen miteinander verglichen werden. Dabei gilt: Je größer die Anzahl der Unterschiede in der DNA der untersuchten Katzenarten ist, desto früher haben sich deren Vorfahren in der Entwicklungsgeschichte voneinander getrennt. Sobald die Anzahl der Unterschiede ermittelt ist, können diese Erkenntnisse in einen Stammbaum mit Gabelungen umgesetzt werden. Diese Abzweigungen spiegeln dann die Reihenfolge der Abspaltungen der einzelnen Tierarten innerhalb der Entwicklungslinien wider. Um die sequenzanalytisch erschlossenen Gabelungen chronologisch einordnen zu können, werden außerdem Fossilien herangezogen, deren Datierung bekannt ist. Diese kann über radiometrische Methoden (z. B. ^{14}C-Methode, Uran-Blei-Datierung) erfolgen. Auch können dabei die Erdschichten (geologische Schichtungen) berücksichtigt werden, in denen das Fossil gefunden wurde – sofern deren Alter bekannt ist.

I.3 *Der geforderte Vergleich dürfte Ihnen nicht schwerfallen, wenn Sie Abb. 1 als Grundlage nehmen und Ihre Erarbeitung aus Teilaufgabe 1 heranziehen. Sollten Sie bei Ihrem Vergleich gravierende Unterschiede zwischen Ihren Erkenntnissen und dem Stammbaum aus Abb. 1 bemerken, prüfen Sie unbedingt noch einmal Ihre eigenen Überlegungen. Achten Sie darauf, die Vorzüge eines DNA-basierten Stammbaums klar zu benennen.*

Bei einem Vergleich des Stammbaums in Material B mit den Angaben in Material A sind folgende Übereinstimmungen festzustellen: In Abb. 1 spalten sich aus einer nicht genannten Vorläuferart zwei Hauptlinien ab, die Pantherlinie und die Pumalinie. In Material A wird ebenfalls zwischen den Großkatzen auf der einen und allen übrigen Katzen auf der anderen Seite unterschieden. Nach Abb. 1 entstammt der Puma – zusammen mit Wieselkatze und Gepard – einem eigenen Entwicklungszweig, der Pumalinie. Auch die Daten aus Tab. 1 grenzen den Puma von allen anderen genannten Katzen ab. Der Nebelparder ist in beiden Darstellungen nicht näher mit den anderen Großkatzen verwandt: In Tab. 1 hat er weniger übereinstimmende homologe Merkmale mit den *Pantherinae*, und Abb. 1 trennt ihn und den Borneo-Nebelparder frühzeitig (vor 6,4 Mio. Jahren) von der Pantherlinie ab.

In zwei Punkten ist die Stammbaumgrafik jedoch konkreter als der tabellarische Vergleich. Abb. 1 zeigt, dass Löwe, Leopard und Jaguar – im Gegensatz zu Tab. 1 – keine einheitliche Gruppe bilden, sondern verdeutlicht eine nähere Verwandtschaft von Löwe und Leopard. Abb. 1 und Tab. 1 unterscheiden sich außerdem dadurch, dass nur im DNA-basierten Stammbaum Hinweise auf die zeitliche Abfolge der Abspaltungen gegeben sind.
Überprüft man die Aussagekraft eines auf der Basis von Material A erstellten Stammbaums und des in Abb. 1 gezeigten Stammbaums, so gilt grundsätzlich Folgendes: Ein Stammbaum, der auf Übereinstimmungen in morphologischen und verhaltensbiologischen Merkmalen basiert, kann nicht prinzipiell eine engere Verwandtschaft begründen. So ist es möglich, dass ähnliche morphologische Merkmale eine Folge ähnlicher Lebensumstände bzw. Umweltbedingungen sind. Damit könnte es sich um Analogien handeln, die infolge einer konvergenten Entwicklung unabhängig voneinander entstanden sind. Analogien können jedoch keine Verwandtschaftsbeziehungen begründen. Letztere lassen sich nur durch homologe Merkmale belegen.
Ein auf DNA-Sequenzen basierender Stammbaum ist daher und aus folgenden weiteren Gründen aussagekräftiger als eine Verwandtschaftsreihe nach anatomisch-morphologischen und ethologischen Merkmalen. Spontane, ungerichtete und vererbbare Mutationen können die Abfolge der Nukleotide in der DNA verändern. Geschieht dies in DNA-Bereichen, die keine Informationen codieren und damit selektionsneutral sind, ist ein Vergleich entsprechender Abschnitte für eine Stammbaumanalyse besonders wertvoll. Bei der Stammbaumerstellung legt man das Konzept der „Molekularen Uhr" zugrunde. Dieser Ansatz geht von einer gleichbleibenden Mutationsrate aus. Bei einem Artenvergleich kann damit anhand der Anzahl der Unterschiede in der DNA-Sequenz abgeschätzt werden, zu welchem Zeitpunkt sich die Entwicklungslinien der verglichenen Arten voneinander getrennt haben. Noch informativer als die DNA-Abschnitte des Zellkerns sind in diesem Zusammenhang Sequenzen der mitochondrialen DNA. Die mtDNA hat den entscheidenden Vorteil, dass sie mit den Mitochondrien nur maternal, d. h. von der Mutter auf ihre Kinder, vererbt wird. Rekombinationsprozesse finden daher in diesem Zellorganell nicht statt und so können Nukleotidveränderungen gegebenenfalls nur auf Mutationsereignisse zurückgeführt werden.

I.4 *Beachten Sie, dass Sie nicht alle Informationen aus Material C zur Bearbeitung dieser Teilaufgabe benötigen. Konzentrieren Sie sich auf das Wesentliche.*

Der Fossilfund des *Panthera blytheae* im Himalaya hat die bisherige Auffassung von der Evolution der Großkatzen deutlich verändert. Der Fossilfund in der zweiten Hälfte des 20. Jahrhunderts in Afrika legt die Schlussfolgerung nahe, dass die Ahnen der Großkatzen dort gelebt haben. Das im Himalaya gefundene Großkatzenfossil ist mit 4,1–5,95 Millionen Jahren jedoch deutlich älter als die bisher bekannten Überreste der *Panthera* aus Tansania. Es kann daher vermutet werden, dass das Ursprungsgebiet der Großkatzen in Zentralasien –

und nicht in Afrika – liegt. Da *P. blytheae* dem Schneeleoparden ähnelt, ist auch anzunehmen, dass sich die Entwicklungslinie der Schneeleoparden von derjenigen der übrigen *Panthera* deutlich früher als bisher vermutet abgespalten hat.

I.5 *Bei der Bearbeitung dieser Teilaufgabe ist es wichtig, dass Sie alle erwähnten Materialien im Blick haben und zueinander in Beziehung setzen. Wählen Sie bei der Beschreibung der Ausbreitungsrichtung der Tiere geografische Begriffe (und nicht „nach oben" bzw. „nach unten").*

Unter Einbeziehung denkbarer Artbildungsprozesse kann die mögliche globale Ausbreitung der Großkatzen folgendermaßen beschrieben werden: Die Fossilfunde in Zentralasien legen nahe, dass der Ursprungsort der Großkatzen im tibetischen Hochland zu suchen ist (Material C). Dort haben sich die Vorfahren von Tiger und Schneeleopard von den Vorfahren der übrigen Großkatzen (Löwe, Leopard und Jaguar) getrennt (Material B). Während die Ahnen des Schneeleoparden weiterhin im Himalaya-Gebiet blieben, sind die Vorfahren von *Panthera tigris* in südliche und östliche Richtung ausgewandert (Material D). Eine geografische Isolation könnte demnach die Ursache für die unterschiedliche Weiterentwicklung dieser Tiere hin zu eigenen Arten gewesen sein. Betrachtet man die weitere Ausbreitung der drei Großkatzenarten, so zogen die Vorfahren des Jaguars nach Nordosten und gelangten über das Gebiet des heutigen Sibirien und der heutigen Beringstraße nach Nord- und weiter nach Südamerika. Diese Wanderung kann mit Fossilfunden – *Panthera spelaea* in Nordostasien und nördlichem Nordamerika sowie *Panthera atrox* in Nord-, Mittel- und nördlichem Südamerika – belegt werden. In Südamerika ist noch heute *Panthera onca* beheimatet. Für die Ausbildung dieser drei letztgenannten Arten war vermutlich ebenfalls eine geografische Isolation entscheidend. Nachdem *P. spelaea* und *P. atrox* sowohl in Nordamerika als auch im Nordosten Asiens ausgestorben waren, fand kein Genfluss mehr zwischen *P. onca* und seinen asiatischen Verwandten statt. Die Jaguar-Population in Südamerika war damit genetisch isoliert.
Mit den Ahnen des Löwen und des Leoparden verhielt es sich anders; sie wanderten in Afrika ein. Wie die in Material C erwähnten Fossilien bezeugen, muss dies vor mehr als 3,6 Mio. Jahren geschehen sein. Beide Arten sind – wie Tab. 1 verdeutlicht – sehr nahe miteinander verwandt. Vermutlich hat hier die Separation einer Ursprungspopulation, die zur Artbildung von Löwe und Leopard führte, erst spät eingesetzt, was durch eine ökologische Isolation (unterschiedliche Lebensräume) erklärt werden könnte.
Es stellt sich die Frage, ob das heutige Vorkommen von Tiger, Löwe, Leopard und Jaguar deren verwandtschaftlichen Beziehungen widerspiegelt. Man kann davon ausgehen, dass sich die in Afrika beheimateten *Panthera leo* und *Panthera pardus* verwandtschaftlich am nächsten stehen, wobei der Leopard heute auch in Vorderasien lebt. Da die Vorfahren beider Arten von Asien nach Afrika eingewandert sind, ist es möglich, dass es im Laufe dieser Wanderung und Aus-

breitung zu einer Aufspaltung in die beiden Arten gekommen ist. Sehr eng mit Löwe und Leopard verwandt ist auch der Jaguar. Die Vermutung liegt daher nahe, dass sich die Großkatzen hauptsächlich in Zentralasien entwickelt haben. Von hier aus breiteten sich die Vorfahren der Großkatzen in unterschiedliche Richtungen aus: Die Vorfahren des Jaguars nach Nordosten, die Vorfahren von Löwe und Leopard nach Westen und später – in Afrika – in südlicher Richtung, die Vorfahren des Tigers nach Osten und Süden. Da Löwe, Leopard und Jaguar näher miteinander verwandt sind als mit dem Tiger, lässt sich vermuten, dass sich die Vorfahren von *P. tigris* sehr früh in südostasiatische Regionen aufgemacht haben. Diese frühe Abspaltung der Ahnen des heutigen Tigers hat dessen Entwicklungslinie von derjenigen der übrigen drei Großkatzenarten abgetrennt. Die hier geschilderten Verwandtschaftsverhältnisse zeigen, dass geografisch nahe beieinander lebende Arten einer Verwandtschaftsgruppe, wie hier z. B. Tiger und Leopard, nicht zwingend auch am nächsten miteinander verwandt sein müssen. Die geografische Verbreitung spiegelt die Nähe der Verwandtschaft also nicht unbedingt wider.

Leistungskurs Biologie (NRW) – Abitur-Prüfung 2015
Aufgabe 2: Neurobiologie

Aufgabenstellung: Punkte

Thema: Das Gift des Texas-Sandskorpions

II.1 Fassen Sie die Ergebnisse der Untersuchungen zum Schmerzempfinden der Hausmaus und der Grashüpfermaus zusammen (Material A). Leiten Sie für beide Nagetierarten Schlussfolgerungen zur Wirkung des Skorpiongiftes im Vergleich zu den anderen Substanzen ab und begründen Sie, weshalb die Grashüpfermaus den Skorpion als Beute nutzen kann. 18

II.2 Beschreiben Sie den Ablauf eines Aktionspotenzials und die zugrunde liegenden Vorgänge an der Axonmembran nach künstlicher Reizung eines Axons. Erklären Sie darüber hinaus, wie die $Na_V1.7$- und die $Na_V1.8$-Ionenkanäle bei der Auslösung von Aktionspotenzialen in den Nozizeptoren der Schmerzbahn zusammenwirken (Material B). 18

II.3 Erklären Sie anhand von Material B, Tabelle 1, und Material C, Abbildung 4, differenziert die neurobiologischen Ursachen der Wirkung des Skorpiongiftes auf die Grashüpfermaus. 14

II.4 Vergleichen Sie die in Material D, Abbildung 5a, dargestellten Aminosäuresequenzen des $Na_V1.8$-Ionenkanalproteins von Grashüpfermaus und Hausmaus und erklären Sie zusammenfassend die unterschiedliche Wirkung des Skorpiongiftes bei den beiden Nagetierarten (Materialien A bis D). Entwickeln Sie eine Hypothese, weshalb es nur wenige Beispiele für Räuber gibt, die resistent gegenüber schmerzauslösenden Substanzen sind. 16

Material A: Das Gift des Texas-Sandskorpions und seine Wirkung auf das Schmerzempfinden von Nagetieren

Der Kleine Texas-Sandskorpion *(Centruroides sculpturatus)* ist effektiv vor Angreifern geschützt: Stiche des Skorpions gelten als extrem schmerzhaft und führen in der Regel dazu, dass Angreifer zurückschrecken und von der Beute abgelenkt sind. Dies verschafft dem Skorpion Zeit zu entkommen. Dennoch werden die Sandskorpione von der in demselben Lebensraum vorkommenden Grashüpfermaus *(Onychomys torridus)* häufig gefressen. Wird die Grashüpfermaus bei einer Attacke auf einen Skorpion gestochen, putzt sie sich wenige Sekunden an der Einstichstelle und setzt ihren Angriff dann unbeeindruckt fort.
Die Wirkung des Skorpiongiftes auf das Schmerzempfinden der Grashüpfermäuse wurde in einem Schmerztest mit der Wirkung dieses Giftes auf Hausmäuse *(Mus*

musculus) verglichen. Der Test beruht auf der Injektion von schmerzauslösenden Substanzen in eine hintere Pfote der Tiere. Als Standardtest wird die schmerzauslösende Substanz Formalin verwendet. Die Injektion von Formalin löst im Bereich der Einstichstelle Schmerzen aus, weshalb die Nagetiere beginnen, sich die Pfote zu lecken. Die Dauer des Leckens innerhalb eines Zeitrahmens von 15 Minuten gilt als Maß für die Intensität der Schmerzempfindung. Die Injektion von physiologischer Kochsalzlösung dient als Kontrolle. Je Versuchsansatz wurden acht Hausmäuse bzw. Grashüpfermäuse untersucht.

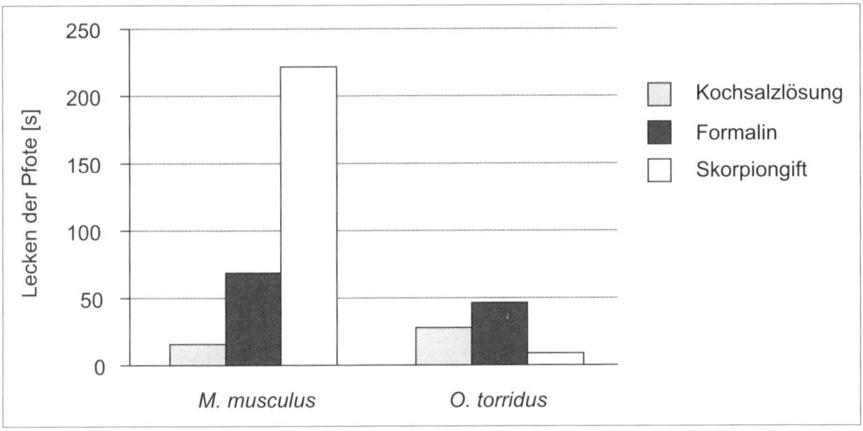

Abb. 1: Reaktion von Hausmaus *(M. musculus)* und Grashüpfermaus *(O. torridus)* nach Injektion von physiologischer Kochsalzlösung (0,9 %), 5 % Formalin, 0,25 µg/µL Skorpiongift

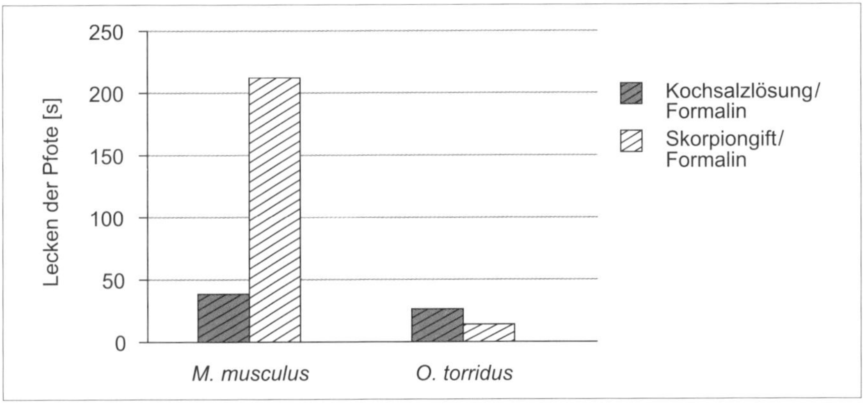

Abb. 2: Reaktion von Hausmaus und Grashüpfermaus nach Injektion von physiologischer Kochsalzlösung bzw. Skorpiongift mit jeweils anschließender Injektion von Formalin
(Das Formalin wurde 60 s nach der ersten Injektion verabreicht, die Dauer der Reaktion wurde ab diesem Zeitpunkt erfasst.)
verändert nach: Rowe et al. (2013)

Material B: Nozizeptoren – Neuronen der Schmerzbahn

Als Nozizeptoren werden sensorische Neuronen (Rezeptor-Neuronen) bezeichnet, die auf schmerzverursachende (= noxische) Reize mit der Auslösung von Aktionspotenzialen reagieren. Die Aktionspotenziale werden über die Axone der Nozizeptoren zum Rückenmark und von dort zum Gehirn geleitet, wo die eigentliche Schmerzwahrnehmung erfolgt (vgl. Abbildung 3).

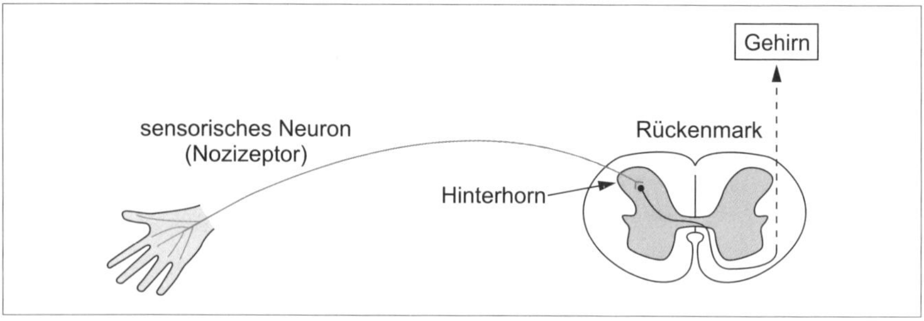

Abb. 3: Schmerzbahn im Nervensystem
Helsinn Healthcare S. A.

Nozizeptoren finden sich in allen Körperregionen, in denen Schmerz ausgelöst wird. In den Enden der Nozizeptoren, die sich im Gewebe (z. B. der Haut) verästeln, werden durch noxische Reize (z. B. chemische Reize oder mechanische Reize durch Stich- oder Schnittverletzungen) Depolarisationen unterhalb des Schwellenwertes ausgelöst. Dies führt je nach Stärke der ausgelösten Depolarisation zur Öffnung weiterer, spannungsabhängiger Na^+-Ionenkanäle. Untersuchungen haben gezeigt, dass in der Membran der Nozizeptoren zwei Varianten spannungsabhängiger Na^+-Ionenkanäle vorkommen, die beide an der Auslösung von Aktionspotenzialen nach noxischer Reizung beteiligt sind. Diese Ionenkanalvarianten werden als $Na_V1.7$ bzw. $Na_V1.8$ bezeichnet und unterscheiden sich in ihrer Reaktion auf Spannungsänderungen an der Membran (vgl. Tabelle 1).

Tabelle 1: Eigenschaften zweier Varianten spannungsabhängiger Na^+-Ionenkanäle in den Nozizeptoren

Bezeichnung des spannungsabhängigen Na^+-Ionenkanals	Eigenschaften
$Na_V1.7$	schnelle Öffnung bei Depolarisationen, die **noch unterhalb des Schwellenwertes** für die Auslösung eines Aktionspotenzials liegen; schnelle Schließung und Inaktivierung
$Na_V1.8$	Öffnung bei Depolarisationen, die **im Bereich des Schwellenwertes** für die Auslösung eines Aktionspotenzials liegen

verändert nach: Cummins et al. (2007)

Material C: Wirkung des Skorpiongiftes auf die Erregungsleitung in den Nozizeptoren der Grashüpfermaus

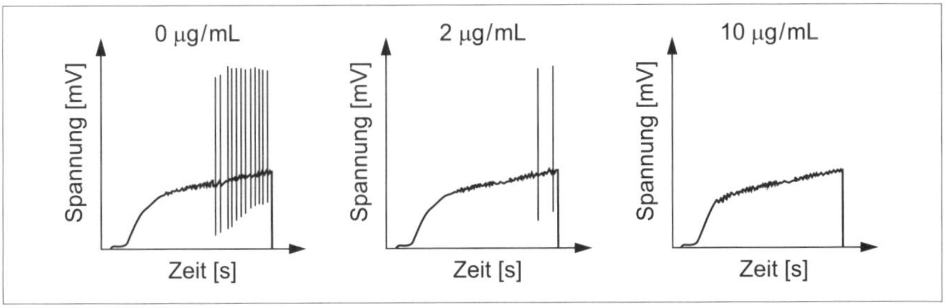

Abb. 4: Spannungsmessung an Nozizeptoren der Grashüpfermaus bei langsamer künstlicher Depolarisation in Abhängigkeit von der Konzentration des Skorpiongiftes [µg/mL]
verändert nach: Rowe et al. (2013)

Material D: Ausschnitt aus der Aminosäuresequenz des Na_V1.8-Ionenkanals der Hausmaus und der Grashüpfermaus und Wirkung des Skorpiongiftes auf die Nozizeptoren

Spannungsabhängige Na^+-Ionenkanäle bestehen aus vier Protein-Untereinheiten. Jede Untereinheit besteht aus sechs sogenannten Transmembran-Segmenten, die die Membran durchziehen (vgl. Abbildung 5a). Zwischen den Transmembran-Segmenten fünf und sechs bildet die Aminosäurekette eine Schleife, die an der Ausbildung der Kanalpore beteiligt ist. Ein extrazellulär liegender Teil dieser Schleife wird als Linker (★) bezeichnet. Untersuchungen haben gezeigt, dass der Linker entscheidend für die Wirkung des Giftes bei der Grashüpfermaus ist.

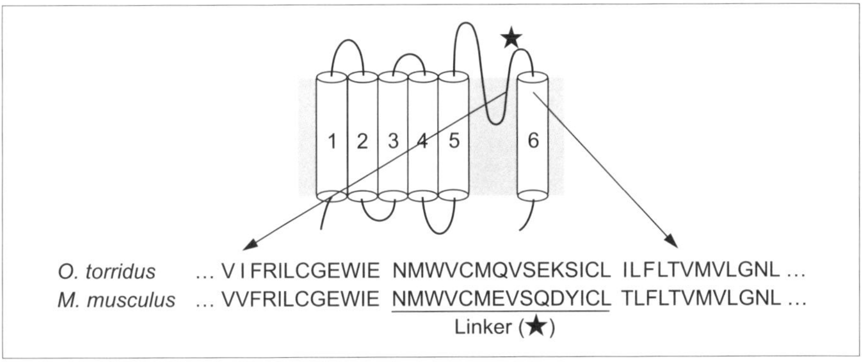

Abb. 5 a: Modellhafte Darstellung einer Untereinheit des Na_V1.8-Ionenkanals und Ausschnitt aus der Aminosäuresequenz des zugehörigen Proteins von Grashüpfermaus *(O. torridus)* und Hausmaus *(M. musculus)*. (Die Buchstaben bezeichnen die einzelnen Aminosäuren.)

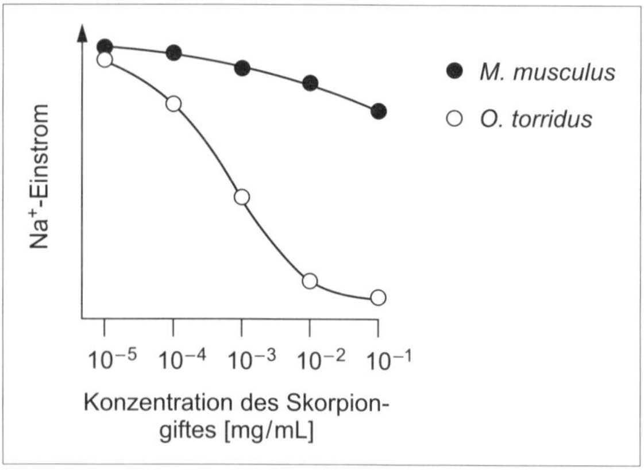

Abb. 5 b: Na^+-Einstrom durch $Na_v1.8$-Ionenkanäle in Abhängigkeit von der Konzentration des Skorpiongiftes

Abb. 5 a und 5 b verändert nach: Rowe et al. (2013)

weitere Materialgrundlage:

Cummins, T. R., Sheets, P. L. & Waxman S. G. (2007). The roles of sodium channels in nociception: Implications for mechanisms of pain. Pain 131, S. 243–257

Rowe, A. H., Xiao, Y., Rowe, M. P., Cummins, T. R. & Zakon, H. H. (2013). Voltage-gated sodium channel in grasshopper mice defends against bark scorpion toxin. Science 342, S. 441–446 Reprinted with permission from AAAS.

Rowe, A. H., Xiao, Y., Scales, J., Linse, K. D., Rowe, M. P. & Cummins, T. R. (2011). Isolation and characterization of CvIV4: A pain inducing α-scorpion toxin. PLoS ONE 6 e23520 verfügbar unter: http://www.plosone.org/article/info%3Adoi%2F10.1371%2Fjournal.pone.0023520 (04. 07. 2014)

Lösungsvorschlag

In der Aufgabe thematisierte Unterrichtsinhalte sind:
Aktionspotenzial, Depolarisation, Repolarisation, Hyperpolarisation, Rezeptor, Na^+-Ionenkanal, Nervengift, Mutation, DNA, Aminosäuresequenz

II.1 *Operieren Sie bei der Zusammenfassung mit konkreten Zahlenwerten und achten Sie auf eine gegliederte und vergleichende Darstellung der Ergebnisse. Überlegen Sie sich auch, welchen Sinn die „Kombinations-Injektionsversuche“ haben.*

Die in Material A dargelegten Versuchsergebnisse zeigen, dass Hausmaus und Grashüpfermaus sehr unterschiedlich auf die Injektion von Formalin, Skorpiongift bzw. physiologischer Kochsalzlösung reagieren. Wie Abb. 1 zeigt, leckten Grashüpfermäuse ihre Pfoten im Beobachtungszeitraum etwa zehn Sekunden länger als Hausmäuse, wenn den Tieren physiologische Kochsalzlösung injiziert wurde (ca. 25 s gegenüber ca. 15 s). Auf Formalin reagierten die Hausmäuse mit länger anhaltendem Pfoten-Lecken (ca. 65 s) als die Grashüpfermäuse (ca. 45 s). Die Injektion des Skorpiongiftes führte zu einem gravierenden Unterschied: Grashüpfermäuse leckten ihre Pfote mit ca. 10 Sekunden kaum, während sich Individuen der Spezies *Mus musculus* innerhalb von 15 Minuten mehr als dreieinhalb Minuten lang (ca. 220 s) die Pfote leckten.
Auch die Ergebnisse des Versuchs mit Doppelinjektionen, dargestellt in Abb. 2, zeichnen ein klares Bild. Während sowohl Hausmäuse und Grashüpfermäuse auf die nacheinander erfolgende Injektion von Kochsalzlösung und Formalin mit relativ geringen Leckzeiten reagierten (Hausmäuse: ca. 40 s, Grashüpfermäuse: ca. 25 s), reagierten Vertreter von *Onychomys torridus* auf eine Injektion von Skorpiongift und Formalin fast gar nicht mit Pfoten-Lecken (ca. 15 s). Hausmäuse leckten sich demgegenüber nach der Injektion ihre Pfote ca. 210 Sekunden lang.
Aus diesen Versuchsergebnissen können Schlussfolgerungen bezüglich der Wirkung des Skorpiongiftes auf das Schmerzempfinden beider Mäusearten gezogen werden. Beide, Hausmaus und Grashüpfermaus, reagieren in ähnlicher Weise sowohl auf Einstiche (Kontrollversuch mit physiologischer Kochsalzlösung) als auch auf Formalin-Injektionen, die Hausmaus jeweils etwas stärker. Beide Tierarten sind also schmerzempfindlich. Auf das Skorpiongift reagiert die Hausmaus deutlich stärker als auf Formalin, auch ist die Stärke ihrer Reaktion auf das Gift des Skorpions um das 22-Fache höher als diejenige der Grashüpfermaus. *O. torridus* reagiert auf das Skorpiongift deutlich schwächer als auf eine Injektion von Formalin oder einer physiologischen Kochsalzlösung.
Abb. 2 lässt darauf schließen, dass das Gift des Skorpions bei der Grashüpfermaus eine spezielle Wirkung hervorruft: Es führt dazu, dass das Tier die Schmerzen durch Einstiche und Formalin nur in reduziertem Maß wahrnimmt. Dies erklärt, warum *O. torridus* den Skorpion als Beute nutzen kann. Die Grashüpfermaus wird durch den Stich des Skorpions nicht – wie andere Fressfeinde

des Spinnentiers – durch Schmerzen abgelenkt. Da das Skorpiongift bei der Grashüpfermaus also schmerzlindernd wirkt, kann sie ihren Fang weiter attackieren und schließlich erbeuten.

II.2 *Der erste Aufgabenteil stellt an Sie rein reproduktive Anforderungen. Fangen Sie am besten mit einem oder zwei einleitenden Sätzen an, in denen Sie das Phänomen des Aktionspotenzials umreißen. Denken Sie daran, dass eine detaillierte Beschreibung des Vorgangs ggf. auch Zusatzpunkte einbringen kann.*

Das Aktionspotenzial stellt eine rasche Änderung des Membranpotenzials einer erregbaren Zelle dar und beruht auf den Eigenschaften der Zellmembran sowie den Ionenkonzentrationen zu beiden Seiten der Membran. Das Aktionspotenzial ist dabei ein immer gleichbleibender, konstanter Ablauf von Depolarisation und Repolarisation. Es entsteht dann, wenn die Membran einer Nervenzelle (oder einer anderen erregbaren Zelle), die sich im Ruhestadium (Ruhepotenzial) befindet, über ein bestimmtes Schwellenpotenzial hinaus depolarisiert wird. Die überschwellige Membrandepolarisation führt dazu, dass sich in der Membran spannungsabhängige Kanäle für Na^+-Ionen öffnen. Aufgrund der Konzentrationsverhältnisse, die innerhalb (geringe Na^+-Ionenkonzentration) und außerhalb (hohe Na^+-Ionenkonzentration) der Membran herrschen, und des Ladungsgefälles strömen Natriumionen aus dem Außenmedium in das Zellinnere. Als Folge dieses Einstroms öffnen sich weitere spannungsabhängige Na^+-Ionenkanäle, die in der Nachbarschaft der Depolarisationsstelle lokalisiert sind. Die Ionenkanäle bleiben nur für einen kurzen Zeitraum geöffnet (1–2 ms), schließen sich wieder und werden dann für eine kurze Zeit inaktiviert, wodurch die Leitfähigkeit für Natriumionen deutlich sinkt. Dennoch reicht die Zeitspanne für eine Ladungsumkehr an der inneren Zellmembran von negativ zu positiv aus, das Membranpotenzial erreicht einen Wert von etwa +30 mV. Während dieses Prozesses öffnen sich langsam spannungsgesteuerte K^+-Ionenkanäle. Durch sie strömen K^+-Ionen, die im Zellinneren höher konzentriert als im Extrazellularraum vorliegen, nach außen. Dies führt zu einer Repolarisation der Membran. Dabei übersteigt der Fluss der Kaliumionen nach außen den Einstrom von Na^+-Ionen, da auch das Schließen der K^+-Ionenkanäle zeitlich verzögert erfolgt. Dies hat zur Folge, dass es zu einer Hyperpolarisation der Membran kommt, einem kurzzeitigen Absinken des Potenzials unter den Wert des Ruhepotenzials. An der Innenseite der Zellmembran liegt nun aber eine andere Ionenverteilung vor als vor Ablauf des Aktionspotenzials. Eine ATPase, die Na^+/K^+-Pumpe, sorgt dafür, dass die ursprüngliche Verteilung der Natrium- und Kaliumionen zu beiden Seiten der Zellmembran wiederhergestellt wird.
Die in Tab. 1 (Material B) beschriebenen spannungsabhängigen Na^+-Ionenkanäle $Na_V1.7$ und $Na_V1.8$ können bei der Auslösung von Aktionspotenzialen in den Nozizeptoren zusammenwirken: Durch einen Schmerz verursachte noxische Reize führen in den sensorischen Neuronen zu einer Membrandepolarisation. Da $Na_V1.7$-Ionenkanäle schon auf unterschwellige Depolarisationen reagieren, werden diese geöffnet. Dadurch erfolgt ein weiterer Einstrom von Na^+-

Ionen in den Nozizeptor, was eine Verstärkung der Membrandepolarisation bewirkt. Sobald der jeweilige Schwellenwert des Nozizeptors erreicht ist, werden auch die $Na_V1.8$-Na^+-Ionenkanäle geöffnet. Dadurch strömen weitere Natriumionen in die Nervenzelle ein und depolarisieren die Membran zusätzlich, sodass ein Aktionspotenzial ausgelöst wird.

II.3 *Für die Bearbeitung brauchen Sie den Überblick über beide Materialienteile (B und C), die Sie zueinander in Beziehung setzen müssen. Auch Abb. 2 aus Material A kann Ihnen bei der Erklärung der Wirkungsweise des Skorpiongiftes weiterhelfen.*

Die neurobiologischen Ursachen der Wirkung des Skorpiongiftes auf die Grashüpfermaus können anhand vom Abb. 4 (Material C) erklärt werden. Die drei Diagramme geben Spannungsmessungen (mV) an Nozizeptoren im Zeitverlauf (s) wieder. Wird Grashüpfermäusen kein Skorpiongift verabreicht, so löst eine langsame künstliche Depolarisation viele Aktionspotenziale aus, sobald ein bestimmter Schwellenwert erreicht ist. Wird den Mäusen Skorpiongift injiziert, nimmt die Zahl der Aktionspotenziale mit zunehmender Konzentration immer weiter ab, obwohl jeweils der gleiche Schwellenwert erreicht wird. Bei 2 µg/mL wurden im Experiment nur zwei Aktionspotenziale ausgelöst, bei einer Giftdosis von 10 µg/mL gar keine Spikes mehr registriert (Abb. 4, Mitte und rechts).

Tab. 1 in Material B gibt für die $Na_V1.8$-Ionenkanäle an, dass sich diese bei Depolarisationen, die im Bereich des Schwellenwertes für die Auslösung eines Aktionspotenzials liegen, öffnen. Dies ist offensichtlich unter Einwirkung des Skorpiongiftes nicht mehr der Fall. Daraus lässt sich schließen, dass der Giftstoff $Na_V1.8$-Ionenkanäle blockiert, sodass keine vollständigen Depolarisationen (Aktionspotenziale) mehr ablaufen können. Damit werden keine Erregungsimpulse an das Gehirn weitergeleitet und es entsteht dort keine Schmerzempfindung.

Theoretisch könnte das Skorpiongift auch die $Na_V1.7$-Ionenkanäle blockieren. Da bei der experimentellen Vorgehensweise aber eine langsame künstliche Depolarisation erfolgt, lässt sich aus den vorliegenden Materialien nicht erschließen, ob dies auch tatsächlich der Fall ist.

Aus der Annahme, dass $Na_V1.8$-Ionenkanäle blockiert sind, lässt sich jedoch schließen, dass auch andere Reize, die im Gehirn eine Schmerzempfindung auslösen, nicht weitergeleitet werden können. Damit kommt dem Skorpiongift bei der Grashüpfermaus eine schmerzlindernde oder sogar schmerzhemmende Wirkung zu. Dies zeigen auch die Versuchsergebnisse für *Onychomys torridus* in Abb. 2.

II.4 *Für die Bearbeitung dieser Teilaufgabe sollten Sie alle Materialien und vor allem Abb. 5 im Blick haben. Denken Sie daran, dass Ihre Hypothesenbildung auf den Erkenntnissen der Materialien basiert und nicht zu spekulativ ausfällt.*

Ein Vergleich der ausschnittweise dargestellten Aminosäuresequenzen des $Na_V1.8$-Ionenkanalproteins von Grashüpfermaus und Hausmaus ergibt folgendes Bild: In den flankierenden Bereichen des Linkers sind jeweils nur zwei Aminosäuren unterschiedlich, (von links nach rechts gelesen) die 11. dem Linker vorausgehende Aminosäure und die 1. dem Linker nachfolgende Aminosäure. Im Bereich des Linkers selbst unterscheiden sich Grashüpfermaus und Hausmaus an vier Positionen, in der 7., 10., 11. und 12 Aminosäure.
Die unterschiedliche Wirkung des Skorpiongiftes bei den beiden Nagetierarten kann daher anhand der Materialien A bis D erklärt werden. Die gegenüber den flankierenden Regionen deutlich abweichende Aminosäurefolge des Linkers bei Haus- und Grashüpfermaus muss der Grund dafür sein, dass der Giftstoff auf die Na_V-Ionenkanäle beider Tierarten unterschiedlich wirkt. Abb. 5a verdeutlicht, dass mit zunehmender Konzentration des Skorpiongiftes der Natriumioneneinstrom durch die $Na_V1.8$-Kanäle bei der Grashüpfermaus drastisch abnimmt, während er bei *Mus musculus* nur geringfügig absinkt.
Auf molekularer Ebene ist dies folgendermaßen zu erklären: Der Linker ist ein extrazellulär liegender Teil der Aminosäurekette, die an der Ausbildung der Kanalpore beteiligt ist, und somit für das Gift zugänglich. Das Skorpiongift kann daher an die Linkerregion des Kanalproteins der Grashüpfermaus andocken und so die $Na_V1.8$-Kanäle verschließen. Demgegenüber kann das Gift bei der Hausmaus nicht oder nicht vollständig an den Linker binden. Dadurch wird hier der Ioneneinstrom nicht bzw. nur geringfügig unterbunden. Abb. 5a verdeutlicht für *Mus musculus*, dass das Gift des Skorpions den Na^+-Ioneneinstrom kaum verringert und demnach keine aktivierende Wirkung auf die $Na_V1.8$-Ionenkanäle ausübt. Eventuell beruht daher die Wirkungsweise des Skorpiongiftes darauf, dass es sich an die $Na_V1.7$-Ionenkanäle anlagert und diese (dauerhaft) aktiviert, sodass infolgedessen das Schmerzsignal an das Gehirn weitergeleitet wird.
Eine mögliche Hypothese, weshalb es nur wenige Beispiele für Räuber gibt, die resistent gegenüber schmerzauslösenden Substanzen sind, lässt sich anhand dieses Beispiels entwickeln. Positive, d. h. für das jeweilige Lebewesen nicht schädliche, Mutationen sind ein seltenes Ereignis. Eine Mutation in der DNA-Basensequenz, die für den Aufbau der Nozizeptoren verantwortlich ist, darf einerseits nicht dazu führen, dass der Ionenkanal seine Aufgaben (Leitfähigkeit für Na^+-Ionen) nicht mehr erfüllen kann. Andererseits muss eine entsprechende Mutation, die das Schmerzempfinden senkt, sicherstellen, dass die Weiterleitung von Schmerzreizen weiterhin gewährleistet ist. Die Überlebenschance eines Individuums ohne jegliche Schmerzempfindung wäre deutlich herabgesetzt.

Leistungskurs Biologie (NRW) – Abitur-Prüfung 2015
Aufgabe 3: Ökologie

Aufgabenstellung: Punkte

Thema: Interspezifische Beziehungen am Yellowstone-See

III.1 Nennen Sie eine Definition für die ökologische Nische und fassen Sie die Umweltfaktoren der ökologischen Nische von Cutthroat-Forellen in einer sinnvoll gegliederten Tabelle zusammen (Material A). 10

III.2 Stellen Sie die beiden grundlegenden Mechanismen zur Regulation der Populationsdichte durch Umweltfaktoren an je einem Beispiel dar (Material A). Deuten Sie vor diesem Hintergrund differenziert die Populationsentwicklung der Cutthroat-Forellen (Material B) und beurteilen Sie die interspezifische Beziehung zwischen Cutthroat-Forellen und Seesaiblingen. 18

III.3 Skizzieren Sie die Stellung der Grizzly-Bären in einem Nahrungsnetz und geben Sie zu jeder Art die Trophieebene an (Materialien A bis D). Werten Sie Abbildung 3 aus und erörtern Sie die Bedeutung der Anzahl laichender Cutthroat-Forellen für die Populationsdichte der Grizzly-Bären (Materialien A und D). 20

III.4 Leiten Sie auf der Grundlage aller Materialien die Ursache für den Rückgang der Wapiti-Population am Yellowstone-See ab. Beurteilen Sie die ökologische Bedeutung von Cutthroat-Forellen, Seesaiblingen und Grizzly-Bären für die Ökosysteme im Yellowstone-Nationalpark (Materialien A bis D). 18

Material A: Cutthroat-Forellen im Yellowstone-See

Der Yellowstone-Nationalpark in den Rocky Mountains im Norden der USA ist der älteste Nationalpark weltweit. In ihm liegt der Yellowstone-See mit seinen Zuflüssen. Im See leben Yellowstone-Cutthroat-Forellen *(Oncorhynchus clarki bouvieri),* die kalte Gewässer mit Wassertemperaturen zwischen 4,5 und 15,5 °C und einem pH-Bereich von pH 5,6–10 bevorzugen. Sie ernähren sich von Wasserinsekten, Krebsen, kleineren Fischen und Zooplankton. Je nach Habitat erreichen die Fische eine Größe von etwa 15 bis 60 Zentimetern. Die Cutthroat-Forellen sind Nahrung für zahlreiche Prädatoren, darunter eingeführte Seesaiblinge sowie gefährdete Arten wie Weißkopfseeadler, die sich fast ausschließlich von Fisch ernähren. Grizzly-Bären erbeuten die Cutthroat-Forellen, wenn die Fische zum Laichen in die zahlreichen Zuflüsse des Yellowstone-Sees, beispielsweise den Clear Creek, wandern. Während der Wanderungen durch die flacheren Flussabschnitte stellen sie für die Bären eine leichte Beute dar. Bis etwa 1998 ernährten sich Grizzly-Bären zur Laichzeit noch etwa zu 36 % von Cutthroat-Forellen. Nach der Laichzeit schwimmen die Cutthroat-Forellen zurück in den See. Viele Nachkommen der Cutthroat-Forellen bleiben etwa ein bis zwei Jahre in den Zuflüssen und wandern dann in den Yellowstone-See. Juvenile Cutthroat-Forellen unter drei Jahren leben dort im Freiwasserbereich, ausgewachsene Tiere im Uferbereich.

Material B: Populationsentwicklung der Cutthroat-Forellen

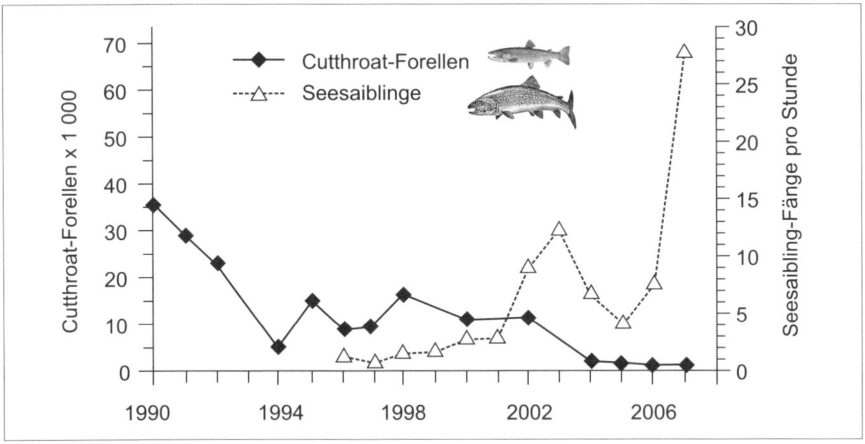

Abb. 1: Gesamtanzahl laichender Cutthroat-Forellen im Clear Creek und Seesaibling-Fänge von Anglern im Yellowstone-See pro Stunde
verändert nach und kombiniert aus: Gresswell et al. (1994), fig. 3, und Middleton et al. (2013), fig. 3 a, und http://www.nps.gov/yell/planyourvisit/upload/fishar9-18.pdf

Die Populationsentwicklung der Cutthroat-Forellen im Yellowstone-See und seinen Zuflüssen wird seit Jahrzehnten überwacht (Abbildung 1).
Im Jahr 1994 wurde der Seesaibling *(Salvelinus namaycush)* im Yellowstone-See entdeckt. Er wurde wahrscheinlich illegal durch Angler eingeführt. Der bis zu 1,50 m lange Fisch lebt im tiefen Wasser des Sees und laicht dort. Er wandert nicht in die Zuflüsse. Sein Nahrungsspektrum ähnelt dem der Cutthroat-Forelle. Seesaiblinge sind langsam heranwachsende Fische, die spät die Geschlechtsreife erreichen. Wenn in ihrem Habitat kleinere Beutefische vorkommen, ernähren sie sich fast ausschließlich von Fisch. In fischfressenden Seesaibling-Populationen wachsen die Tiere schneller und werden größer.
Seit den späten 1980er-Jahren werden Cutthroat-Forellen von dem Nesseltier *Myxobolus cerebralis* parasitiert, das die Drehkrankheit auslöst. Der Parasit verursacht eine Deformierung des Skeletts. Die deformierte Wirbelsäule bewirkt eine spiralförmige Fortbewegung. Die Fische werden so leichter erbeutet und können selbst nur sehr erschwert jagen.
Eine weitere Gefährdung für die Cutthroat-Forellen stellen Dürreperioden seit den späten 1990er Jahren dar, in denen die Laichgründe der Tiere austrocknen.

Material C: Populationsentwicklung der Wapitis

Wapitis *(Cervus canadensis)* sind eine nordamerikanische Hirschart. Im Frühling verlassen die Wapitis ihr Winterquartier, das in den höher gelegenen Gebieten liegt, und wandern zum Yellowstone-See. Die Kälber werden in der Regel Anfang Juni geboren.
In den letzten Jahren beobachtete man eine stetige Abnahme des Tierbestandes, was auch an der Anzahl von Wapiti-Kälbern pro 100 Wapiti-Kühen deutlich wird (Abbildung 2).

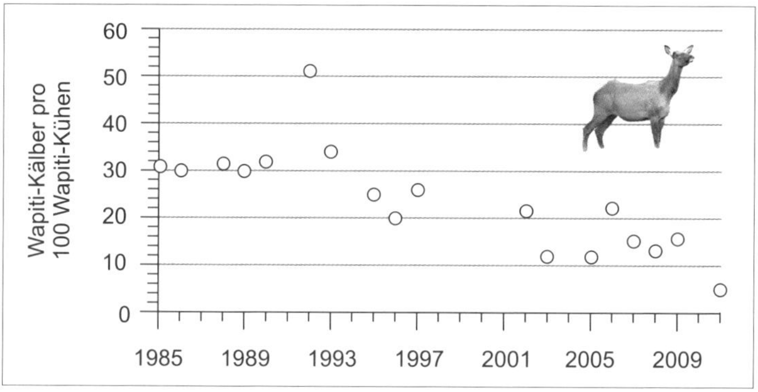

Abb. 2: Wapiti-Kälber pro 100 Wapiti-Kühen einer Wapiti-Population, die jeden Frühling in den Yellowstone-Nationalpark einwandert
(Die Daten wurden im Winter aufgenommen.)
verändert nach: Middleton et al. (2013), fig. 3 e

Tabelle 1: Ernährungsverhalten von Grizzly-Bären vor und nach 1998

Periode	Anteil von Wapitis (Kadaver, Kälber, Adulte) an der Ernährung von Grizzly-Bären von Mai bis Juli	erbeutete Wapiti-Kälber pro Jahr und Grizzly-Bär
vor 1998	10 %	3,5
nach 1998	50 %	7,0

verändert nach: Middleton et al. (2013), fig. 3 b/d

Material D: Ernährung von Grizzly-Bären

Grizzly-Bären halten Winterruhe. Die Population der Grizzly-Bären nahm seit etwa Mitte der 1980er Jahre von 200 bis 350 Tieren auf etwa 600 (2012) zu. Die Nahrungsquellen in Tabelle 2 wurden über mehrere Jahre bis etwa 1992 erfasst. Nur die Daten zu Wapiti-Kälbern und Kadavern stammen auch aus späteren Untersuchungen, die 1997 veröffentlicht wurden.

Tabelle 2: Auswahl zentraler Nahrungsquellen von Grizzly-Bären im Yellowstone-Nationalpark in Abhängigkeit von der Jahreszeit

Nahrung	Monat								
	Mär	Apr	Mai	Jun	Jul	Aug	Sep	Okt	Nov
Wapiti-Kadaver	■	■	■	■	■	■	■	■	◧
Gräser & Klee		■	■	■	■	■			
Regenwürmer		◨	◧						
Kiefernsamen			■	■		◨	■	■	◧
Wapiti-Kälber			◨	■	◧				
Cutthroat-Forellen				■	■	◧			
Beeren						■			
Pilze						■	■		

Mitte November bis Februar: Winterruhe der Bären
National Park Service/U.S. Department of the Interior

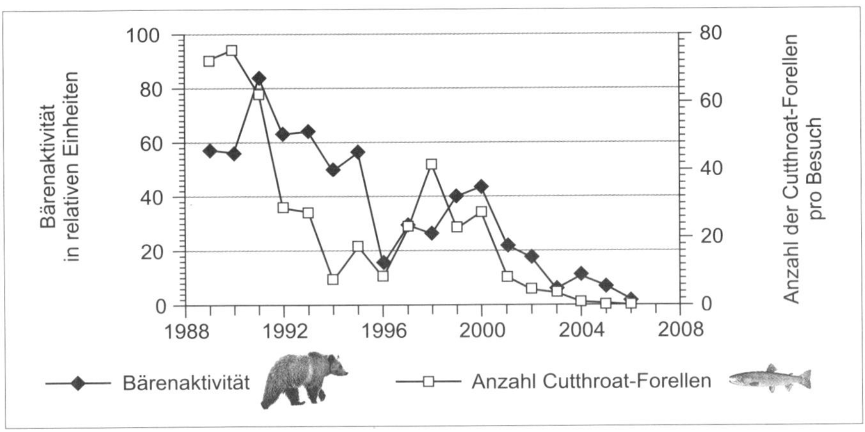

Abb. 3: Mittlere Anzahl laichender Cutthroat-Forellen an verschiedenen Zuflüssen des Yellowstone-Sees und Bärenaktivität an den Zuflüssen
verändert nach und kombiniert aus: Koel et al. (2005), fig. 4, und Middleton et al. (2013), fig. 3a, und http://www.nps.gov/yell/planyourvisit/upload/fishar9-18.pdf

Für die Untersuchung, deren Ergebnisse in Abbildung 3 dargestellt sind, wurden in der Laichzeit wöchentlich 9–11 Zuflüsse des Yellowstone-Sees besucht, und die Anzahl laichender Cutthroat-Forellen wurde ermittelt. Außerdem wurden bei den Besuchen alle Hinweise auf das Vorkommen von Schwarz- und Grizzly-Bären, wie zum Beispiel das Vorhandensein von Kot, Reste gefressener Forellen, frische Spuren oder Bärensichtungen, protokolliert. Diese Hinweise wurden als Bärenaktivität zusammengefasst und gemittelt.

weitere Materialgrundlage:

Gresswell, R. E., Liss, W. J. & Larson, G. L. (1994). Life-history organization of Yellowstone cutthroat trout Oncorhynchus clarki bouvieri in Yellowstone Lake. Canadian Journal of Fisheries and Aquatic science 51, S. 298–309

Koel, T. M., Bigelow, P. E., Doepke, P. D., Ertel, B. D. & Mahony, D. L. (2005). Nonnative lake trout result in Yellowstone cutthroat trout decline and impacts to bears and anglers. Fisheries 30, S. 10–19

Middleton, A. et al. (2013). Grizzly bear predation links the loss of native trout to the demography of migratory elk in Yellowstone. Proceedings of the Royal Society Biology 280, S. 870–878

Lexikon der Biologie, Spektrum Akademischer Verlag: Heidelberg
verfügbar unter: http://www.spektrum.de/lexikon/biologie/ (14. 01. 2015)

http://en.wikipedia.org/wiki/Yellowstone_cutthroat_trout (14. 01. 2015)

http://www.nps.gov/yell/planyourvisit/upload/fishar9-18.pdf (14. 01. 2015)

Katja Schulz, https://commons.wikimedia.org/wiki/File:Elk_at_Sunset_%2815182603861%29.jpg, lizenziert unter CC BY-SA 2.0

Lösungsvorschlag

In der Aufgabe thematisierte Unterrichtsinhalte sind:
Ökologische Nische, Nahrungskette, Nahrungsnetz, Trophiestufen, Produzent-Konsument-Destruent-Beziehung, LOTKA-VOLTERRA-Regeln, Räuber-Beute-Beziehungen, Populationsdichte und deren Regulation, abiotische und biotische Umweltfaktoren, dichteunabhängige und dichteabhängige Umweltfaktoren, Nahrungsspektrum, Konkurrenzausschluss, invasive Arten, Neozoen, Schlüsselart, Omnivoren

III.1 *Versuchen Sie bei der Definition des Begriffs „ökologische Nische" eine möglichst umfassende Begriffsbestimmung zu geben. Dies bringt meist Zusatzpunkte ein.*

Die ökologische Nische beschreibt die Stellung und Position, die eine Art in ihrer (belebten wie unbelebten) Umwelt innehat. Sie ist nicht räumlich zu verstehen wie etwa ein Gebiet, das von einer Art besetzt werden kann. Der Nischenbegriff umfasst alle Beziehungen einer Art mit ihrer Umwelt und den dort vorherrschenden biotischen wie abiotischen Faktoren.
Tabellarisch können die Umweltfaktoren der ökologischen Nische von Cutthroat-Forellen wie folgt zusammengefast werden:

abiotische Faktoren	biotische Faktoren
Wassertemperatur: ca. zwischen 4,5 und 15,5 °C	Ernährung: Wasserinsekten, Krebse, kleinere Fische und Zooplankton
pH-Bereich: 5,6–10	Beute von: Seesaiblingen, Weißkopfseeadlern, Grizzly-Bären
Habitate: Freiwasser (Juvenile), Uferbereich (Ausgewachsene); Fortpflanzung und erste Lebensjahre in den Zuflüssen	

III.2 *Bei der Wahl der Beispiele bietet es sich an, jeweils eines aus den Angaben in Material A auszusuchen. Denken Sie daran, die abiotischen/biotischen Faktoren mit der dichteunabhängigen und dichteabhängigen Regulation zu kombinieren. Setzen Sie beide Begriffspaare zueinander in Beziehung. Bei der Beurteilung der interspezifischen Beziehung der beiden Fischarten ist der Sachverhalt wichtig, dass es sich beim Seesaibling um eine eingeschleppte, in diesem Ökosystem fremde (invasive) Art handelt.*

Die Dichte einer Population kann grundsätzlich durch zwei Arten von Umweltfaktoren beeinflusst und geregelt werden. Man spricht von abiotischen Umweltfaktoren, die meist dichteunabhängig wirken, und von biotischen Umweltfaktoren, die auf eine Population meist dichteabhängig einwirken. Als Beispiel für abiotische Faktoren kann die Temperatur des Wassers angeführt werden. So beeinflusst die Wassertemperatur die Dichte der Cutthroat-Forellen negativ,

wenn ihr Wert unter 4,5 bzw. oberhalb von 15,5 °C liegt, d. h. außerhalb des Toleranzbereichs von *Oncorhynchus clarki bouvieri*. Dabei sind die Auswirkungen der Wassertemperatur jedoch nicht von der Populationsdichte abhängig. Abiotische Faktoren sind also in der Regel dichteunabhängig – im Gegensatz zu biotischen Faktoren, bei denen die Anzahl der Individuen einer Population eine wesentliche Rolle spielt. Betrachtet man das Räuber-Beute-Verhältnis zwischen der Forelle und dem Grizzly-Bären, so steigt die Anzahl der Räuber, wenn es eine hohe Anzahl an Beuteindividuen gibt. Daraus folgt wiederum –infolge der Bejagung – eine Abnahme der Populationsdichte der Forellen.
Betrachtet man vor diesem Hintergrund die Populationsentwicklung der Cutthroat-Forellen, so kommt man zu folgender, differenzierter Deutung für das Absinken der Individuenzahl. Material B zeigt deutlich, dass es sich um eine Entwicklung handelt, bei der dichteabhängige und dichteunabhängige Umweltfaktoren zusammenwirken. Vor allem die folgenden vier Punkte sind dabei als ursächlich zu berücksichtigen: Die Drehkrankheit, verursacht durch den Parasiten *Myxobolus cerebralis*, führte bei den Forellen ab 1990 zu einer erhöhten Sterblichkeit. Dieser sowohl biotische als auch dichteabhängige Faktor behindert nicht nur den Nahrungserwerb der Fische, sondern lässt die Tiere auch zu einer leichten Beute werden. Wie Abb. 1 verdeutlicht, reduzierte der Parasitenbefall ab 1990 die Populationsgröße erheblich (von über 35 000 Exemplaren 1990 auf unter 5 000 im Jahr 1994). Einen weiteren biotischen und dichteabhängigen Umweltfaktor stellen die Seesaiblinge dar. Ihr Vorkommen im Yellowstone-See sorgte gegen Ende der 1990er Jahre für einen gesteigerten Feinddruck auf die Forellenpopulation. Dieser erhöhte sich offenbar ab 2001 bzw. ab 2005, als sich die Seesaiblinge besonders stark vermehrten. Aber nicht nur als Räuber wirkt *Salvelinus namaycush* als biotischer und dichteabhängiger Umweltfaktor, der sich auf die Anzahl der Cutthroat-Forellen negativ auswirkt. Beide Fischarten besitzen ein ähnliches Nahrungsspektrum, sodass es zu interspezifischer Konkurrenz kommt. Als abiotischer und dichteunabhängiger Faktor sind die Dürreperioden zu nennen. Da sie eine Austrocknung ihrer Laichgründe verursachen, beeinflussen sie die Populationsdichte von *O. clarki bouvieri* ebenfalls negativ. Dies manifestierte sich ab 1998 in einer Verringerung der Populationsgröße bei den Forellen (Abb. 1).
Die interspezifische Beziehung zwischen Cutthroat-Forellen und Seesaiblingen kann mit den Begriffspaaren „interspezifische Nahrungskonkurrenz“ und „Räuber-Beute-Beziehung“ beschrieben und entsprechend beurteilt werden. Zum einen konkurrieren beide Fischarten um die gleichen Beuteorganismen, da das Nahrungspektrum von *S. namaycush* dem der Cutthroat-Forelle ähnelt. Zum anderen sind jüngere, d. h. kleinere, Exemplare der Forellen Beutefische der Seesaiblinge. Diese ernähren sich, wenn möglich, fast ausschließlich von Fisch, wachsen dann schneller und werden auch größer. Dies ist u. U. auch eine Erklärung für die deutliche Zunahme der Individuenzahl der Seesaiblinge in den Jahren 2001–2003 bzw. ab 2005.
S. namaycush ist im Yellowstone-See eine vom Menschen eingeschleppte fremde, invasive Art, die – im Zuge ihrer Ausbreitung im Gewässer – auch negative

Auswirkungen zeitigt. So ließen Seesaiblinge durch interspezifische Konkurrenz und die Jagd auf ortsansässige Arten im Yellowstone-See den Populationsbestand der Cutthroat-Forelle bis 2007 fast gegen null gehen.

III.3 *Für den ersten Aufgabenteil ist es sinnvoll, zunächst alle Organismen aus Material A gesondert zu notieren und im zweiten Schritt die einzelnen Lebewesen zueinander in Beziehung zu setzen. Ordnen Sie dabei die einzelnen Gruppen von Organismen auch systematisch. Bedenken Sie bei der Anfertigung Ihrer Skizze, dass es hier – aufgrund der interspezifischen Wechselwirkungen in diesem Nahrungsnetz – bei den meisten Konsumenten keine eindeutige Zuordnung zu einer bestimmten Trophieebene gibt. Um bei Abb. 3 mit konkreten Zahlenwerten operieren zu können, sind Hilfslinien parallel zur Abszisse (x-Achse) sinnvoll. Achten Sie beim Ablesen darauf, dass die Einheiten auf beiden Seiten der Abszisse nicht identisch sind. Denken Sie bei der Erörterung im letzten Aufgabenteil auch daran, dass die maßgebliche populationsbiologische Regel von LOTKA und VOLTERRA hier nicht greift.*

Die Stellung der Grizzly-Bären lässt sich auf der Grundlage der Materialien A bis D mit folgender Skizze zusammenfassen:

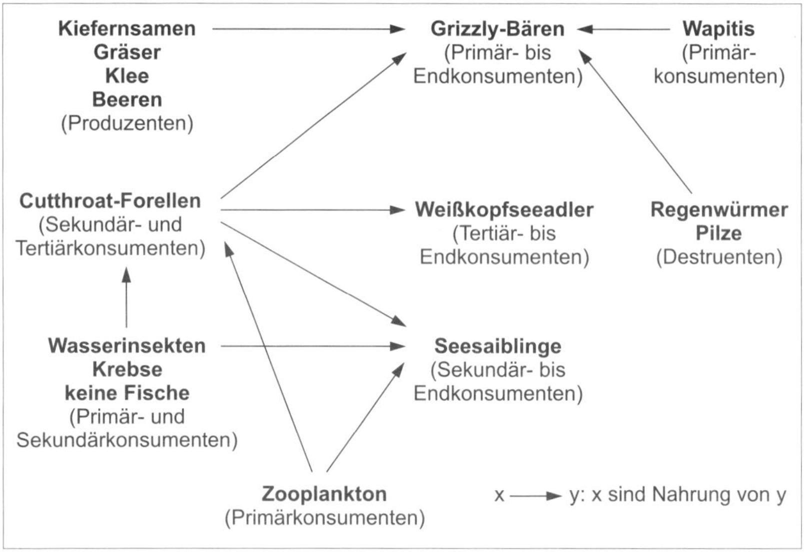

Abb. 3 zeigt, dass im Untersuchungszeitraum von 1988–2008 sowohl die Anzahl laichender Forellen als auch die Bärenaktivitäten großen Schwankungen unterworfen waren. Von 1990–1994 nahm die Anzahl laichender Forellen kontinuierlich von ca. 76 bis auf ca. 8 Exemplare ab. In diesem Zeitraum stieg die Bärenaktivität von ca. 56 auf 83 relative Einheiten (1991) an, um in den Folgejahren bis 1996 fast stetig bis auf etwa 16 Einheiten abzufallen. Nach einem

weiteren Anstieg bis ins Jahr 2000 (ca. 44 Einheiten) ging die Bärenaktivität an den Zuflüssen des Yellowstone-Sees bis zum Jahr 2006 auf null zurück. Bei den Cutthroat-Forellen konnte bis 1998 wieder ein Anstieg auf ca. 43 Exemplare ermittelt werden. In den Folgejahren nahm die Anzahl der Tiere fast kontinuierlich ab, bis 2005 bei den Besuchen keine Tiere mehr aufgefunden werden konnten.
Durch die Auswertung von Abb. 3 werden die zugrunde liegenden Sachverhalte in den Populationsentwicklungen verständlich. Die ermittelte Anzahl der laichenden Forellen kann als Maß für die Dichte der Gesamtpopulation herangezogen werden, da mit abnehmender Nachkommenschaft die Gesamtpopulation sinkt. Gleichzeitig besteht eine Abhängigkeit der Bärenaktivität von der Anzahl der Forellen. Dass sich die Bärenaktivität beispielsweise ab 1996 wieder leicht erhöhte, war auf die Zunahme laichender Forellen zurückzuführen. Ebenso wird verständlich, weshalb sich an den Seezuflüssen ab 2003 kaum noch Bären aufhielten. Da sie ab 2004 bzw. ab 2005 bei ihren Besuchen kaum noch Forellen bzw. keine Forellen mehr antrafen, blieben sie ab 2006 dort fern.
Bei der Erörterung der Bedeutung der Anzahl laichender Cutthroat-Forellen für die Populationsdichte der Grizzly-Bären ist Folgendes relevant: Vor allem Tab. 2 und Abb. 3 in Material D zeigen, dass die Populationsdichte der Grizzly-Bären nicht direkt und unmittelbar von der Individuenzahl der Cutthroat-Forellen abhängig ist. *Oncorhynchus clarki bouvieri* stellt nicht die einzige Ernährungsgrundlage der Bärenpopulation dar. Die Raubtiere sind Allesfresser (Omnivore) und jagen als Prädatoren nicht ausschließlich Cutthroat-Forellen. Dies wird auch noch durch einen anderen Sachverhalt deutlich. Die im Zusammenhang mit Räuber-Beute-Beziehungen oftmals herangezogenen LOTKA-VOLTERRA-Regeln, hier speziell die erste (periodisch schwankende Häufigkeiten von Prädator und Beute, deren Dichtekurven phasisch gegeneinander verschoben sind), sind auf dieses Beispiel nicht anwendbar. Die Aktivität der Bären an den Zuflüssen des Yellowstone-Sees kann nicht als Maß für die Populationsdichte der Grizzly-Bären insgesamt herangezogen werden. Eine Tatsache unterstreicht diese Aussage: Trotz der Abnahme der Aktivität der Bären an den See-Zuflüssen, stieg die Anzahl der Grizzly-Bären im Zeitraum von 1985 bis 2012 von 200/350 auf 600 Exemplare an.

III.4 *Für die Bearbeitung dieser Teilaufgabe müssen Sie alle Materialien im Blick behalten und zueinander in Beziehung setzen. Denken Sie bei Ihrer Bearbeitung daran, dass hier zwei Ökosysteme, ein terrestrisches und ein aquatisches, über die Forellenart miteinander verzahnt sind. Darüber hinaus müssen Sie die Bedeutung einer invasiven Art (Seesaibling) für ein Ökosystem abschätzen.*

Abb. 2, Tab. 1 und Material C legen dar, dass die Wapiti-Population am Yellowstone-See deutlich zurückgegangen ist. Dieser Rückgang hängt ursächlich mit dem Populationsrückgang der Cutthroat-Forellen zusammen, was eine zusammenfassende Analyse der gesamten Materialien verdeutlicht: Nach 1998 stellten die Grizzly-Bären ihre Ernährung um und passten sie den neuen Gegebenheiten an. Im Juni, Juli und der ersten Hälfte des August standen ab 2001 die Cutthroat-Forellen als wesentliche Proteinlieferanten kaum noch zur Verfügung (Abb. 3). Um diese „Nahrungslücke" zu schließen, bejagten die Bären schließlich hauptsächlich Wapitis. Dies ist aus Tab. 1 ersichtlich. Sie zeigt, dass nach 1998 zum einen der Anteil der Hirsche an der Ernährung der Grizzlys von 10 auf 50 % anstieg und sich zum anderen die Anzahl der erbeuteten Kälber verdoppelte. Die unmittelbare Ursache des Rückgangs der Wapiti-Population war damit die Prädation – das Bejagen – der Hirsche und ihrer Kälber durch die Grizzly-Bären. Primär wurde der Populationsrückgang der Wapitis jedoch dadurch verursacht, dass die Cutthroat-Forellen von mehreren Seiten „unter Druck" gerieten. Dadurch, dass die Fische von Parasiten befallen wurden und ihre Laichgewässer austrockneten, wurde die Populationsdichte bereits reduziert. Hinzu kam der „Neubürger" Seesaibling, der nicht nur zu einem Nahrungskonkurrenten in ihrem Lebensraum, sondern auch zu einem Fressfeind der Forellen wurde. Erst durch die Kombination dieser dichteabhängigen und dichteunabhängigen Faktoren wurde die Population von *Oncorhynchus clarki bouvieri* drastisch dezimiert.

Die ökologische Bedeutung von Cutthroat-Forellen, Seesaiblingen und Grizzly-Bären für die Ökosysteme im Yellowstone-Nationalpark kann folgendermaßen beurteilt werden: Alle drei Arten spielen in diesem Ökosystem eine entscheidende Rolle, sodass sie auch als Schlüsselarten bezeichnet werden können. Bei *O. clarki bouvieri* liegt das Phänomen vor, dass Lebewesen aus einem aquatischen Ökosystem Einfluss auf die Organismen eines terrestrischen Ökosystems nehmen. Als die Grizzly-Bären keine Forellen mehr erbeuten konnten, passten sich die Bären der neuen Umweltsituation an und jagten ab 1998 vermehrt Wapitis. Die Populationsdichte der Hirschart wurde damit indirekt von der Populationsgröße der Cutthroat-Forellen beeinflusst.

Der Seesaibling wurde vom Menschen in den Yellowstone-See eingesetzt und nimmt als invasive Art ebenfalls eine Schlüsselstellung im Ökosystem ein. *Salvelinus namaycush* drang als Neozoon in diesen biologischen Konnex ein und verdrängte die darin heimischen Cutthroat-Forellen, wodurch es zu einem Konkurrenzausschluss kam. Der Seesaibling besetzt aber nicht die gleiche ökologische Nische wie zuvor die Forelle. Er laicht im See und nicht in dessen Zuflüssen, sodass er von den Grizzly-Bären nicht erbeutet werden kann. Da die Forellenart für die Ernährung der Raubtiere ausfiel, mussten sich die Bären neu orientieren. Diese Fähigkeit der Grizzlys beruht darauf, dass sie als Allesfresser ebenfalls eine Schlüsselstellung für die Ökosysteme im Yellowstone-Nationalpark einnehmen. Als „Jäger und Sammler" (Tab. 2) können sich die Omnivoren variabel an das jeweilige Nahrungsangebot anpassen. Dadurch wirken die Bären letztendlich – aufgrund der Auswahlmöglichkeiten bei der Nahrungssuche – auch variabel auf die Populationsdichten ihrer Beutetiere wie der nordamerikanischen Hirschart Wapiti ein.

Erfolgreich durchs Abitur mit den **STARK** Reihen

Abiturprüfung

Anhand von Original-Aufgaben die Prüfungssituation trainieren. Schülergerechte Lösungen helfen bei der Leistungskontrolle.

Abitur-Training

Prüfungsrelevantes Wissen schülergerecht präsentiert. Übungsaufgaben mit Lösungen sichern den Lernerfolg.

Klausuren

Durch gezieltes Klausurentraining die Grundlagen schaffen für eine gute Abinote.

Kompakt-Wissen

Kompakte Darstellung des prüfungsrelevanten Wissens zum schnellen Nachschlagen und Wiederholen.

Interpretationen

Perfekte Hilfe beim Verständnis literarischer Werke.

Und vieles mehr auf www.stark-verlag.de

Abi in der Tasche – und dann?

In den **STARK** Ratgebern findest du alle Informationen für einen erfolgreichen Start in die berufliche Zukunft.

Alle Titel zu Beruf & Karriere www.berufundkarriere.de

25-V_Abi

Bestellungen bitte direkt an

STARK Verlagsgesellschaft mbH & Co. KG · Postfach 1852 · 85318 Freising
Tel. 0180 3 179000* · Fax 0180 3 179001* · www.stark-verlag.de · info@stark-verlag.de

Lernen · Wissen · Zukunft
STARK

*9 Cent pro Min. aus dem deutschen Festnetz, Mobilfunk bis 42 Cent pro Min. Aus dem Mobilfunknetz wählen Sie die Festnetznummer: **08167 9573-0**